Jahrbuch der Deutschen Vereinigung
für Chinastudien 19

2025
Harrassowitz Verlag · Wiesbaden

Nachhaltigkeit

Chinas Umgang mit Umwelt und Nachwelt
in Vergangenheit und Gegenwart

Herausgegeben von
Angelika C. Messner und Lena Liefke

2025
Harrassowitz Verlag · Wiesbaden

Bibliografische Information der Deutschen Nationalbibliothek
Die Deutsche Nationalbibliothek verzeichnet diese Publikation in der Deutschen
Nationalbibliografie; detaillierte bibliografische Daten sind im Internet
über https://www.dnb.de/ abrufbar.

Bibliographic information published by the Deutsche Nationalbibliothek
The Deutsche Nationalbibliothek lists this publication in the Deutsche
Nationalbibliografie; detailed bibliographic data are available on the internet
at https://www.dnb.de/

Informationen zum Verlagsprogramm finden Sie unter
https://www.harrassowitz-verlag.de/
© Otto Harrassowitz GmbH & Co. KG, Wiesbaden 2025
Kreuzberger Ring 7c-d, 65205 Wiesbaden, produktsicherheit.verlag@harrassowitz.de
Das Werk einschließlich aller seiner Teile ist urheberrechtlich geschützt.
Jede Verwertung außerhalb der engen Grenzen des Urheberrechtsgesetzes ist ohne
Zustimmung des Verlages unzulässig und strafbar. Das gilt insbesondere
für Vervielfältigungen jeder Art, Übersetzungen, Mikroverfilmungen und
für die Einspeicherung in elektronische Systeme.
Gedruckt auf alterungsbeständigem Papier.
Druck und Verarbeitung: Rudolph Druck GmbH & Co. KG
Printed in Germany
ISSN 1860-8531
ISBN 978-3-447-12297-9

Inhalt

Angelika C. Messner
Zur Einführung 9

Heiner Roetz
China – eine „ökologische Zivilisation"? 17

Fabienne Wallenwein
„Vertikale Höfe" und „Schwammstädte":
Die Bedeutung traditionsorientierter Konzepte für Nachhaltigkeitsstrategien
in der chinesischen Architektur und Städten 47

Marco Pouget
Die zukunftsphilologische Erschließung des *Liji* 禮記.
Zheng Xuans 鄭玄 Kommentar als Nachhaltigkeitsstrategie 75

Matthias Schumann
Der Schutz von Lebewesen (*husheng* 護生): Globaler Tierschutz
und die Reform buddhistischer Ethik während der Republikzeit (1472–1529) 97

Thomas Fliß
Thematisierung von Umweltveränderungen in taiwanischsprachiger Lyrik –
die Lyrik der Literaturzeitschrift *Haiweng Taiyu Wenxue* 海翁台語文學
Whale of Taiwanese Literature von 2001 bis 2008 129

Patrick Aberle
Nachhaltigkeit und Ökonomie in der chinesischen Forstwirtschaft:
der Fall des chinesischen Talgbaumes 167

Christian Soffel
Menzius und Einblicke in „nachhaltiges Denken" im Konfuzianismus
der mittleren und späten Kaiserzeit 185

Josie-Marie Perkuhn und Tania Becker
Klimawandel als Chance:
Innovative Ansätze zur Energiegewinnung in China und Taiwan 205

Jonas Fischer
Dokumentarische Zeichnung der DVCS-Tagung 2022 in Kiel 248

Zu den Autorinnen und Autoren 258

Zur Einführung

Angelika C. Messner

Der Begriff Nachhaltigkeit wird seit Dekaden inflationär gebraucht. Auf diese Weise an konkreter Bedeutung verlierend, droht er zu einem Plastikwort oder zu einem „Mythos"[1] zu verkommen. Gleichwohl beflügelt der Begriff ein Wollen und Tun auf individueller sowie auf kollektiver Ebene, das für Lösungen durch sozial und ökologisch verantwortungsvolle Praktiken, Forschungsagenden und strukturbildende Maßnahmen eintritt. Nachhaltigkeit will in diesem Zusammenhang mehr sein, als nur eine Reflexion über zukünftige Auswirkungen gegenwärtigen Handelns.

Aber die Begriffsgeschichte von Nachhaltigkeit ist eine (Welt)-Geschichte von Listen unterschiedlicher Nachhaltigkeit. Die erste, im europäischen Kontext textlich verankerte Prägung des Begriffes gilt gegenwärtig im Sinne eines Grundsatzes gemeinhin als Maßstab. Sie findet sich im forstwirtschaftlich orientierten Werk „Sylvicultura Oeconomica, oder Haußwirthschaftliche Nachricht und Naturgemäße Anweisung zur Wilden Baum-Zucht" (1713), verfasst vom sächsischen Oberberghauptmann Hans Carl von Carlowitz (1645–1714). Im 20. Jahrhundert erfährt der Begriff als ökonomisch-ökologisches Prinzip im bundesdeutschen Kontext der Umweltbewegung Aufmerksamkeit, aber durchaus nicht nur als „deutsches Sondergut"[2], sondern als ethisches Prinzip im Rahmen der sich etablierenden globalen Umweltpolitik. So fungiert Nachhaltigkeit insbesondere auf den seit 1972 abgehaltenen UNO-Umweltkonferenzen als Leitbild. Staaten und Aktivisten ringen hier regelmäßig um nachhaltiges Wirtschaften und Handeln auf globaler Ebene. Jüngst ist die Nachhaltigkeit da, wo es gilt, das Streben nach immer ‚Mehr' durch ein ‚Genug' abzulösen,[3] zu einem Imperativ geworden. Aktiv an der Bewältigung gegenwärtiger Herausforderungen der Um- und Nachwelt mitzuwirken, dazu rufen auch die 2015 von den Vereinten Nationen verabschiedeten Ziele für nachhaltige Entwicklung (Sustainable Development Goals, SDGs)[4] auf. Indem sie Nachhaltigkeit in einer großen Breite abbilden und Handlungsfelder identifizieren, die individuelles ebenso wie gesamtgesell-

---

1 Siehe Welzer 2024, S. 134–142.
2 Vogt 2009, S. 115.
3 Siehe Hirn 2024, S. 42.
4 https://sg-csd.org/ (Zugriff am 1. Dezember 2024).

schaftliches Verantwortungsbewusstsein einfordern, knüpfen sie teilweise an Wertvorstellungen und Begrifflichkeiten an, die nicht neu sind. Gleichzeitig geht das Verständnis von Nachhaltigkeit auch einher mit neuen Erkenntnissen und der Suche nach neuen Konzepten und Technologien für die Zukunft. So entwickelt sich der Großraum Asien gegenwärtig mit großen Schritten hin zu einem Zentrum der globalen Energiewende und macht sich zunehmend frei und unabhängig von externen Akteuren wie der EU und den USA.[5]

China hatte lange Zeit darauf bestanden, als Nachzügler in Sachen nachhaltiger Entwicklung (*kechixuxing* 可持續性) zu gelten, obgleich es, insbesondere nach der Aufnahme in die Welthandelsorganisation im Jahre 2001, rasch vom Entwicklungsland zur zweitgrößten Wirtschaftsmacht der Welt geworden ist. Als weltweit größter Produzent von Stahl, Zement, Automobilen und zahlreichen anderen Wirtschaftsgütern hatte China bereits 2007 die USA als größter Emittent von Treibhausgasen der Welt überholt. So installierte man jetzt in China Klimapolitik als eigenständigen Politikbereich, richtete ein Büro für Klimawandel ein und trieb Strategien zur Bekämpfung des Klimawandels voran.

China sieht sich gleichzeitig, angesichts der wiederholt auftretenden heftigen Hitzewellen, Dürren, Wassermangel und Starkregenereignissen, selbst als Klimaopfer und als eines der ökologisch verletzlichsten Länder der Welt. So arbeiten chinesische Wissenschaftler seit Jahrzehnten auf unterschiedlichen Ebenen mit Partnern internationaler Provenienz an Projekten zur Lösung solcher Probleme. Erst jüngst, am 26. November 2024, trafen Forscher, Interessensvertreter und politische Entscheidungsträger in Berlin aufeinander, um zu nachhaltigen Wertschöpfungsketten für landwirtschaftliche Produkte und nachhaltige Forstwirtschaft zu beraten. Ausgerichtet wurde das Treffen vom Chinesisch-Deutschen Zentrum für Nachhaltige Entwicklung (CSD), das 2017 gemeinsam vom Bundesministerium für wirtschaftliche Zusammenarbeit und Entwicklung der Bundesrepublik Deutschland (BMZ) mit dem Handelsministerium der Volksrepublik China (MofCom) gegründet worden war.

China legt seit 2008 Jahr um Jahr ein Weißbuch mit detaillierten Zahlen zu klimapolitischen Strategien offen, und 2020 veröffentlichte das Land eine nachgebesserte Fassung der 2015 angekündigten Klimaziele. Zum ersten Mal ist nun ein Zeitrahmen für die angestrebte Klimaneutralität genannt. Man will noch vor 2060 die CO2-

---

5 Vgl. Ansari 2024, S. 1.

Neutralität erreicht haben.[6] Um diese Ziele und die globale Technologie- und Marktführerschaft zu erlangen, setzt China vor allem auf technische Innovationen in den Bereichen Wind- und Solarenergie, E-Mobilität sowie Kernkraft, wobei letztere in China zu den grünen Technologien gehört.

Die angestrebte Transformation zu einer modernen Digital-Ökonomie im Verbund mit grünen, klimafreundlichen technischen Lösungen erfordert neue Wege zu suchen, auch um Interessenskonflikte zwischen wirtschaftlicher Entwicklung und dem Einsatz für die Umwelt zu umgehen. Gleichzeitig betreibt China aktiv Umweltdiplomatie[7] auf Grundlage und unter Verweis auf, genuin chinesische Wurzeln ökologischen Denkens in der Antike. Seit 2007 verkündet man auf höchster Ebene, dass sich China in Richtung „Ökologische Zivilisation" (*shengtai wenming* 生态文明) transformieren werde und damit die ökologische Wende auf globaler Ebene aktiv vorantreibe. Spätestens hier kommen sinologisch-philologische und kulturhistorische Tiefenbohrungen zum Tragen, indem sie unter anderem die Frage angehen, ob und inwiefern dieses Narrativ auf kulturhistorischen Tatsachen fußt.

Auf der 33. Jahrestagung der Deutschen Vereinigung für Chinastudien (DVCS), die vom 9. bis 11. Dezember 2022 an der Christian-Albrechts-Universität zu Kiel[8] stattgefunden hat, stand diese Frage als eine unter mehreren mit Blick auf „Nachhaltigkeit: Chinas Umgang mit Umwelt und Nachwelt in Vergangenheit und Gegenwart" zur Diskussion. Die vorgetragenen Forschungsergebnisse beleuchteten und diskutierten das Thema in einer großen Bandbreite. Im Einzelnen wurden folgende Leitfragen fokussiert: Inwieweit finden sich bereits in Chinas Vergangenheit Sicht- und Handlungsweisen, die im Lichte bewusster oder unbewusster Nachhaltigkeit gedeutet werden können? Welche Begriffe und Konzepte ebenso wie Praktiken sind und waren damit verbunden und wie haben sich diese im Laufe der Zeit entwickelt? Inwieweit sind von China Nachhaltigkeitskonzepte für die Zukunft zu erwarten, die weltpolitisch wegweisend sein können bzw. von welcher Wirkkraft kann das Narrativ von der Ökologischen Zivilisation für die gegenwärtige umweltpolitische Weltpolitik sein?

---

6 https://www.boell.de/de/2024/10/31/der-emissionspfad-fuer-china-der-unsere-planetare-zukunft-bestimmen-wird (Zugriff am 5. Dezember 2024).
7 Siehe Zhu 2024.
8 Am 9. Dezember 2022 durften wir zudem gemeinsam mit unseren KollegInnen und Freunden aus dem deutschen Sprachraum sowie mit VertreterInnen aus dem Präsidium der Universität und des Bildungsministeriums das 10. Jubiläum des Chinazentrums an der Kieler Universität feierlich begehen.

So stellte Heiner Roetz in seiner Keynote die Frage nach den kulturhistorischen Evidenzen in den antiken Quellen für das Narrativ der Ökologischen Zivilisation. Sein hier im vorliegenden Sammelband verschrifteter Beitrag „China – eine ökologische Zivilisation?" untermauert, dass die, auch von chinesischen Philosophen häufig ins Feld geführten, antiken Quellen daoistischer Provenienz nicht als Spiegel einer harmonischen und nachhaltig orientierten Welt zu lesen sind, sondern als sehr frühe Reflexionsäußerungen der Widersetzung der Natur gegen die Praxis der Ausbeutung und Knechtung durch den Menschen.

Sein Beitrag ist der erste von insgesamt acht Aufsätzen, die im vorliegenden Sammelband abgedruckt sind. Die verhältnismäßig kleine Auswahl aus der großen Bandbreite von vierundzwanzig gehaltenen Vorträgen spannt gleichwohl einen zeitlichen Bogen vom vorkaiserlichen China bis in das Hier und Jetzt der VR China und Taiwans. Die einzelnen Beiträge beleuchten den Themenkomplex „Nachhaltigkeit in China" aus unterschiedlichen Perspektiven. Hierzu zählen philologische Tiefenbohrungen zu Ansätzen nachhaltigen Denkens in konfuzianischen und daoistischen Texten im Alten sowie Mittel- und Spätkaiserlichen China, Exkurse in die hanzeitliche Kommentarliteratur, in die mingzeitliche Forstwirtschaft sowie in die buddhistische Ethikwelt der Republikzeit. Die gegenwartsbezogenen Beiträge fokussieren jeweils die Bereiche Literatur, Architektur, Stadtplanung und technologische Innovation in der VR China und Taiwan zum Thema Nachhaltigkeit. Das Ergebnis ist ein Sammelband, der der Multiperspektivität und Transdisziplinarität des Themenkomplexes „Nachhaltigkeit" im Rahmen der historisch-philologisch und kultur-, philosophie- sowie wissenschaftshistorisch orientierten Sinologie genauso wie der gegenwartsorientierten China- und Taiwanforschung Rechnung trägt.

Dabei ist es nicht der Anspruch dieses Bandes, das Themenfeld in seiner Gänze übergreifend oder gar erschöpfend zu behandeln. Wir haben die Beiträge zudem weder chronologisch noch sub-thematisch geordnet. Vielmehr ist es die Ordnung einer zeitlichen, räumlichen und konkret materiellen wie ideellen Verschränkung, die als Verklammerung dient und deren Horizont, der durch die kritische Hinterfragung der gegenwärtig virulenten gesellschaftspolitischen Vision einer ökologischen Zivilisation im ersten Aufsatz „China – eine ökologische Zivilisation?" gesetzt wird.

Der daran anschließende Beitrag von Fabienne Wallenwein „'Vertikale Höfe' und 'Schwammstädte': Die Bedeutung traditionsorientierter Konzepte für Nachhaltigkeitsstrategien in der chinesischen Architektur und Stadtentwicklung" verfolgt konkrete materialisierte Spuren von nachhaltig orientierten Ansätzen in architektonischen und stadtplanerischen Maßnahmen, die sich seit den 1980er-Jahren im chinesischen Kontext als eine Art Gegenentwurf zu einer in die Höhe verdichteten Großstadt lesen lassen.

Der Aufsatz von Marco Pouget richtet den Blick erneut zurück auf Techniken einer zukunftsphilologischen Erschließung des *Liji* 禮記, dessen Kommentar er als Nachhaltigkeitsstrategie vorstellt. Pouget interpretiert diese Strategie dahingehend, dass sie offenbar nicht auf zukünftige Generationen gerichtet gewesen, sondern vielmehr vorwiegend auf die eigene Zeit fokussiert war.

Der daran anschließende Beitrag von Matthias Schuhmann zum globalen Tierschutz in der Republikzeit präsentiert eine Fülle an 'fine grained knowledge' zur buddhistischen Praxis des „Freilassens von Tieren" und untersucht diese im Zusammenhang mit dem „Schutz von Lebewesen" im Rahmen des entstehenden globalen Tierschutzes und der Reform buddhistischer Ethik während der Republikzeit.

Thomas Fliß fokussiert in seinem Beitrag „Thematisierung von Umweltveränderungen in taiwanischsprachiger Lyrik – die Lyrik der Literaturzeitschrift *Haiweng Taiyu wenxue* 海翁台語文學 (Whale of Taiwanes Literature) von 2001 bis 2008" die Umweltveränderungen in taiwanischer Lyrik aus der jüngsten Vergangenheit.

Dahingegen untersucht Patrick Aberle einen agronomischen Klassiker aus dem frühen 17. Jahrhundert, um nach der Rolle von Forstwirtschaft und der wirtschaftlichen Nutzung des Talgbaums zur Öl- und Wachsgewinnung bzw. in weiterer Folge für die Herausbildung eines Nachhaltigkeitsdiskurses zu fragen. Mehrere Jahrhunderte zurückschauend spürt Christian Soffel im Aufsatz „Menzius und Einblicke in ‚nachhaltiges Denken' im Konfuzianismus der mittleren und späten Kaiserzeit" einer Reihe von Textbelegen aus dieser Zeit nach, die eine kritische Perspektive auf den ehedem, bei Mengzi verlautbarten „nachhaltigen" Umgang etwa mit „Wald und Fisch", aufweisen. Insgesamt liest Soffel diese Kommentare als Reflexionen des Problems der Praktikabilität der philosophisch begründeten Richtlinien im konkreten Leben Vieler.

Der detail- und umfangreiche Aufsatz von Josie-Marie Perkuhn und Tania Becker „Klimawandel als Chance. Innovative Ansätze zur Energiegewinnung in China und Taiwan" fokussiert die jüngsten energie- und klimapolitischen Maßnahmen in der VR China und im Vergleich dazu äquivalente Maßnahmen und Strategien im demokratisch regierten Taiwan. Die Frage nach der Rolle der Innovationskraft, die der Klimawandel für die Entwicklung neuer Technologien in Sonnen-, Wind- und Wasserenergie in der VR-China und Taiwan beantworten die Autorinnen des Beitrages, indem sie zusammenfassend betonen, dass trotz des politischen Willens und gigantischer Projekte und Vorhaben „die gegenwärtige relative Leistungsbilanz in China wie Taiwan eher weniger" begeistere.

Die hier vorgestellten Befunde von Untersuchungen chinesischer Denkansätze und Konzepte der Verantwortung für Umwelt und Nachwelt, in Gegenwart und Vergangenheit, sowie von entsprechenden Praktiken und Maßnahmen zeigen insgesamt, dass Aspekte von Nachhaltigkeit in kulturhistorischen Momenten, in philosophischen, technologischen, sozialen und politisch motivierten Ideosphären, in zukunftsgerichtetem Denken ebenso wie im aktiven Handeln, und auch in der Bereitschaft oder Nicht-Bereitschaft zur aktiven Zusammenarbeit, dem Denken in größeren Kontexten, Innovationsgeist und Kreativität sowie der Reflexion des eigenen Verhaltens zu suchen sind.

Die Herausgeberinnen sind zahlreichen Personen zu Dank verpflichtet. Die Ausrichtung der Tagung wäre nicht möglich gewesen ohne das großartige Engagement von Han Bing, Mao Xin, Angelica Simmonds, Jonas Lumma, Niklas Crome, Finja Plambeck, Anastasia Schukina, Konrad Ott und Nina Stindt.

Zu danken haben wir auch dem Veranstaltungsmanagement an der CAU, namentlich insbesondere Michael Mattern für seine umsichtigen Hilfestellungen. Namentlich sei an dieser Stelle auch Tim Sabel gedankt, der als IT-Beauftragter auf wundersame Weise immer punktgenau dann seine Expertise einbrachte, wenn wir ohne ihn nichts mehr auszurichten vermochten.

Jonas Fischer, der während der gesamten Tagung anwesend war, fertigte die hier abgedruckten, dokumentarisch angelegten Graphiken (*graphic recording*) des von ihm Wahrgenommenen, Gehörten und Gesehenen während der Vorträge und während der Diskussionen in den Pausen vor und nach den Panels an.

Wir danken den zahlreichen Fachkolleginnen und Fachkollegen, die uns bei dem Peer-Review-Verfahren mit wertvollen Einschätzungen, hilfreichen Reviews, Kommentaren und Korrekturen unterstützt haben.

Finja Plambeck und Carlotta Schmücker waren an der Redaktion der Aufsätze beteiligt. Sie haben wesentlich bei der Formatierung und dem Aufspüren von Formfehlern geholfen. Den Mitarbeitenden des Harrassowitz-Verlags gebührt Dank für die konstruktive Begleitung der Herausgabe dieses Bandes. Für die Unterstützung bei der Herausgabe des Bandes danken wir zudem dem Vorstand der DVCS, insbesondere Christine Moll-Murata und Roland Altenburger, die die Erstellung des Bandes auf konstruktive Weise begleitet haben.

Schließlich danken wir den Autorinnen und Autoren der hier versammelten Beiträge für ihr Engagement!

Kiel, 05. Januar 2025

Angelika Messner & Lena Liefke

Literaturverzeichnis

Adloff, Frank, Benno Fladvad, Martina Hasenfratz und Sighard Neckel (Hrsg.). 2020. *Imaginationen von Nachhaltigkeit. Katastrophe. Krise. Normalisierung*. Frankfurt/New York: Campus Verlag.

Ansari, Dawud, Jacopo Maria Pepe, Rosa Melissa Gehrung. 2024. „Die Geopolitik der Energiewende im Großraum Asien - Grundlagen, interne Dynamiken und Trendkartierung aus Sicht der Region." SWP-Aktuell 2024/A 70, 20. Dezember 2024.

Hamberger, Joachim. „Nachhaltigkeit und Nachlässigkeit – Eine Begriffsgeschichte. Wie ein Fachbegriff zum politischen Programm wird. Biodiversität und Nachhaltigkeit", https://www.lwf.bayern.de/mam/cms04/wissenstransfer/dateien/a76-nachhaltigkeit.pdf (Zugriff am 10. Dezember 2024).

Hirn, Lisz. 2024. *Der überschätzte Mensch. Anthropologie der Verletzlichkeit*. Wien: Paul Zsolay Verlag.

Senz, Anja. 2021. „Dicke Luft – China im Umweltstress", *Universitas* 76. Jg. Nummer 99 (Juni 2021), S. 23–32.

Vogt, Markus. 2009. *Prinzip Nachhaltigkeit. Ein Entwurf aus theologisch-ethischer Perspektive*. München: Oekom Verlag.

Welzer, Harald. 2024. *Zeitenende. Politik ohne Leitbild, Gesellschaft in Gefahr*. Frankfurt a. M.: Fischer Taschenbuch.

You Zhichao. 2022. *Ökologische Zivilisation und ländliche Wiederbelebung in China. Der Fall des Dorfes Yuyuan*. Chisinau: Sciencia Scripts.

Zhu, Annah. 2024. „Chinas Wende zur Umweltdiplomatie", *Forum Kultur und Außenpolitik*, https://culturalrelations.ifa.de/fokus/artikel/chinas-wende-zur-umweltdiplomatie (Zugriff am 7. Dezember 2024).

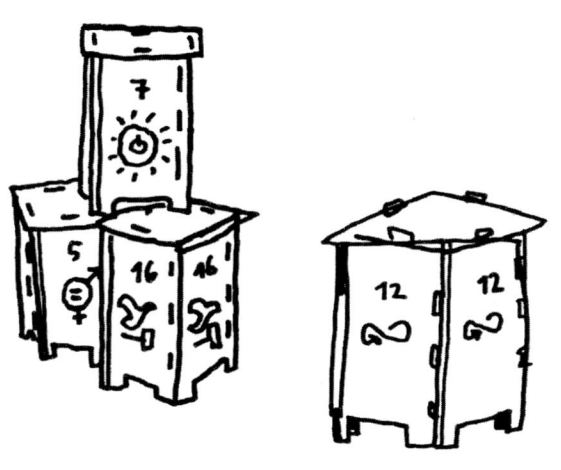

China – eine „ökologische Zivilisation"?

Heiner Roetz

"Ecological civilisation" (*shengtai wenming*) has been on the political agenda of the People's Republic of China since 2007. It has been enshrined in the statutes of the Communist Party and the Chinese Constitution, and has been seen not only as an essential component of "socialism with Chinese characteristics", but also as an expression of China's specific cultural identity. The announced ecological turnaround would then be tantamount to a return to China's lost roots, above all to the "unity of man and nature" (*tian ren he yi*). This implies attributing the country's serious environmental problems and advanced destruction of nature to an out-of-control Westernisation that has no basis in pre-modern Chinese culture. Such representations of China can also be found in Western Sinology. But they do not seem to be very convincing. There are indeed forms of an ecological consciousness in pre-modern China, in particular in ancient Daoism, and arguments against destroying the earth can even be drawn from classical anthropocentric Confucian teachings. But they are not only in sharp tension with opposing ideas. They also ad odds with the actual conquest and subjugation of nature that has shaped China, like human culture in general, from the earliest times. Wherever ecological thought has emerged, it has been in response to a very different reality which it has been unable to change. In fact, it already bears the hallmarks of the same desperation that might be felt today in the face of the catastrophe that lies ahead. The recommendations of Chinese and especially Daoist "wisdom" as a remedy for today's ecological crisis do not sufficiently take into account its historical failure. Ecological civilization in China is, at best, an unfilled wish.

Zu den Eigenarten, die den modernen vom vormodernen Menschen trennen, scheint die Fähigkeit zu gehören, die Erde für sich unbewohnbar zu machen und dabei zahlreiche andere Lebewesen mit in den Abgrund zu reißen. Dass die globale Zerstörung der Biosphäre nicht nur zu einer abstrakten Möglichkeit, sondern zu einer realen Gefahr geworden ist, ist etwas historisch Neues. Dies heißt allerdings nicht, dass auch die Grundlagen hierfür erst spät gelegt worden wären und es bis zum Beginn des fossilen Zeitalters außer Frage gestanden hätte, dass der Mensch ein integraler Teil des Kosmos und seine Stellung in ihm gesichert sei. Einen welch gefährlichen Fremdkörper er darstellt, ist vielmehr bereits der Antike aufgefallen – die Erkenntnis ist in gewisser Weise gleichursprünglich mit dem Beginn der philosophischen Reflexionskultur. Dass „nichts ungeheurer ist als der Mensch", verkündet schon der

Chor in Sophokles' *Antigone*.[1] Wenn allerdings eine Philosophie durch diese Überzeugung regelrecht geprägt ist, dann ist es der Daoismus des alten China.

Entgegen einer verbreiteten und besonders von chinesischer Seite gern gepflegten Annahme hat sich die Zivilisation, die sich in China herausgebildet hat, im Umgang mit der Natur und auch in dessen theoretischer Reflexion meines Erachtens nicht grundsätzlich vom „Westen" unterschieden. Anders als in der Vorstellung von einem ganzheitlich ausgerichteten chinesischen „Universismus" – ich beziehe mich hier auf den durch Hermann Köster (1904–1978) präzisierten Begriff des niederländischen Sinologen Jan Jakob Maria de Groot (1854–1921)[2] – oder von einem „synthetischen" statt analytischen, „a-dihäretischen" statt dihäretischen „chinesischen Denken" ist China das Stigma aller menschlichen Kultur, nämlich der Riss der Nabelschnur, die den Menschen einmal mit der Natur verband, keineswegs erspart geblieben. Dies beinhaltet auch, dass die ökologische Krise, unter der wir heute leiden, nicht einfach als westlicher Import nach China gekommen ist, sondern auch eine indigene Basis hat. Dass man nur mit dem Westen, dem das Desaster gern in die Schuhe geschoben wird, brechen müsse, um anschließend wieder „unsere alte ökologische Zivilisation" aufzubauen zu können, wie es mir vor einiger Zeit auf der „Philosophers' Ralley" der Universität Utrecht zum Thema „China and the West" ein chinesischer Naturwissenschaftler versicherte, ist nicht nur eine nostalgische Illusion. Es basiert auf einem Mythos.

„Ökologische Zivilisation" (*shengtai wenming* 生态文明) ist bekanntlich die Parole, mit der die Volksrepublik China seit dem 17. Nationalen Volkskongress von 2007 auf die nicht mehr herunterspielbare Umweltzerstörung und ihre brisanten gesellschaftlichen Folgen reagiert – eine Krise, die ein direktes Resultat der hektischen Jahrzehnte der brutalen ökonomischen „Modernisierung" ist, deren Wurzeln aber auch schon in der Mao-Zeit und weiter dahinter zurück in der chinesischen Vormoderne liegen. Entwickelt wurde das Konzept offenbar von Pan Yue 潘岳, der es 2006 in der Zeitschrift der Parteihochschule *Xuexi shibao* 学习时报 vorstellte.[3] 2012 wurde der Aufbau der „ökologischen Zivilisation" auch in das Statut der Kommunistischen Partei und 2018 in die chinesische Verfassung aufgenommen. Wie dringlich das Anliegen ist, zeigen alle Daten, die den Berichten internationaler

---

1 Sophokles, *Antigone*, Zweiter Akt, 363, Sophokles 1957, S. 203. – Ein Überblick über die griechische und römische Umweltgeschichte findet sich in Thommen 2009.
2 De Groot 1918, Köster 1967.
3 Pan Yue 2006; Vgl. hierzu Hansen, Li und Svarverud 2018; Zur Geschichte und zugleich einer Kritik des Konzeptes siehe auch Heurtebise 2023.

Umweltorganisationen entnehmbar sind: eine besorgniserregende Verseuchung von Wasser, Boden und Luft, voranschreitende Desertifikation, Verlust an Biodiversität, Extremwetterlagen mit hier austrocknenden und dort überlaufenden Flüssen und anderes mehr, alles hervorgegangen aus einer Kombination hausgemachter und globaler Ursachen. Es hat dazu geführt, dass die „Nachhaltigkeit der ökonomischen Entwicklung der Volksrepublik China ernsthaft gefährdet ist", wie man in chinesischen Stellungnahmen selbst lesen kann. Zwar wird hiergegen einiges in die Wege geleitet, wie der Ausbau erneuerbarer Energien. Doch ein konsequentes Umschwenken ist nicht zu erkennen. So dürfte für die chinesischen Maßnahmen dasselbe gelten wie für jene so gut wie aller Staaten der Welt: *too little, too late*.[4]

China ist allein schon qua Größe an allen dramatischen globalen Entwicklungen, die heute auf immer neue Höhepunkte zusteuern, maßgeblich beteiligt, auch wenn die kumulierte historische Schuld der westlichen technischen Moderne immer noch größer ist. Allerdings ist, wie bereits angesprochen, eine Tendenz erkennbar, über diese Wahrheit hinaus dem Westen die gesamte Verantwortung zuzuschreiben, insofern er quer über den Erdball eine verhängnisvolle Mentalität verbreitet habe, die in anderen Kulturen unbekannt gewesen sei. Tu (Du) Weiming 杜維明, der dank seiner langjährigen Tätigkeit in Harvard international wohl bekannteste Konfuzianer der Gegenwart, hat sie die „Aufklärungsmentalität" (*qimeng xintai* 啟蒙心态) genannt.[5] Sie soll durch einen radikalen Anthropozentrismus und die Freisetzung instrumenteller Vernunft gekennzeichnet sein und im Zuge der Verwestlichung des Denkens in China die alte harmonische „Einheit des Menschen mit der Natur" (*tian ren heyi* 天人合一) als neues Paradigma der Disharmonie abgelöst haben, mit den bekannten Folgen.[6] Auch die maoistische Parole „menschliche Setzung besiegt die Natur" (*ren ding sheng tian* 人定勝天)[7] ließe sich, auch wenn sie tatsächlich schon vormoderne chinesische Wurzeln hat, hier unterbringen. Gegen diese Einstellung die ursprüngliche Einbettung in die Natur zurückzugewinnen, wird dann zu einem zentralen Element des Aufbaus der neuen „ökologischen Zivilisation". In einem Beitrag eines mehrheitlich chinesischen Autorenkollektivs von 2021 mit dem Titel „Ecological civilization: China's effort to build a shared future for all life on Earth" findet sich hierzu das folgende:

---

4   Vgl. hierzu Gardner 2018; Vgl. auch den Beitrag von Josie-Marie Perkuhn und Tania Becker in diesem Band.
5   Zu Tu Weiming siehe Roetz 2008.
6   Siehe etwa Tu Weiming 1996 und 2001.
7   Oder „der Mensch kann die Natur besiegen". Siehe hierzu Shapiro 2001.

> The anthropocentric paradigm developed about two centuries ago, which holds an exploitative attitude toward nature, has significantly contributed to the present ecological crisis. China has recognized that a systematic understanding of the relationship between human beings and nature, and a fundamental shift from viewing humans as isolated in a competitive world, to seeing themselves as an integral part of an interconnected society and biosphere, is needed. At the UN Summit on Biodiversity 2020, President Xi Jinping said: „China has pursued development under the vision of building an ecological civilization. From the traditional Chinese wisdom that the laws of Nature govern all things and that Man must seek harmony with Nature, to the new development philosophy emphasizing innovative, coordinated, green and open development for all . . . the goal is to seek a kind of modernization that promotes harmonious coexistence of Man and Nature."[8]

Diese Argumentation liegt ganz auf der Linie der Kulturalisierung des Selbstverständnisses der Volksrepublik, die sich seit einiger Zeit zu ihrer Legitimation nicht mehr allein auf den historischen Materialismus, sondern gegen das sogenannte westliche Wertesystem auch auf die Eigenart beziehungsweise „besondere Färbung" (*tese* 特色) der chinesischen Kultur beruft. Diese Berufung ist meines Erachtens im Falle des Naturverhältnisses allerdings ebenso wenig überzeugend wie im Falle der Politik, wo sie die Diktatur rechtfertigen soll[9] – eine ökologische Zivilisation ist in China nicht in Sicht, und es ist auch nicht zu erkennen, dass es sie in der Vergangenheit wirklich gegeben hat.

Nun findet sich allerdings meines Erachtens im historischen China ohne Zweifel ein Denken, das man als nachhaltig[10] und ökologisch einstufen kann, insbesondere im antiken Daoismus, und das auch heute noch, insoweit sie in China möglich sind, zivilgesellschaftliche Umweltinitiativen inspiriert.[11] Allerdings wird in der westlichen sinologischen Literatur die Existenz eines solchen Denkens häufig bestritten. So hat etwa Paul Goldin die Ansicht vertreten, dass der Daoismus nichts mit „environmentalism" zu tun habe, und zwar schon deshalb nicht, weil das Umweltproblem vor den heutigen Erfahrungen mit „acid rain and the possibility of global warming" gar

---

8 Wei Fuwen et al., 2021, ähnlich Schönfeld und Chen 2019, mit der Postulierung eines „Daoist-Communist alignment" (S. 14), und Huang und Westman 2021.
9 Siehe Roetz 2022.
10 Siehe Schwermann 2018, S. 69–98.
11 Siehe Zhang Jiyu 2001; Lemche und Miller 2019 und Ellen Zhang 2023, 87–88.

nicht in seinen vollen Dimensionen vorstellbar gewesen sei.¹² Eric Nelson hat dem zu Recht widersprochen.¹³ Unbeschadet der Tatsache, dass die daoistischen Texte auch Heterogenes enthalten, spricht aus ihnen meines Erachtens ein sehr konsistentes ökologisches Bewusstsein, das allerdings – was Nelson übersieht – bereits vom Zweifel an seiner Wirkmächtigkeit durchzogen ist. Auch Paul D'Ambrosio ist, mit Goldin, der Ansicht, dass „environmentalism" und „ecology" nur in den Daoismus hineingelesen werden und schon aus begrifflichen Gründen gar nicht vorliegen können – z. B. fehle ein entsprechender Begriff der Natur und somit auch der Gedanke einer zu heilenden Trennung von Natur und Mensch.¹⁴

Ich halte diese Annahme, die nach D'Ambrosio „unkontrovers"¹⁵ sein sollte, für nicht stichhaltig. Sie steht ironischerweise im Banne derselben offenbar unausrottbaren, ein wahres sinologisches Paradigma prägenden Holismus-Fiktion wie die Postulierung der primordialen „chinesischen ökologischen Zivilisation" selbst, die sie bekämpfen möchte.¹⁶ Tatsächlich ist die Mensch/Natur Dichotomie eine allgemeine strukturelle Konstituente der Kultur (s.u.), die mit deren Entwicklung früher oder später auch argumentativ zutage tritt, wobei dies in unterschiedlicher Konzeptualisierung geschehen kann. Es wäre erstaunlich, wenn sie nicht auch in China aufgefallen wäre – es spräche für das unwahrscheinliche Verharren in einem vorproblematischen Weltverhältnis, und dies scheint mir in der Tat eine Hintergrundannahme der einschlägigen Theorien zu sein.¹⁷ Indes muss das Wortfeld „Natur" in anderen Kulturen nicht genauso gegliedert sein wie bei „uns", um eine ökologische Krise erleben zu können; und die in Frage stehenden Konzepte müssen mit „unseren" nicht deckungsgleich sein. Es genügen Überlappungen, und das Auseinandertreten dessen, was „wir" Natur und Mensch nennen, kann auf verschiedene Weise erkennbar gemacht sein.¹⁸

Ähnlich wie Goldin und D'Ambrosio warnt auch Jean-Yves Heurtebise davor, aus der von ihm zugestandenen Möglichkeit einer modernen ökologischen „Lesung" („environmentalist reading" im Sinne einer aktuellen Adaption) auch auf eine

---

12 Goldin 2005, S. 82.
13 Nelson 2020, S. 16.
14 D'Ambrosio 2023.
15 D'Ambrosio 2023, S. 42.
16 Ich habe mich dieser Annahme immer wieder auseinandergesetzt, zuerst in Roetz 1984.
17 Siehe hierzu etwa Roetz 2014, mit einer Kritik an Günter Dux' These einer „Strukturidentität der kosmischen und der sozialen Ordnungen" in China, wonach Differenz nur in der „substantiellen Einheit der Identität" gedacht werden könne (Dux 2003, S. 394–395).
18 Siehe hierzu Roetz 2010, S. 9–10.

entsprechende ursprüngliche „Bedeutung" („ecological meaning") der daoistischen Texte zu schließen. Es handele sich hierbei um einen hermeneutischen Fehlschluss, mit dem man in die Falle des Narrativs von der chinesischen ökologischen Zivilisation tappe (Heurtebise 2023, 130). Indes basiert dieses Argument seinerseits auf einem Fehlschluss, folgt doch aus der Konstatierung ökologischen Bewusstseins im Daoismus die Rede von einer chinesischen ökologischen Zivilisation nur dann, wenn der Daoismus eine solche Zivilisation geprägt hätte – was, so meine ich, eben nicht der Fall ist. Die meines Erachtens auffallende Eindringlichkeit der daoistischen Parteinahme für die Natur verdankt sich nicht einer entsprechenden DNA der chinesischen Kultur (beziehungsweise „Zivilisation"), sondern der Tatsache, dass diese Kultur selbst schon früh aus dem Ruder gelaufen ist. Der Daoismus ist nicht die Spiegelung einer harmonischen Welt, sondern die historisch erste Reflexionsform des Aufstandes der Natur gegen ihre Knechtung durch den Menschen.[19] Wer sich auf das daoistische Denken beruft, muss der Tatsache Rechnung tragen, dass es sich gegen ein anderes Denken und eine konträre Praxis wandte, die unter dem Strich wirkmächtiger waren. Es hat nie den Einfluss und die Prägekraft besessen, dass es ein chinesisches Zivilisationsparadigma geformt hätte. Es hat sich nicht nur gegen eine feindliche Wirklichkeit zu behaupten versucht, sondern ist auch selbst in deren Sog geraten und hat von Anfang an, auch in seiner Selbstwahrnehmung, mit dem Rücken zur Wand gestanden.

So ist das chinesische Verhältnis zur Natur historisch tatsächlich weit problemgeladener, als das Harmonie-Theorem es will. Wenn China den Gedanken einer Einheit von Mensch und Natur entwickelte, dann deshalb, weil die Trennung längst vollzogen war, und dies in einer in solch scharfen Form, dass die klassische Reaktion, nämlich die des Daoismus, schon Züge derselben Verzweiflung erkennen lässt, die man heute angesichts dessen, was bevorsteht, empfinden mag.

---

19 In einem anonymen Review dieses Beitrags, bei dessen Autor oder Autorin ich mich für wertvolle Kommentare bedanke, wird unter Verweis auf Balogh 2022 gegen diese These eingewandt, dass „Reflexionen zu diesem Thema sich bereits früher im Nahen Osten finden." Dies möchte ich nicht in Abrede stellen, denn in der Tat belegen sowohl mesopotamische (Gilgamesch Epos) als auch griechische Quellen (wie Platon, *Kritias* 111) zumindest ein frühes Problembewusstsein für die Folgen der Abholzung von Wäldern. Gleichwohl sehe ich nicht, wie man hier von einem „Aufstand der Natur" sprechen könnte, zumal in der Massivität, wie er sich insbesondere im *Zhuangzi* findet.

Dieser Aspekt wird in den aktuellen, zu einem wahren Genre gewordenen Anempfehlungen daoistischer Weisheit[20] als fertig bereitliegendes und nur wieder in Erinnerung zu bringendes Rezept zur Rettung aus der ökologischen Krise so gut wie immer übergangen.[21] Der Daoismus wird als eine Weltanschauung präsentiert, die keine „Distinktionen" kennt und deshalb wie geschaffen dafür ist, das Auseinanderdriften von Mensch und Natur zu verhindern.[22] Die Texte werden gelesen, als lieferten sie die Beschreibung einer realen, nur vom Westen gestörten chinesischen Mentalität und gar Praxis und nicht vielmehr die Kritik einer gerade entgegengesetzten *chinesischen* Wirklichkeit. Tatsächlich wäre die prekäre Situation des Daoismus bereits mit zu bedenken, bevor man ihn optimistisch als globale „grüne Religion"[23] und „therapeutische Ökologie"[24] empfiehlt. Zwar spricht, da wir aus Verantwortung nicht dem Fatalismus das Feld überlassen dürfen, nichts gegen die Suche nach Ressourcen außerhalb des Westens für eine andere Haltung gegenüber der Natur. Man muss jedoch die Möglichkeit im Auge behalten, dass sie zu einer Sammlung verblasster Hoffnungen wird.

Man kann es auch so ausdrücken: Hätte die chinesische Entwicklung tatsächlich im Zeichen der heute beschworenen Harmonie gestanden, gäbe es den Daoismus nicht. Er entsteht bekanntlich wie die anderen klassischen Philosophien Chinas in einer der historisch größten Zerreißkrisen Chinas in der „Zeit der Streitenden Reiche" (5. Jh.–221 v. Chr.), einer Epoche tiefer politischer und sozialer Umbrüche und desaströser Kriege. Die als einschneidend erlebte Krise ist für den Daoismus der späte Ausdruck des Zerbrechens der ursprünglichen Einheit der Welt im Zuge des Umsichgreifens einer gewalttätigen, künstlichen menschlichen Zivilisation, die auch der Natur bereits unübersehbare Wunden geschlagen hat, insbesondere durch die vielfach thematisierte Abholzung der Wälder.[25] Der Konfuzianismus hat die Unterwerfung der Natur als Bedingung der Möglichkeit menschlicher Existenz nicht nur hingenommen, sondern, wovon beschönigende Darstellungen nichts wissen wollen, sie als die unverzichtbare heroische Leistung früher Kulturschöpfer sogar gefeiert.[26] Der

---

20 Siehe hierzu die kritische Analyse in Wenning 2022. Peter Sloterdijk spricht von „holistischem fast food aus Fernost" (1989, S 9).
21 Siehe etwa Schönfeld und Chen 2019; Nelson 2020 und Doyle 2021.
22 Siehe beispielhaft Schönfeld und Chen 2019.
23 Miller 2017.
24 Nelson 2020, S. 9
25 Siehe hierzu Roetz 1984, S. 80–84, und Elvin 2005, Chapter 3: The Great Deforestation.
26 Siehe Roetz 2013, S. 34–35.

Daoismus hingegen sieht in ihr ein einziges Verhängnis, das nicht nur die äußere Natur, sondern auch die innere des Menschen selbst und schließlich seine physische Existenz zugrunderichtet.

Als Wurzel des Problems wird das menschliche „Herz" als Sitz des berechnenden Denkens identifiziert. „Tückischer noch als ein Gebirgsstrom" (*xian yu shan chuan* 險於山川),[27] trachtet es danach, mit Hilfe seines „Mordwerkzeugs" (*xiong qi* 凶器),[28] des Wissens, über Menschen und Dinge zu herrschen:

> Lao Dan sagte: „Hüte dich davor, das Herz des Menschen aufzurühren! Das Menschenherz tritt nach unten und drängt nach oben, so dass Obere und Untere einander ergreifen und töten. [...] Ungestüm, dreist und nicht zu bändigen, so ist wohl nur des Menschen Herz! [...] Die Große Urtugend bildet keine Einheit mehr, und die angeborene Natur und das Leben sind in ein großes Durcheinander geraten. Die Welt liebt das Wissen, und dem Volk wird bis zur Erschöpfung alles abverlangt. Seither herrschen die Äxte und Sägen, töten die Richtlinien und entscheiden Hammer und Meißel. Die Welt befindet sich in tiefem Chaos, und schuld daran ist die Aufrührung des Menschenherzens."

> 老聃曰：汝慎無攖人心。人心排下而進上，上下囚殺 [...] 僨驕而不可係者，其唯人心乎！[...] 大德不同，而性命爛漫矣；天下好知，而百姓求竭矣。於是乎斤鋸制焉，繩墨殺焉，椎鑿決焉。天下脊脊大亂，罪在攖人心。[29]

Äxte, Sägen, Hammer und Meißel können sowohl für die Folterinstrumente der Justiz stehen als auch für die Werkzeuge, mit denen der Mensch der Natur zu Leibe rückt – für die Daoisten nur zwei Seiten ein und derselben in die Katastrophe führenden Entwicklung.

Mit dem Sündenfall der „Aufrührung" des Herzens, erstmals, wie es im *Zhuangzi* heißt, durch den Kulturheros Huangdi 黃帝, den „Gelben Kaiser", beginnt ein verhängnisvoller Prozess einer unaufhaltsamen Degeneration.[30] Es wird ein Kalkül

---

27 *Zhuangzi* 32, S. 456.
28 *Zhuangzi* 4, S. 62.
29 *Zhuangzi* 11, S. 169. Zu einer Übersetzung der gesamten Passage s. Chang 1982, S. 343–345. – Martin Powers' Deutung der Passage als Postulierung eines Widerstandsrechts gegen den Staat im Namen der Freiheit („human mind is off limits to government", Powers 2019, S. 217) basiert meines Erachtens auf einem Missverständnis. Damit möchte ich nicht in Abrede stellen, dass es für die Daoisten ein solches Recht gibt; doch dürfte diese Stelle dafür gerade kein Beleg sein.
30 Siehe Chang Tsung-tung 1982, S. 343–345.

freigesetzt, das alles, was in den Zugriff des Menschen gerät, der Verfolgung von Zwecken unterwirft, es mit „Kurvenlineal, Lot, Zirkel und Parallelmaß" (*gou sheng gui ju* 鈎繩規矩)[31] normiert und nichts lässt, wie es von selbst ist. Nur das Nutzlose hat eine Chance zu überleben: Zum Symbol für das Schicksal der Natur wird der Baum, der wegen seiner Brauchbarkeit gefällte wie der nur dank seiner Knorrigkeit verschonte.[32] Eine Allegorie, in der die beiden anthropomorphen Figuren Shu 儵 (Jäh) und Hu 忽 (Abrupt)[33] Hundun 渾沌, das Chaos – die Natur –, sich selbst gleichmachen und dadurch zerstören, versinnbildlicht, was folgt, wenn der Mensch der Natur als dem inkommensurabel Wilden in seiner leichtfertigen Willkür seine Konturen aufzwingt:

> Der Herrscher des Südmeeres war Shu (Jäh), der des Nordmeeres war Hu (Abrupt), und der der Mitte war Hundun (Chaos). Shu und Hu trafen sich immer wieder auf dem Gebiet von Hundun. [Stets] behandelte sie Hundun mit der größten Freundlichkeit. Da berieten sich Shu und Hu, wie sie die Tugend von Hundun vergelten könnten. Sie sprachen: „Jeder Mensch hat sieben Öffnungen, um zu sehen, zu hören, zu essen und zu atmen. Nur dieser (Hundun) hat keine. Wir wollen ihm einmal welche meißeln!" Jeden Tag meißelten sie eine Öffnung. Am siebten Tag war Hundun tot.
>
> 南海之帝為儵，北海之帝為忽，中央之帝為渾沌。儵與忽時相遇於渾沌之地，渾沌待之甚善。儵與忽謀報渾沌之德，曰：人皆有七竅以視聽食息，此獨無有，嘗試鑿之。日鑿一竅。七日而渾沌死。[34]

Am Anfang der Geschichte steht für die Daoisten eine Urharmonie, in der der Mensch noch gar nicht als Mensch hervorgetreten, sondern unterschiedsloser Teil der Natur ist, in der die kosmischen Kräfte Yin und Yang und die Jahreszeiten ihren geregelten Rhythmus finden und alle Wesen in Einklang miteinander leben.[35] An ihrem Ende aber steht das vom Menschen initiierte „Zeitalters des Verfalls" (*shuai shi* 衰世), das im *Huainanzi* 淮南子 nach dem Blick in die ideale Vergangenheit in düsteren Bildern beschrieben wird:

---

31 *Zhuangzi* 8, S. 143, siehe Roetz 1984, S. 247.
32 Siehe ebd., S. 82–83.
33 Die personalisierten beiden Silben des Abverbs *shuhu* 儵忽, „blitzschnell".
34 *Zhuangzi* 7, S. 139.
35 Siehe hierzu die Zitate in Roetz 1984, §20D.

Als dann das Zeitalter des Verfalls hereinbrach, bohrten [die Menschen] das Gestein der Berge an. Sie bearbeiteten Bronze und Jade, brachen Austern und Muscheln auf, schmolzen Kupfer und Eisen, und die Dinge [der Natur] gediehen nicht mehr. Die Menschen schlitzten die schwangeren Tiere auf und töteten die Jungen, und das Einhorn erschien nicht mehr. Sie kippten die Nester um und zerbrachen die Eier, so dass auch der Phönix nicht mehr flog. Die Menschen drehten die Feuerbohrer, um Feuer zu erzeugen, und zimmerten Holz zu Terrassen. Sie zündeten die Wälder an, um Tiere zu jagen, und sie entwässerten Seen, um die Fische darin zu fangen. Der Apparate, die die Menschen herstellten, konnten gar nicht genug sein, und die Lager quollen über. So wuchsen die Dinge der Natur nicht mehr in Massen, und der größte Teil von ihnen musste sterben, noch bevor sie keimen, schlüpfen oder geboren werden konnten. [Die Menschen] aber schichteten den Erdboden auf und wohnten auf den Hügeln, sie düngten die Felder und säten Getreide, sie brachen die Erde auf und bohrten Brunnen für Trinkwasser. Sie reinigten die Betten der Flüsse und machten sie nutzbar. Sie errichteten Stadtmauern und bauten sie zu Befestigungen aus. Und sie fingen wilde Tiere, um sie zu zähmen.

Da gerieten Yin und Yang durcheinander, und die vier Jahreszeiten verloren ihre Ordnung. Hagel und Graupel stürzten herab, dichter Nebel, Reif und Schnee ließen den Himmel nicht mehr aufklaren. Und die Dinge der Natur fanden einen frühen Tod. Die Menschen hauten die Urwälder nieder, um dort Sprösslinge und Ähren wachsen zu lassen, und unzählbar waren die Gräser und Bäume, die starben, als sie gerade keimten, blühten oder in Frucht standen.

Dann kam es zur Errichtung großer Häuser und Paläste, mit Fluchten von Räumen und Säulen, Balkenvorsprüngen und Sparrenenden, geschnitzt, poliert, graviert und ziseliert mit hohen Zweigen, Wassernuss, Lotosblüten und Lotosblättern, in allen Farben, eine noch leuchtender als die andere, ineinander fließend voller Pracht, fein ausgeführt und üppig, anmutig und voller Struktur, reich und variiert und sich zueinander fügend, so dass sogar [Berühmtheiten wie] Gongshu [Ban] und Wang Er an der Handwerkskunst nichts hätten aussetzen können. Aber es reichte noch immer nicht, um die Bedürfnisse der Herrscher der Menschen zu befriedigen.

So kam es, dass die Pinien und Zypressen und der Bambus im Sommer verwelkten, der He, der Jiang³⁶ und die drei Ströme (Jing 泾, Luo 洛 und Wei 渭) versiegten und aufhörten zu fließen, fremde Schafe³⁷ auf den Weiden erschienen und Heuschrecken die Fluren füllten, der Himmel vertrocknete und die Erde aufbrach, der Phoenix nicht mehr herabstieg und wilde Tiere mit Hakenklauen, Sägezähnen, Hörnern und langen Spornen herumräuberten. Selbst seine kleinen Behausungen und einfachen Hütten boten dem Volk keine Möglichkeit mehr, Unterschlupf zu finden, und die an Hunger und Kälte Sterbenden lagen Schulter an Schulter.

Dann teilten sie die Berge, Flüsse, Bäche und Täler und machten Ackerland daraus und zogen Grenzen. Sie führten eine Zählung der Menschen durch, um sie in Einheiten aufzuteilen. Sie bauten Stadtmauern und gruben Wassergräben, sie schufen [militärische] Apparate und Hindernisse, um [auf den Krieg] vorbereitet zu sein, sie statteten Ämter aus und schufen Uniformen, schieden Hoch und Niedrig, trennten Fähige und Unfähige, regelten Tadel und Lob und brachten Belohnungen und Strafen zur Anwendung. Daraufhin ging es aufwärts mit den Waffen und Rüstungen, und Spaltung und Streit entstanden. Und hier begann es, dass das Volk Vernichtung, Unterdrückung, frühen Tod und Qualen erleidet, dass Menschen, die kein Vergehen begangen haben, grausam getötet und Unschuldige verstümmelt und hingerichtet werden."

逮至衰世，鐫山石，鍥金玉，擿蚌蜃，消銅鐵，而萬物不滋。剖胎殺夭，麒麟不游，覆巢毀卵，鳳凰不翔。鑽燧取火，構木為臺，焚林而田，竭澤而漁，人械不足，畜藏有餘，而萬物不繁兆，萌牙卵胎而不成者，處之太半矣。積壤而丘處，糞田而種穀，掘地而井飲，疏川而為利，築城而為固，拘獸以為畜。則陰陽繆戾，四時失敘，雷霆毀折，雹霰降虐，氛霧霜雪不霽，而萬物燋夭。菑榛穢，聚埒畝，芟野菼，長苗秀，草木之句萌、衘華、戴實而死者不可勝數。

---

36 Der „Gelbe Fluss" und der Yangzi. He und Jiang sind ursprünglich Eigennamen. Das Attribut „gelb" erhielt der He erst später, nachdem er durch Erosion infolge der Landschaftszerstörung seine Farbe gewechselt hatte; siehe Roetz 1984, S. 83–84.

37 Es ist umstritten, was hiermit gemeint ist. Laut *Guoyu* 國語, *Zhouyu shang* 周語上, S. 30, handelt es sich um ein schlechtes Vorzeichen, das auch schon beim Untergang der Shang-Dynastie zu sehen war (商之 […] 亡也，夷羊在牧).

乃至夏屋宮駕，縣聯房植，橑檐榱題，雕琢刻鏤，喬枝菱阿，夫容芰荷，五采爭勝，流漫陸離，脩掞曲校，夭矯曾橈，芒繁紛挐，以相交持。公輸、王爾無所錯其剞劂削鋸。然猶未能澹人主之欲也。

是以松柏箘露夏槁，江、河、三川絕而不流，夷羊在牧，飛蛩滿野，天旱地坼，鳳皇不下，句爪、居牙、戴角、出距之獸於是鷙矣。民之專室蓬廬，無所歸宿，凍餓飢寒死者，相枕席也。及至分山川谿谷使有壤界，計人多少眾寡使有分數，築城掘池，設機械險阻以為備，異貴賤，差賢不肖，經誹譽，行賞罰，則兵革興而分爭生，民之滅抑夭隱，虐殺不辜而刑誅無罪，於是生矣。[38]

Das *Huainanzi*, das in diesen Passagen ganz im Geiste des *Zhuangzi* spricht, gibt hier eine wahrhaft apokalyptische Schilderung – der Text spricht auch von „Endzeit" (末世) – der Inbesitznahme und Plünderung der Natur durch den Menschen und ihrer katastrophalen Folgen. Das Bedrohliche der Szenerie wird durch die zum Teil mythische Sprache noch unterstrichen. Die vom Menschen bewirkte Spaltung der Welt macht aber auch vor ihm selbst nicht Halt: Eine Oberschicht richtet sich in der Verwüstung ein, indem sie in kunstvoll gestaltete Häuser die verlorene Vielfalt als Ornament hineinschnitzt und das Bunt hineinmalt, das außen verschwindet. Mit einer auf die neuzeitlichen Arkadien-Idyllen gemünzten Formulierung von Brigitte Wormbs: Die „Veduten einer versagten Welt" werden „in die versagende" hineingepinselt, „von den Leiden Unterdrückter nicht irritiert".[39] Dem Volk hingegen drohen Unterjochung und Vernichtung.

Das *Huainanzi* setzt fort mit einer Kontrastierung der idealen Verhältnisse des Urzustandes und der Entgleisungen der späteren Zeit, in der Hoffnung, dass die Welt zu einer Ordnung im kosmischen Gleichklang aller Dinge zurückfinde. Doch endet das Kapitel, wohl nicht zufällig, mit einer skeptischen Feststellung: „Hat das Fundament Schaden genommen, dann ist das Dao verfallen." (*Ben shang er dao fei* 本傷而道廢)[40]

Die daoistischen Texte sind von beklemmender Aktualität. An der Zivilisationslogik der konstruktiven Destruktion, die immer neue Grenzen überschreitet und schließlich ins Unbeherrschbare umzukippen droht, hat sich nichts geändert. Sie ist heute im Gegenteil auf breiter Front systemisch, und ihre Folgen sind durch den Übergang ins fossile Zeitalter nur noch verheerender geworden. Sie bedeuten nichts

---

38 *Huainanzi* 8, S. 113f. – Zur Übersetzung vgl. auch Major et al. 2010, S. 268–270.
39 Wormbs 1975, S. 16.
40 *Huainanzi* 8, S. 125.

anderes als die machtvolle *Rückkehr der Kontingenz im Umgang mit der Natur*, deren Verringerung doch gerade eines der Erfolgsgeheimnisse der Zivilisation war, und damit die *potentielle Auflösung dieser selbst*. Auch die klimatischen Zusammenhänge sind, wenngleich mit den Mitteln einer vorwissenschaftlichen Kosmologie, von den Daoisten geahnt. Und sie erkennen, dass das Gewaltpotential der Zerstörung der Natur auch den Menschen selber bedroht – seine eigene Knechtung folgt der ihren auf dem Fuß. Auch das Bevölkerungswachstum und die mit ihm einhergehende Verknappung der Ressourcen (*ren zhong cai gua* 人眾財寡) sind als verschärfender Faktor erkannt.[41] Irgendwann, so prognostiziert das *Zhuangzi*, „werden noch die Menschen einander fressen" (*ren yu ren xiang shi* 人與人相食).[42]

Dies klingt wie die Antizipation einer nicht undenkbaren mörderischen Reaktion auf die sich weiter verschärfende ökologische Krise – der Vernichtung von Teilen der Menschheit, sei es in individueller Konkurrenz (jeder gegen jeden), sei es durch die Gruppenmoral sich zunehmend faschistisch organisierender Kollektive (wir gegen die anderen), als Alternativen zu weiteren grundsätzlich möglichen Optionen – der Selbstauslöschung oder der nicht in Aussicht stehenden globalen Solidarität mit einer gerechten Verteilung der Lasten. Zwar ist es unwahrscheinlich, dass die Gattung *homo sapiens* bei ihrer Findigkeit tatsächlich ausstirbt. Nicht ausgeschlossen ist aber, dass sie ihren Fortbestand sozialdarwinistisch und am Ende mit eliminatorischer Gewalt und den Mitteln der SS sicherstellen wird.[43]

Der Daoismus ist ein Aufruf zur Umkehr, wie er eindringlicher nicht sein könnte. Er wurde schon in China nicht gehört – das Land zählt zu den am meisten durch menschliche Aktivität umgestalteten und ökologisch ruiniertesten der Welt, und nicht erst seit den letzten Jahrzehnten.[44] Was aber bleibt dann von der daoistischen

---

41 *Huainanzi* 8, S. 115: „Mit dem Zeitalter des Zerfalls wurden die Menschen zahlreich und die Güter spärlich." 逮至衰世人眾財寡.
42 *Zhuangzi* 23, S. 146.
43 Es reicht deshalb nicht, wie Hans Jonas den „Fortbestand der Menschheit" als „neuen kategorischen Imperativ" zu setzen (Jonas 1984, S. 36). Denn dabei könnte außer Acht außer bleiben, dass die Rechtsansprüche *aller* Menschen berücksichtigt werden müssen; vgl. die Kritik Jonas' in Apel 1988, S. 196.
44 Siehe hierzu etwa Marks Elvins Untersuchung zur chinesischen Umweltgeschichte (Elvin 2004). Elvin resümiert: „The Chinese refashioned China. They cleared the forests and the original vegetation cover, terraced its hill-slopes, and partitioned its valley floors into fields. They diked, dammed, and diverted its rivers and lakes. They hunted or domesticated its animals and birds; or else they destroyed their habitats as a by-product of the pursuit of economic improvements. By late imperial times there was little that could be called 'natural' left untouched by this process of exploitation and adaptation […] [The] landscape was in

„Rückkehr zum Unbehauenen"[45] und der Suche nach dem nicht verkünstelten „Faden" (*dan* 淡)?[46] Eine radikale Linie liebäugelt selbst mit Gewalt und will die ruinöse Zivilisation ihrerseits in einem einmaligen terroristischen Akt für alle Zeiten zerschlagen und die überkomplex gewordene Welt wieder „im Dunkel gleich" (*xuan tong* 玄同) machen:

> Macht Schluss mit der Intelligenz (*sheng* 聖) und verwerft das Wissen! Dann wird den großen Räubern Einhalt geboten. Werft weg die Jade, zerstört die Perlen! Dann werden die kleinen Räuber nicht mehr auftreten. Verbrennt die Marken und zerschlagt die Siegel, und das Volk wird einfach und schlicht. Vernichtet die Scheffel und zerbrecht die Waagen, und das Volk wird nicht mehr streiten. Erst wenn die Regeln der Weisen der Welt vollständig in Stücke gehauen sind,[47] kann man mit dem Volk wieder reden. Verstimmt die sechs Stimmpfeifen, übergebt Panflöten und Zithern dem Feuer, verstopft die Ohren des Musikmeisters Kuang! Erst dann kann jeder auf der Welt fein hören. Vernichtet die Ornamente, weg mit den bunten Farben, verklebt die Augen des scharfsichtigen Lizhu! Erst dann kann jeder auf der Welt klar sehen. Zerstört die Kurvenlineale und Senklote, werft Zirkel und Winkelmaß weg, brecht die Finger des Handwerkers Chui! Erst dann wird jeder auf der Welt Geschicklichkeit haben. [...] Tilgt die Aufzeichnungen über die Taten [der Moralisten] Zeng und Shi, verriegelt den Mund [der Philosophen] Yang und Mo, schafft Menschlichkeit und Gerechtigkeit ab! Erst dann wird die Urtugend aller Welt wieder im Dunkel gleich sein.
>
> 絕聖棄知，大盜乃止。擿玉毀珠，小盜不起。焚符破璽而民朴鄙，掊斗折衡而民不爭。殫殘天下之聖法，而民始可與論議。擢亂六律，鑠絕竽瑟，塞瞽曠之耳，而天下始人含其聰矣；滅文章，散五采，膠離朱之目，而天下始人含其明矣；毀絕鉤繩而棄規矩，攦工倕之指，而天下始人有

---

fact tamed, transformed, and exploited to a degree that had few parallels in the premodern world." (S. 321). Vor Romantisierungen des chinesischen Umgangs mit der Natur warnt bereits Tuan 1968 – nach wie vor einer der besten Texte zu unserem Thema. Vgl. auch Roetz 1984, S. 80–85, und Roetz 2013.

45 *Laozi* 28 復歸於朴; siehe Roetz 2019, S. 238.
46 Zum „Faden" als Teil eines „ästhetischen Ethos des Lassens, der Zurückgenommenheit und des Nicht-Eingreifens" im Daoismus siehe Heubel 2020, S. 122–130. Vgl. auch die Überlegungen zu einer „anderen Ökonomie", für die der Daoismus fruchtbar gemacht werden soll, in Heubel 2021, S. 318–323.
47 Wilhelm 1969, S. 112, übersetzt: „Wenn einmal die ganze Kultur auf Erden ausgerottet ist [...]."

其巧矣。[...] 削曾、史之行，鉗楊、墨之口，攘棄仁義，而天下之德始玄同矣。[48]

Die hier zum Ausdruck kommende Versuchung, das Rad der Kulturentwicklung in einem aggressiven Zugriff wieder an den Anfang zurückzudrehen, ist bereits von derselben Logik des Zweckhandelns infiziert, die sie zu bekämpfen meint – der Bruch, der mit dem Voranschreiten der menschlichen Zivilisation durch die Welt geht, hat auch die Philosophie selbst erfasst, die ihn so eindringlich beschreibt.[49] Dass die Versuchung überhaupt möglich wird, zeigt, dass die eigentliche daoistische Kernidee *wuwei* 無為, das „Nicht-Tun", das den manipulativen Eingriff in die Natur durch Innehalten (*zhi* 止) bannen soll, schon dabei ist, nicht mehr zu funktionieren. Denn zu nachhaltig hat der Mensch bereits die Geschichte der Kultur bestimmt. Wo diese nicht von vornherein Zerstörung war, bestand sie in immer neuen Kompensationen angerichteten Schadens, mit denen, wie mehrfach im *Zhuangzi* und *Laozi* dargestellt, wie in Kaskaden alles nur noch schlimmer wurde.[50] Damit müssten aber die Bedingungen für *wuwei* erst *wieder geschaffen* werden, was unweigerlich in den Modus des *wei*, also des zielgerichteten Herstellens führt, und dies ist das daoistische Dilemma.[51]

So durchzieht die daoistische Reaktion eine *enttäuschte Sehnsucht* nach Symbiose, etwas Resignatives, das auf der Hut sein muss, nicht misanthropisch und gar zynisch zu werden – ein Umschlag, der im Legalismus dann tatsächlich erfolgt:[52] Wenn ohnehin nur noch das Kalkül (*ji* 計) herrscht, dann ist nichts leichter, als den

---

48 *Zhuangzi* 10, S. 161; zur Übersetzung vgl. Chang 1983, S. 270–271.
49 Man könnte versucht sein, das Kapitel 10 des *Zhuangzi*, in dem sich diese Passage findet, zusammen mit anderen radikalen Kapiteln „Primitivisten" zuzuschreiben und damit als für das *Zhuangzi* nicht repräsentativ abzutun (so z. B. Graham 1981, S. 197 und 185; auch Wilhelm 1969, S. 109, äußert Zweifel an der Echtheit), und in der Tat wird es in den mir bekannten idealisierenden Darstellungen des Daoismus bequemerweise übergangen. Dem widerspricht aber nicht nur, dass gerade dieses Kapitel unter den wenigen ist, die das relativ zeitnahe *Shiji* dem Meister Zhuang persönlich zuschreibt (*Shiji* 63, 2143–2144), sondern auch, dass die Radikalisierung der daoistischen Kulturkritik (vgl. auch *Laozi* 19) durchaus ihre Logik hat.
50 Siehe Roetz 1984, S. 255–263.
51 Dieser Punkt wird in aller Regel übersehen oder übergangen. Dies gilt meines Erachtens auch für Mario Wennings ansonsten bedenkenswerten Überlegungen zum daoistischen *wuwei* als „effortless non-calculative responsiveness" unter Verzicht auf „mastering the world through one's purposive efforts" und in diesem Sinne notwendiges Element einer „kritischen Theorie" (Wenning 2011, S. 50 und 54).
52 Zu den Berührungspunkten zwischen Daoismus und Legalismus siehe Roetz 1992, S. 408 und 421.

Menschen selbst dabei zu packen.[53] Für den pessimistischen Daoismus gibt es abgesehen von individuellen Versuchen, durch Mystik oder ein mimetisches Leben inmitten der verbliebenen Natur weitab der menschlichen Siedlungszentren ein Stück der verlorenen Einheit wiederzufinden, „nichts mehr, um zum Anfang zurückzukehren" (*wu yi* [...] *fu qi chu* 無以[...]復其初).[54] Die Welt hat sich endgültig gespalten. Die Zivilisation ist eine Tragödie, die dabei ist, sich selbst ihren letzten Akt zu schreiben.

Die daoistische Philosophie, die ich hier sicherlich nicht in ihrer ganzen Breite, aber doch in einer auffallenden und meines Erachtens charakteristischen Linie nachverfolgt habe, zeigt, dass die Probleme, vor denen wir heute stehen, nur in der Massivität und Dringlichkeit und der mittlerweile globalen Dramatik, nicht aber im Grundsatz neu sind. Um nicht missverstanden zu werden: Die Vergewaltigung der Natur soll sich nicht auf Normalität, auf das Menschlich-Allzumenschliche herausreden können; sie ist immer ein *konkreter* Skandal mit Namen und Adresse, vor allem im modernen Westen und gerade auch in der deutschen Politik und Wirtschaft mit ihrer jahrzehntelangen organisierten Gleichgültigkeit. Wenn hier etwas unternommen worden ist, dann wider besseres Wissen immer zu spät und viel zu wenig. „Potemkin environmentalism"[55] wird man wohl nicht nur China vorhalten dürfen.

Dass eine solche Politik sogar mehrheitsfähig sein konnte und es womöglich weiter sein kann, deutet allerdings darauf hin, dass die Umweltkrise jenseits aller persönlichen Verantwortungslosigkeit Ausdruck eines größeren Problems des Menschen selbst ist. Die Daoisten haben es als erste erkannt und bereits seine Ausweglosigkeit geahnt, lange bevor sich die menschliche Zivilisation wie ein Schimmel über den gesamten Erdball gelegt hat. Die Option der individuellen Flucht in das noch Unberührte, die die Daoisten noch sahen, gibt es nicht mehr, auch wenn eine Aristokratie von Superreichen dabei ist, sich die erhofften verbleibenden Nischen zu reservieren.[56]

Die unausweichlichen Zusammenhänge lassen sich heute genauer beschreiben als die Daoisten es konnten: Als Mängelwesen ist der Mensch von Natur aus auf Kunst angewiesen, wie nicht erst die moderne Anthropologie, sondern bereits der Konfuzianer Xunzi 荀子 (*c.* 310–230 v. Chr.) wusste, dessen Philosophie der

---

53 Vgl. ebd., S. 409 und 411.
54 *Zhuangzi* 16, S. 244; siehe Roetz 1984, S. 257f.
55 Ich entnehme den Begriff Stinson 2017.
56 Siehe Rushkoff 2022.

Naturbeherrschung das affirmative Pendant zur daoistischen Negativität ist.[57] Anders als bei einem Tier löst sich die „Wirkwelt" der Eingriffe des Menschen in die Natur von der „Merkwelt", die ihn die Konsequenzen spüren lässt, so dass der „Funktionskreis", der immer wieder die Balance herstellt, schließlich durchbrochen wird – Begriffe Jakob von Uexkülls (1864–1944),[58] mit denen sich die Krise verstehen lässt, die schon in der Steinzeit begonnen hat[59] und heute kulminiert. So *bemerken* wir z. B. erst mit einer Verzögerung von Jahrhunderten, was wir mit der fossilen Ökonomie *bewirkt* beziehungsweise angerichtet haben. Während aber das Durchbrechen des Funktionskreises im Falle einer Tierpopulation die Existenz bedroht und oft genug auslöscht, kultiviert der Mensch eine Ingenieursmentalität und entzieht sich mit Erfolg, wenngleich kurzfristigem, durch immer neue „thetische" Tricks seinem Ende: Um sich weiterzulavieren, lässt er statt seiner seine *Hypothesen* sterben,[60] um neue zu testen. Und er stützt das immer labiler werdende Gestell, das er errichtet, durch eine *Prothese* nach der anderen[61] – bis zu dem Punkt, an dem alles, wie vom Daoismus vorhergesehen, zusammenkracht und die menschliche Zivilisation an ihren Erfolgen zugrunde geht.

Angesichts dieses anthropologischen Irrläufertums ist es schwer, sich vom daoistischen Hang zur Resignation nicht anstecken zu lassen. Selbst der ethische Trotz der Konfuzianer, auch „wider besseres Wissen nicht aufzugeben", findet sich an der klassischen *Lunyu*-Stelle[62] nicht ohne schon daoistisch gefärbten Sarkasmus. Dabei ist durchaus unklar, auf welcher Seite der Konfuzianismus letztlich steht und ob er entgegen seiner heute verbreiteten Selbstdarstellung, die sich nicht vom Daoismus den Rang ablaufen lassen will, nicht mehr ein Teil des Problems als ein Teil einer Lösung ist. So gibt es etwa nicht nur das holistische Harmoniedenken eines Tu

---

57 Siehe Roetz 1984, §21, und 2013, S. 36f.
58 Von Uexküll 1913, S. 72.
59 Siehe Lüning 1983, S. 5.
60 Popper 1979, S. 244.
61 Einen „Prothesengott" hat bekanntlich Freud den Menschen genannt; siehe Freud 1982, S. 222.
62 „Wissend, dass es unmöglich ist, es doch tun", ist die Devise Konfuzius' in der ironischen Formulierung eines vermutlichen Protodaoisten, der das Engagement für die Welt längst als zwecklos aufgegeben und sich auf den Posten eines Torwächters zurückgezogen hat: „Zilu (ein Schüler von Konfuzius) hatte am Steintor übernachtet. Der Morgentorwächter fragte ihn: ‚Woher kommst Du?' – ‚Vom Herrn Kong.' – ‚Ist das nicht der, der weiß, dass es unmöglich ist, und es doch tut (sich wider besseres Wissen doch bemüht)?'" (*Lunyu* 14.38 子路宿於石門。晨門曰：奚自？子路曰：自孔氏。曰：是知其不可而為之者與。)

Weiming, sondern auch die denkbar undaoistische Rechtfertigung des „Gott Spielens" (*banyan shangdi* 扮演上帝) durch invasive Technologie, um die „Unzulänglichkeiten der Natur zu beseitigen" (*bu tiandi zhi buzu* 補天地之不足) durch den taiwanischen Bioethiker Li Ruiquan 李瑞全, beides im Übrigen unter Bezug auf die gleiche Stelle im konfuzianischen Klassiker *Zhongyong* 中庸.[63] Li Ruiquan kann sich durchaus auf eine manifeste Tradition der Naturunterwerfung berufen, die im frühen Konfuzianismus durch die Philosophien Mengzis (*c.* 370–290 v. Chr.) und Xunzis repräsentiert ist: Während der eine die Kulturheroen am Anfang der Geschichte dafür feiert, dass sie die Wälder niederbrannten und zur „Freude der Welt" die wilden Tiere verjagten, um die Welt allererst urbar zu machen,[64] besingt der andere hymnisch die Bearbeitung und Umgestaltung der Natur durch den Menschen.[65] Die Natur als Objekt des Menschen zu sehen, heißt zwar für Xunzi – und Ähnliches ließe sich sicher für Mengzi sagen – noch nicht, dass er auch dem modernen *homo oeconomicus* etwas abgewinnen würde, der für ihn nichts anderes wäre als die Verkörperung der Naturwüchsigkeit selber, nämlich eines rohen Eigeninteresses. Den Bann der Natur zu brechen ist vielmehr als notwendige Voraussetzung einer moralischen Kultivierung des Menschen gedacht, die ihrem Anspruch nach die Verselbständigung einer „instrumentellen Vernunft" ausschließt. Gleichwohl bleibt innerhalb des ethischen Rahmens Xunzis Einstellung gegenüber der Natur rein objektivierend.

Nun bietet der Konfuzianismus ein komplexes Bild, zumal wenn man den daoistisch beeinflussten Neokonfuzianismus einbezieht.[66] Doch scheint mir eine anthropozentrische Tendenz unverkennbar zu sein, die in der Natur den Gegenstand menschlicher Zwecksetzung sieht, anders als in der angesprochenen Ansicht Tu Weimings, der den Anthropozentrismus der westlichen Aufklärung zuschreiben will. Seine Menschenbezogenheit allein muss den Konfuzianismus aber noch nicht auf die falsche Seite bringen. Denn mit einer anthropozentrischen Argumentation als solcher

---

63 Li Ruiquan 1999, S. 130–132, und Tu Weiming 2001, S. 249, bezogen auf *Zhongyong* 22; vgl. Roetz 2013, S. 27 und 32.
64 *Mengzi* 3B9 驅虎豹犀象而遠之，天下大悅，und *Mengzi* 3A4 烈山澤而焚之，禽獸逃匿. Die „harmonische Ordnung der Welt", die Ivanhoe hier meint entdecken zu können (Ivanhoe 1998, S. 678), bedeutet für die wilde Natur nichts Gutes. Die Aussage bestätigt, wie blind dem Konfuzianismus nahestehende Autoren für das Problem sein können. – Zum Thema Tiere s. auch Cao 2018, mit dem traurigen Resümee (S. 162): „China has one of the worst records for animal destruction."
65 *Xunzi* 17, S. 211–212, siehe Roetz 1984, S. 316–317, und Roetz 2013, S. 33–34.
66 Siehe hierzu allgemein Roetz 2013.

hat man noch keineswegs die Ausplünderung der Natur unterschrieben[67] – sie kann für den Schutz der Natur in der Theorie nicht weniger erfolgversprechend sein als eine kosmozentrische, wenn man sie auf den Gedanken einer strikten *Generationengerechtigkeit* gründet.[68] Dies hat den Vorteil, dass man nicht den philosophisch schwierigen (insbesondere dann, wenn man eine Komplementarität von Rechten und Pflichten annimmt) Weg einer Ausstattung der Natur mit Rechten gehen muss.[69]

Generationengerechtigkeit bedeutet im Kontext der Umweltethik üblicherweise, dass den künftigen Generationen keine unheilbar zerstörte Welt hinterlassen werden darf. Die Annahme, dass es so kommen könnte, ist mittlerweile dabei, als neues „pessimistisches Paradigma"[70] die ältere, noch von Kant als evident zum Ausdruck gebrachte Überzeugung abzulösen, dass die gegenwärtigen Generationen immer das Glück der künftigen vorbereiten und nicht etwa ihr Unglück.[71] Würde indes das Recht der letzteren ernst genommen, statt die Lage weiter mit Ingenieursphantasien zu entdramatisieren, müsste dies zu einem sofortigen Stopp der zerstörerischen Praxis führen.

Aus dem Konfuzianismus nun lässt sich eine ungewöhnliche Idee gewinnen, über die sich das Programm der Generationengerechtigkeit um eine bislang meines Wissens noch nicht bedachte Komponente ergänzen und damit stärken ließe: nämlich die Verbindung von *Trauer* und *Nachhaltigkeit* als Teil der Verpflichtung nicht gegenüber den künftigen, sondern den *älteren* und *vergangenen* Generationen. Für diese Pflicht steht im Konfuzianismus bekanntlich die Tugend der Kindespietät (*xiao* 孝), die schon immer etwas Bewahrendes hatte, wenngleich in Hinblick auf die Tradition und die überkommenen Autoritätsstrukturen, was ihr nicht ganz zu Unrecht die Verdammung durch die chinesischen Modernen eingetragen hat.[72] Man muss aber

---

67 Dass mit einem formalen Anthropozentrismus keine inhaltlichen Präjudizierungen verbunden sind, betont Ott 2010, S. 117.
68 Wenngleich hier Einschränkungen zu machen sind. Etwas nicht zu zerstören, damit es auch anderen zur Verfügung steht, heißt noch nicht, dass ihm keinerlei Leid zugefügt wird.
69 Vgl. hierzu Barantzke 2014.
70 Birnbacher 2006, S. 27.
71 Kant, „Idee zu einer allgemeinen Geschichte in weltbürgerlicher Absicht", A 391: „Befremdend bleibt es immer hierbei: daß die älteren Generationen nur scheinen um der späteren willen ihr mühseliges Geschäft zu treiben, um nämlich diesen eine Stufe zu bereiten, von der diese das Bauwerk, welches die Natur zur Absicht hat, höher bringen könnten; und daß doch nur die spätesten das Glück haben sollen, in dem Gebäude zu wohnen, woran eine lange Reihe ihrer Vorfahren (zwar freilich ohne ihre Absicht) gearbeitet hatten, ohne doch selbst an dem Glück, das sie vorbereiteten, Anteil nehmen zu können."
72 Siehe hierzu und zum folgenden auch Roetz 2023.

die Pietät von ihrer historischen Schuld nicht freisprechen, um doch noch mehr in ihr zu sehen als nur das Rückgrat der Despotie. Wie aber sollte der Übergang von *xiao* zur Bewahrung der Natur aussehen?[73]

Auf eine indirekte Verbindung deutet Mengzis Forderung einer kontrollierten und dadurch nachhaltigen Nutzung der Ressourcen: Es darf nicht mit engmaschigen Netzen gefischt, und der Holzeinschlag muss zeitlich begrenzt werden, damit genügend Mittel zur Verfügung stehen, um „die Lebenden zu versorgen und die Toten zu betrauern, ohne sich grämen zu müssen" – so Mengzis in den Gräueln der Zeit der Streitenden Reiche allein noch verbleibende berührende Utopie.[74] Ein expliziter Zusammenhang ist in einem auf den ersten Blick unscheinbaren Satz im konfuzianischen Klassiker *Liji* 禮記 hergestellt:

> Auch nur einen einzigen Baum zu fällen und ein einziges Tier zu töten, wenn nicht der rechte Zeitpunkt dafür gekommen ist, ist ein Verstoß gegen die Pietät.
>
> 斷一樹，殺一獸，不以其時，非孝也.[75]

In meiner Arbeit *Die chinesische Ethik der Achsenzeit* von 1992 habe ich diesen Konfuzius von seinem Schüler Zeng Shen 曾參 zugeschriebenen Satz, der sich ähnlich im *Da Dai Liji* 大戴禮記 findet,[76] wie folgt kommentiert:

> Das Tier [...] ist im Konfuzianismus, anders als bei den Daoisten und später den Buddhisten, kein Gegenstand eines besonderen Respektes. Respekt ist umgekehrt das Spezifikum, das den Umgang mit Menschen vom Umgang mit Tieren unterscheidet (*Lunyu* 2.7). Das Verhalten zu den Tieren unterliegt im Wesentlichen nur der generellen Auflage der Mäßigung, die dem Menschen bei der Nutzung der Dinge der Natur überhaupt gemacht ist. Man soll „nicht einen einzigen Baum fällen und nicht ein einziges Tier töten", ohne den „dafür richtigen Zeitpunkt" zu beachten [...]. Ein Verstoß hiergegen wird aber nicht als Mangel an Achtung gegenüber der Natur kritisiert, sondern als „Pietätlosigkeit".

---

73 Eine Verbindung ziehen auch Leung und Wenning (2024): Man braucht eine Zukunft (und, so wäre zu ergänzen, eine sie sichernde nachhaltige Umweltpolitik) „to allow ancestors to be recalled and nourished in a dignified manner". Der Gedanke einer „als ob"-Existenz der Totengeister, der sich im frühen Konfuzianismus nachweisen lässt, soll dabei den Respekt von den Ahnen durch deren vorgestellte Anwesenheit verstärken.

74 *Mengzi* 1a3. – Die Forderung nach einem schonenden Umgang mit den Ressourcen findet sich ähnlich in *Xunzi* 9, S. 105.

75 *Liji* 24, S. 621.

76 *Da Dai Liji* 52, S. 181 伐一木，殺一獸，不以其時，非孝也. Ich folge hier dem *Liji*.

Die Definition des Vergehens läuft hier über die Schädigung des Interesses der Eltern, ist also rein anthropozentrisch. Die Tiere sind aber nicht nur kein Gegenstand einer moralischen Verpflichtung, sie sind, wie in der neueren Ethologie, das Gegenbild des Moralischen schlechthin. Die Moral ist das „Bisschen" (*Mengzi* 4b19), das den Menschen vom Tier scheidet, und wer die vier Ansätze zu Menschlichkeit, Gerechtigkeit, Etikette und Wissen nicht hat, hieß es in *Mengzi* 2a6, „ist kein Mensch". Die weitgehende Entwertung der außermenschlichen Natur ist die Kehrseite des konfuzianischen Humanismus.[77]

Ich würde diese Einschätzung des Konfuzianismus – zu aktualisieren wäre sicherlich die Bemerkung zur Ethologie – gegen seine heute dominierenden geradezu lyrischen Darstellungen als Öko-Philosophie nach wie vor unterschreiben. Allerdings schöpft sie den Gehalt des Satzes des *Liji* in Hinblick auf die Möglichkeit der Bewahrung der Natur nicht aus. Meines Erachtens besteht dieser Gehalt aber nicht in der Extension der Pietätspflicht auf die außermenschliche Welt, wie in der gängigen ökofreundlichen Lesung der Stelle. So schreibt Donald Blakeley:

A very telling element in this formulation, it must be noted, is that the respect due to trees and animals is identified as a filial one. In effect, it affirms the value of the other and it assumes a normative and natural bond with the other. Animals and trees are, in some extended but significant way, beings that deserve moral consideration as kin. They are extended members of the family. […] In effect, rational and moral judgments are to recognize that living creatures deserve accommodating treatment in their own right according to their natures, life stages, and seasons.[78]

Qiao Qingju 乔清举 hat in seiner idealisierenden Darstellung des konfuzianischen „ökologischen Denkens" (*shengtai sixiang* 生态思想) dieser Interpretation zugestimmt.[79] Auch Yao Xinzhong und Zhuang Yue sehen in der Stelle einen Beleg für eine holistische Ethik.[80] So wäre dann die konfuzianische Pietät in einer Formulierung Tu Weimings „a meta-ethical principle underlying the anthropocosmic worldview".[81]

Indes sieht das Extensions-Argument nicht nur über die erwähnte eigentlich unverkennbare instrumentelle und zum Teil sogar feindliche Einstellung zur Natur

---

77 Roetz 1992, S. 340.
78 Blakeley 2003, S. 142.
79 Qiao Qingju 2012, S. 70.
80 Yao Xinzhong 2014, S. 581; Zhuang Yue 2015, S. 145.
81 Tu Weiming 1989, S. 106.

hinweg, die sich in konfuzianischen Texten nachweisen lässt. Sie passt auch nicht in den Kontext des betreffenden Kapitels (*Jiyi* 祭義) des *Liji*, das dem *Opfern* gewidmet ist – dem Gedenken verstorbener *Menschen*. Wie aber ergibt sich in dem eindeutig anthropozentrischen Zusammenhang des Ahnenopfers die Schonung der natürlichen Ressourcen?

Eine wohl allzu konkrete Antwort wäre, dass die Ressourcen vorrangig für das Opfern selbst zu reservieren sind. Weiter führt eine symbolische Deutung: *Wir haben nicht das Recht, die Erde als den einzigen Ort der Erinnerung an die Toten zu verwüsten*; sie „gehört" auch ihnen und nicht nur uns und den Zukünftigen. In der *Erinnerung* steckte damit eine Aufforderung zum *Innehalten*, wie es in China exemplarisch durch die bis ins dritte Jahr währende Trauerzeit, ein institutionalisiertes *wuwei* mit dem Ausscheiden aus dem aktiven Leben, zum Ausdruck gebracht worden ist. Elias Canetti hat hierin den einzigen je unternommenen ernsthaften Versuch gesehen, die „Lüsternheit des Überlebens" als Triebfeder der Ausübung destruktiver Macht zu überwinden.[82]

So gesehen könnte die in vielerlei Hinsicht zu Recht geschmähte Pietät dazu beitragen, die pathologische Einheit von Selbstbestätigung und Vernichtung zu durchbrechen, die Canetti in *Masse und Macht* analysiert hat.[83] Dies zumal dann, wenn sie dem Gedenken jener diente, die selbst zum Opfer der Gewalt wurden, und damit einen Schuldzusammenhang bewusst machte, in dem die Zerstörung der Natur nur ein Moment ist. In dieser Weise gelesen, wäre der Trauernde des *Liji* dem *Angelus Novus* Walter Benjamins verwandt, der gegen den Sturm des Fortschritts das „Antlitz der Vergangenheit zugewendet" hat und im Schrecken „verweilen" möchte, um „die Toten zu wecken und das Zerschlagene zusammenzufügen".[84]

Indes, dies sind nur Ideen, und sie stehen auf verwehtem Papier, wie eine Randnotiz zu einer anderen Wirklichkeit – dem übergroßen, auch in China der Natur zugefügten Leid mit all seinen Folgen für den Menschen selber. Aus ihnen Hoffnung zu schöpfen wäre plausibler, wenn sie in der Geschichte so gewirkt hätten wie hier angedacht – doch was spräche dafür? Nicht anders als die daoistischen sind auch die aus dem Konfuzianismus gewinnbaren Motive weit davon entfernt, in eine „ökologische Zivilisation" geführt zu haben; sie stehen allenfalls für den *unerfüllten*

---

82 Canetti 1981, S. 211.
83 Canetti 1960.
84 Benjamin 1974, S. 693.

Wunsch nach ihr. Und es nicht ausgeschlossen, dass die düstere Vision des *Zhuangzi* von Hunduns Tod das letzte Wort behält.

Literaturverzeichnis

Apel, Karl-Otto. 1988. „Verantwortung heute – nur noch Prinzip der Bewahrung und Selbstbeschränkung oder immer noch der Befreiung und Verwirklichung von Humanität?", in *Diskurs und Verantwortung,* hrsg. von Karl-Otto Apel. Frankfurt a. M: Suhrkamp, S. 179–216.

Balogh, Amy. 2022. „Mapping the Path to Ecological Reparation: An Ecopsychological Reading of the Epic of Gilgamesh and Its Implications for the Study of Religion", in *Journal of the American Academy of Religion* 90, S. 86–120.

Baranzke, Heike. 2014. „Natur als Subjekt von Eigenrechten – eine sinnvolle Rede? Plädoyer für eine Ethik menschlicher Verantwortung für die Natur", in *Welche Natur brauchen wir? Analyse einer anthropologischen Grundproblematik des 21. Jahrhunderts*, hrsg. von Gerald Hartung und Thomas Kirchhoff. München: Alber, S. 439–460.

Benjamin, Walter. 1974. „Über den Begriff der Geschichte" [1940], in *Gesammelte Schriften,* hrsg. von Rolf Tiedemann und Hermann Schweppenhäuser. Frankfurt a. M.: Suhrkamp , Bd. 1, S. 693–704.

Birnbacher, Dieter. 2006. „Responsibility for future generations – scope and limits", in *Handbook of Intergenerational Justice*, hrsg. von Joerg Chet Tremmel. Cheltenham and Northampton, Mass.: Edward Elgar, S. 23–38.

Blakeley, Donald N. 2003. „Listening to the Animals: The Confucian View of Animal Welfare", in *Journal of Chinese Philosophy* 30.2, S. 137–157.

Canetti, Elias. 1960. *Masse und Macht*. Hamburg: Claassen.

——— 1981. „Konfuzius in seinen Gesprächen", in: Canetti, *Das Gewissen der Worte*. Frankfurt a. M.: Fischer TB.

Cao, Deborah. 2018. „Wild Game Changer. Animals in Chinese Culture", in *Harvard Review of Philosophy* 25, S. 147–168.

Chang Tsung-tung. 1982. *Metaphysik, Erkenntnis und praktische Philosophie im Chuang-tzu*. Frankfurt a. M.: Klostermann.

Dadai Liji 大戴禮記. 1975. Gao Ming 高明. *Da Dai Liji jinzhu jinyi* 大戴禮記今注今譯. Taipei: Shangwu yinshuguan.

D'Ambrosio, Paul. 2023. „Boundary of the Sky: Environmentalism, Daoism, and the Logic of Increase", in *Asian Studies* (Ljubljana) 11 (27), Issue 2, S. 41–68.

De Groot, J. J. M. 1918. *Universismus. Die Grundlage der Religion und Ethik, des Staatswesens und der Wissenschaften Chinas*. Berlin: Reimer.

Doyle, Lloyd „Allen" IV. 2021. „Toward an Ecological Civilization: Perspectives from Daoism", in *Journal of Daoist Studies* 14, S. 221–228.

Dux, Dieter. 2003. „Die Genese der Philosophie in der Geistesgeschichte der Menschheit. Griechische und chinesische Antike im Kulturvergleich", in *Dialektik* 2003.2, S. 125–155.

Elvin, Mark. 2004. *The Retreat of the Elephants: An Environmental History of China,* . New York: Yale University Press.

Freud, Siegmund. 1982. *Das Unbehagen in der Kultur*. Frankfurt a. M.: Suhrkamp.

Gardner, Daniel K. 2018. *Environmental Pollution in China: What Everyone Needs to Know*. New York: Oxford University Press.

Goldin, Paul Rakita. 2005. „Why Daoism is not Environmentalism", in *Journal of Chinese Philosophy* 32.1, S. 75–87.

Graham, Angus C. 1981. *Chuang-tzu. The Seven Inner Chapters and other writings from the book Chuang-tzu*. London: Allen & Unwin.

Guoyu 國語. 1978. Hrsg. von Shanghai Shifandaxue guji zhengli xiaozu 上海师范大学古籍整理小组. Shanghai: Shanghai Guji Chubanshe.

Hansen, Mette Halskov, Hongtao, Li, und Rune Svarverud. 2018. „Ecological Civilization: Interpreting the Chinese Past, Projecting the Global Future", in *Global Environmental Change* 23.10, S. 195–203.

Heubel, Fabian. 2020. *Gewundene Wege nach China. Heidegger – Daoismus – Adorno*. Frankfurt a. M.: Klostermann.

―――― 2021. *Was ist chinesische Philosophie? Kritische Perspektiven.* Hamburg: Meiner.

Heurtebise, Jean-Yves. 2023. „Green Orientalism, Brown Occidentalism and Chinese Ecological Civilization: Deconstructing the Culturalization of the Anthropocene to Nurture Transcultural Environmentalism", in *Asian Studies* (Ljubljana) 11 (27), Issue 2, S. 119–148.

Huainanzi 淮南子. 1978. Gao You 高誘 (Komm.), *Huainanzi* 淮南子, in *Zhuzi jicheng* 諸子集成 Bd. 7. Hongkong: Zhonghua Shuju.

Huang, Ping, und Linda Westman. 2021. „China's imaginary of ecological civilization: A resonance between the state-led discourse and sociocultural dynamics", in *Energy Research & Social Science* 81, https://www.sciencedirect.com/science/article/pii/S2214629621003467?via%3Dihub (Zugriff am 28.Okotber 2024).

Ivanhoe, Philip J. 1998. „Early Confucianism and Environmental Ethics", in *Confucianism and Ecology: The Interrelation of Heaven, Earth and Humans*, hrsg. von Mary Evelyn Tucker und John Berthrong. Cambridge Mass.: Harvard University Press., S. 59–76.

Jonas, Hans. 1984. *Das Prinzip Verantwortung*. Frankfurt a.M.: Suhrkamp.

Kant, Immanuel. 1968. „Idee zu einer allgemeinen Geschichte in weltbürgerlicher Absicht" (1784), in Kant, *Werke in zehn Bänden*, Bd. 9, hrsg. von Wilhelm Weischedel. Darmstadt: Wissenschaftliche Buchgesellschaft.

Köster, Hermann. 1967. „Was ist eigentlich Universismus?", in *Sinologica* 9.2, S. 81–95.

Laozi 老子. 1978. Wang Bi 王弼. *Laozi zhu* 老子注, in *Zhuzi jicheng* 諸子集成 Bd. 3. Hong Kong: Zhonghua shuju.

Leung, Yat-hung, und Mario Wenning. 2024. „Ghosts and Intergenerational Justice: A Confucian Perspective", in *Intercultural Philosophy and Environmental Justice Between Generations*, hrsg. von Hiroshi Abe, Matthias Fritsch und Mario Wenning Cambridge: Cambridge University Press, S. 97–114.

Li Ruiquan 李瑞全. 1999. *Rujia shengming lunlixue* 儒家生命倫理學. Taipei: Ehu chubanshe.

Liji 禮記. 1977. Wang Meng'ou 王夢鷗. *Liji jinzhu jinyi* 禮記今註今譯. Taipei: Shangwu yinshuguan.

Lüning, Jens. 1983. „Mensch und Umwelt in der Steinzeit", in *Forschung Frankfurt* 1, S. 2–5.

Lunyu 論語. 1972. *Lunyu yinde* 論語引得. *A Concordance to the Analects of Confucius*. Harvard-Yenching Sinological Index Series Suppl. 16. Reprint Taipei: Chengwen.

Major, John S., Sarah A. Queen, Andrew Seth Meyer, und Harold D. Roth. 2010. *The Huainanzi*. New York: Columbia UP.

Mengzi 孟子. 1973. *Mengzi yinde* 孟子引得. *A Concordance to Meng-tzu.* Harvard-Yenching Sinological Index Series Suppl. 17. Reprint Taipei: Chengwen.

Miller, James. 2017. *China's Green Religion: Daoism and the Quest for a Sustainable Future*. New York: Columbia University Press.

Nelson, Eric. 2020. *Daoism and Environmental Philosophy: Nourishing Life*. London: Routledge.

Ott, Konrad. 2010. *Umweltethik zur Einführung*. Hamburg: Junius.

Pan Yue 潘岳. 2006. „Shehuizhuyi shengtai wenming" 社会主义生态文明, in *Xuexi shibao* 学习时报 354, https://www.aisixiang.com/data/11179.html (Zugriff am 28.Oktober 2024).

Popper, Karl. 1979. *Objective Knowledge: An Evolutionary Approach*, Revised Edition. Oxford: Clarendon Press.

Powers, Martin. 2019. *China and Europe. The Preindustrial Struggle for Justice in Word and Image*. London: Routledge.

Qiao Qingju 乔清举. 2012. *Ruijia shengtai sixiang tonglun* 儒家生态思想通论. Beijing: Beijing daxue chubanshe.

Roetz, Heiner. 1984. *Mensch und Natur im alten China*. Frankfurt a. M.: P. Lang.

——— 1992. *Die chinesische Ethik der Achsenzeit. Eine Rekonstruktion unter dem Aspekt des Durchbruchs zu postkonventionellem Denken*. Frankfurt a. M.: Suhrkamp.

——— 2008. „Confucianism between Tradition and Modernity, Religion, and Secularization: Questions to Tu Weiming", in *Dao* 7.4, S. 367–380.

——— 2010. „On Nature and Culture in Zhou China", in: *Concepts of Nature. A Chinese-European Cross-Cultural Perspective*, hrsg. von Günter Dux und Hans Ulrich Vogel. Leiden: Brill, S. 198–219.

——— 2013. „Chinese 'Unity of Man and Nature': Reality or Myth?", in *Nature, Environment and Culture in East Asia. The Challenge of Climate Change*, hrsg. von Carmen Meinert. Leiden: Brill, S. 23–39.

——— 2014. „Zum Wandel des Welt- und Selbstverständnisses im achsenzeitlichen China. Günter Dux' historisch-genetische Theorie der Kultur im Lichte klassischer chinesischer Textzeugnisse", in: *Strukturen des Denkens. Studien zur Geschichte des Geistes*, hrsg. von Günter Dux und Jörn Rüsen. Wiesbaden: Springer, S. 103–123.

——— 2019. „Sei das Rinnsal der Welt. Das Buch *Laozi* und das Wasser", in *Bochumer Jahrbuch zur Ostasienforschung* 42, S. 235–238.

——— 2022. „Unterdrückung als kulturelle Besonderheit: Autoritarismus und Identitätsmanagement in China", in *Polylog* 48, S. 41–54.

——— 2023. „An Overlooked Dimension of Intergenerational Justice? A Note on Filial Piety in the Age of the Ecological Crisis", in *Confucianism for the Twenty-First Century,* hrsg. von Huang Chun-Chieh and John A. Tucker. Göttingen: V&R unipress, S. 197–208.

Rushkoff, Douglas. 2022. *Survival of the Richest. Escape Fantasies of the Tech Billionaires*. New York: W. W. Norton & Company.

Schönfeld, Martin, und Xia Chen. 2019. „Daoism and the Project of an Ecological Civilization or *Shengtai Wenming* 生态文明", in *Religions* 10 (11), 630, https://doi.org/10.3390/rel10110630 (Zugriff am 28.Oktober 2024).

Schwermann, Christian. 2018. „Von der Sparsamkeit zur Nachhaltigkeit. Zukunftsdenken in der antiken chinesischen Wirtschaftstheorie", in *Bochumer Jahrbuch zur Ostasienforschung* 41, S. 69–98.

Shapiro, Judith. 2001. *Mao's War against Nature. Politics and the Environment in Revolutionary China*. Cambridge: Cambridge University Press.

Sloterdijk, Peter. 1989. *Eurotaoismus. Zur Kritik der politischen Kinetik*. Frankfurt a. M.: Suhrkamp.

Sophokles. 1957. *Antigone.* In: Sophokles, *Tragödien,* deutsch von Friedrich Hölderlin. Frankfurt a. M.: Fischer Bücherei.

Stinson, Matthew. 2017. „Salesman Xi", in *National Review*, June 26, 2017, https://www.nationalreview.com/magazine/2017/06/26/xi-jinping-china-west-liberals/ (Zugriff am 28.Oktober 2024).

Thommen, Lukas. 2009. *Umweltgeschichte der Antike.* München: Beck.

Tu Weiming. 1996. „Beyond the Enlightenment Mentality: A Confucian Perspective on Ethics, Migration, and Global Stewardship", in *The International Migration Review*, 30.1, S. 58–75.

——— 2001. „The Ecological Turn in New Confucian Humanism: Implications for China and the World", in *Daedalus* 130.4, S. 243–264.

Tuan I-fu. 1968. „Discrepancies between environmental attitude and behavior: Examples from Europe and China", in *The Canadian Geographer* 12, 176–191.

Uexküll, Jakob von. 1913. *Bausteine zu einer biologischen Weltanschauung. Gesammelte Aufsaïze.* München: F. Bruckmann.

Wenning, Mario. 2011. „Daoism as critical theory", in *Comparative Philosophy* 2.2, S. 50–71.

——— 2022. „Eurodaoism and the environment", in *Environmental Philosophy and East Asia: Nature, Time, Responsibility*, hrsg. von Hiroshi Abe, Matthias Fritsch und Mario Wenning. London: Routledge, S. 35–48.

Wei, Fuwen, Shuhong Cui, Ning Liu, Jiang Chang, Xiaoge Ping, Tianxiao Ma, Jing Xu, Ronald R. Swaisgood und Harvey Locke. 2021. „Ecological civilization: China's effort to build a shared future for all life on Earth", in *National Science Review* (Oxford/CASS) 8.7, nwaa279, https://academic.oup.com/nsr/article/8/7/nwaa279/5989711 (Zugriff am 28. Oktober 2024).

Wilhelm, Richard. 1969. *Chuang Dsi. Das wahre Buch vom südlichen Blütenland.* Düsseldorf und Köln: Diederichs.

Wormbs, Brigitte. 1975. *Über den Umgang mit Natur.* Basel: Stroemfeld und Frankfurt a. M.: Roter Stern.

Xunzi 荀子. 1978. Wang Xianqian 王先謙, *Xunzi jijie* 荀子集解, in *Zhuzi jicheng* 諸子集成 Bd. 2. Hongkong: Zhonghua Shuju.

Yao Xinzhong. 2014. „An Eco-Ethical Interpretation of Confucian Tianren Heyi", in *Frontiers of Philosophy in China* 9.4, S. 570–585.

Zhang, Ellen Y. 2023. „The 'Greening' of Daoism: Potential and Limits", in *Asian Studies* (Ljubljana) 11 (27), Issue 2, S. 69–84.

Zhang Jiyu. 2001. „A Declaration of the Chinese Daoist Association on Global Ecology", in *Daoism and Ecology: Ways within a Cosmic Landscape*, hrsg. von Norman

J. Girardot, James Miller and Xiaogan Liu. (Cambridge: Harvard University Center for the Study of World Religions, S. 361–372.

Zhuang Yue. 2015. „Confucian ecological vision and the Chinese eco-city", in *Cities* 45, S. 142–147.

Zhuangzi 莊子. 1978. Guo Qingfan 郭慶藩, *Zhuangzi jishi* 莊子集釋, in *Zhuzi jicheng* 諸子集成 Bd. 3. Hongkong: Zhonghua Shuju.

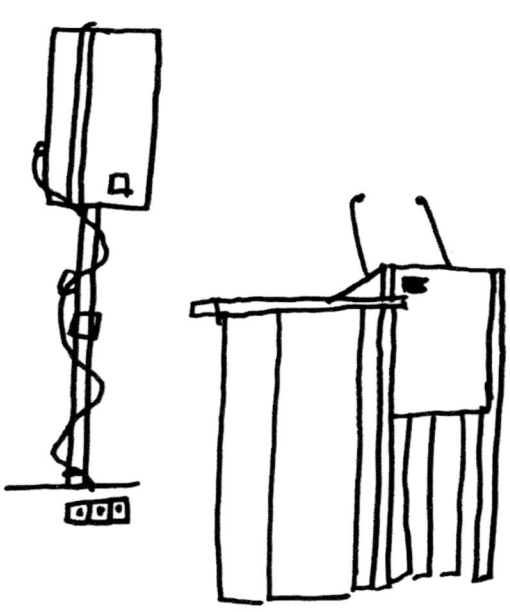

„Vertikale Höfe" und „Schwammstädte": Die Bedeutung traditionsorientierter Konzepte für Nachhaltigkeitsstrategien in der chinesischen Architektur und Stadtentwicklung

Fabienne Wallenwein

When conducting inquiries into traditions of sustainable thinking in China, the fields of architecture and urban development are certainly worth exploring. Historical Chinese architecture shows great awareness of environmental conditions, as reflected in precise considerations of building orientation, incidence of light and air circulation. Due to high development pressure since the reform and opening-up of the People's Republic in the 1980s, numerous historical built structures had to give way to multi-storey residential complexes and prestige architecture, especially in historic areas of greater cities. At the micro level, pioneering Chinese architects such as Pritzker Prize-decorated Wang Shu 王澍 took a different path early on. In designs such as the "vertical courtyard", he strives to reconnect built structures to local history and the environment. At the macro level, tradition-oriented concepts and construction approaches are used to legitimate new urban development strategies, for example with regard to urban flood protection. Here, the paper concentrates on the concept of the "sponge city" (*haimian chengshi* 海绵城市). This comprehensive approach of setting up a hydroecological infrastructure as promoted by Chinese landscape architect Yu Kongjian 俞孔坚 aims to tackle prevalent water-related problems in response to a changing climate. In practical implementation, the sponge city is translated into a nationwide programme with concrete policy measures. This paper discusses how recent sustainability strategies in the fields of architecture and urban development are linked to Chinese tradition-oriented concepts and how these are adapted and implemented with regard to contemporary lifestyles and conditions.

Einleitung

Die Stadtentwicklung der letzten 40 Jahre in der Volksrepublik China (im Folgenden VR China) war von einem rasanten Wachstum in die Höhe und einer ebenso schnellen Ausbreitung städtischer Strukturen in ihr Umland geprägt. Eine nähere Betrachtung gegenwärtiger Stadtbilder über die dicht besiedelte chinesische Ostküste hinweg offenbart einen maximalen Kontrast zur historischen Bauweise, sowohl was Gebäudehöhe und Baumaterial als auch Planungsansätze betrifft. Besonders neu errichtete Wohngebiete ähneln sich auch über topographische Grenzen hinweg stark und lassen die traditionell große Vielfalt an Wohnformen und Wohnungstypen in China in den Hintergrund rücken.

Der vorliegende Beitrag verfolgt die Ambition, mögliche Beziehungen zwischen historischer Bauweise und zeitgenössischer Bau- und Planungspraxis in der VR China aufzuzeigen. Er beginnt mit einer Betrachtung nachhaltiger Denkansätze auf der Mikroebene, genauer gesagt, in der traditionellen Bauweise (han-)chinesischer Wohnhäuser. Auf Grundlage dieser Erkenntnisse wird in einem zweiten Schritt die Bedeutung dieser Konzepte für die gegenwärtige Arbeit ausgewählter chinesischer Architekten beleuchtet. Im dritten Schritt erfolgt eine Erweiterung des Blickwinkels hin zur Makroebene mit ihren städteweiten und übergreifenden Planungsmechanismen. Hier wird abschließend untersucht, inwiefern Nachhaltigkeitsstrategien und die Entwicklung sogenannter „Schwammstädte" eine Rolle für die landesweite Verbesserung des Schutzes vor Überschwemmungen sowie für eine Steigerung der Lebensqualität in chinesischen Städten spielen.

Die Mikroebene: Merkmale eines umweltbewussten Denkens im Kontext (han-)chinesischer Wohnformen

Lange Zeit blieb die Vielfalt der Wohnformen des heute zur VR China gehörenden Terrains unbekannt, da die Dokumentation und Erforschung vernakulärer Architektur im Land selbst erst Mitte des 20. Jh. begann. Folglich hielt sich der Mythos, dass sich die chinesische Architektur über die Zeit kaum verändert habe und über verschiedene Regionen hinweg vergleichsweise homogen geblieben sei. Dass diese Feststellung zu pauschal angelegt ist, wird bei einer genaueren Betrachtung regionaler Wohnformen deutlich. Neben den wohl bekanntesten nordchinesischen Wohnhöfen finden sich in den westlich gelegenen Provinzen des Löss-Plateaus beispielsweise unterschiedliche Formen sogenannter „versunkener Höfe" (*dikengyuan* 地坑院) und von „Höhlenwohnungen" (*yaodong* 窑洞). In den südlichen Provinzen sind vor allem die befestigten „Lehmgebäude" (*tulou* 土楼, Provinz Fujian) und „ummauerten Dörfer" (*weilongwu* 围拢屋 / 围龙屋, Provinz Guangdong) der Hakka, sowie „siegelabdruckförmige Hofhäuser" (*yi ke yin* 一颗印 / *yi kou yin* 一口印, Provinz Yunnan) zu nennen.

In seiner langjährigen Forschung zur vernakulären Architektur in China wies der amerikanische Pionierforscher Ronald G. Knapp dennoch auf einige gemeinsame Merkmale in der traditionellen chinesischen Bauweise hin, etwa die Kombination offener und geschlossener Räume und ein hohes Bewusstsein für naturräumliche und klimatische Bedingungen, in die ein Gebäude eingebettet ist.[1] Diese Merkmale sollen im Folgenden zunächst exemplarisch anhand dreier han-chinesischer Wohnformen (nordchinesische, „versunkene" und südchinesische Wohnhöfe) erläutert werden.

Nachhaltige Denkansätze und Konzepte in der vernakulären (han-)chinesischen Bauweise

Nordchinesische Wohnhöfe (*siheyuan* 四合院)

Als grundlegende han-chinesische Wohnform gelten die vorwiegend in Nordchina verbreiteten Hofhäuser, welche *siheyuan* (wörtlich: „an (allen) vier Seiten umschlossener Wohnhof") genannt werden. Diese Wohnkomplexe sind modular aufgebaut, wobei je nach Größe mehrere Höfe aneinandergereiht sein können und jeweils ein Hof eine Einheit mit den ihn umgebenden Gebäuden bildet. Der chinesisch-amerikanische Schriftsteller und Professor asiatischer Kunstgeschichte Nelson Wu bezeichnete diese modularen Einheiten in den 1960er Jahren als „house- yard" und Ronald Knapp nennt sie „hall-courtyard modules."[2] Auch in der deutschsprachigen Sinologie wurde dieses besondere Merkmal einer „Baugruppe" als elementare architektonische Einheit im Vergleich zum europäischen Einzelgebäude hervorgehoben.[3] Der Aufbau nordchinesischer Hofhäuser ist von zahlreichen Faktoren bestimmt, darunter Einflüsse einer konfuzianisch geprägten Gesellschaftsordnung, kosmologischer aber auch naturmagischer Vorstellungen.[4] Besonders in geplanten, ehemals kaiserzeitlichen Hauptstädten weisen sie grundlegende Eigenschaften wie Axialität, Symmetrie und Orientierung auf.

Idealerweise sind nordchinesische Wohnhöfe nach Süden ausgerichtet. Neben den bereits genannten Faktoren und Vorstellungen ist dies auf eine Anpassung an natürliche Gegebenheiten zurückzuführen. Die Orientierung nach Süden ermöglicht es, während der kalten Wintermonate die meiste Wärme des natürlichen Sonnenlichts einzufangen.[5] So sind die traditionellen Holzflügeltüren an Gebäudeeingängen häufig mit einem Gitterwerk versehen, welches sowohl Licht als auch Frischluft in den

---

1 Knapp 2005, S. 59–63.
2 Wu 1963, S. 32; Knapp 2005, S. 57.
3 Thilo 1977, S. 11.
4 Taubmann 1992, S. 108.
5 Thilo 1977, S. 16–17.

Innenraum eindringen lässt. Ebenso sind die Dachüberstände einzelner Gebäude genau bemessen. Dadurch kann die tieferstehende Wintersonne maximal ins Zimmer einfallen, während die höherstehende, aggressive Sommersonne abgeschirmt wird. Die seitlichen und hinteren Mauern von Gebäuden in diesen Wohnhöfen haben in der Regel keine Fenster, um vor den starken Winden aus dem Nordwesten zu schützen.[6]

Umwelteinflüsse werden außerdem als ein entscheidender Faktor für die Farbgebung nordchinesischer Wohnhöfe betrachtet. So war beispielsweise die Farbnutzung zur Gestaltung und Dekoration von Wohnhöfen in Peking während ihrer Zeit als kaiserliche Hauptstadt strikt reguliert. Die Verwendung leuchtender Farben wie Zinnoberrot und Gold zur Gestaltung der Fassaden sowie gelb und grün glasierter Dachziegel war Haushalten der kaiserlichen Familie und von hohem sozialen Rang vorbehalten. Einfache Wohnhöfe hatten hingegen dunkle Ziegel und vorwiegend graue, teilweise mit Kalk bedeckte Wände. Um die eintönige Atmosphäre während der vergleichsweise langen Wintermonate in Peking aufzubrechen, setzten Bewohner farbige Akzente im Rahmen ihrer Möglichkeiten, häufig in Form rotbrauner Dachüberhänge, grünfarbiger Stützpfosten und Gittertrennwände, sowie schwarz gestrichener Tore.[7]

„Versunkene Höfe" (*dikengyuan* 地坑院) und Höhlenwohnungen

Von einer hohen Anpassung an natürliche Gegebenheiten zeugen auch die unterirdischen Wohnhöfe des Lössplateaus in Nordchina. Diese seit mehr als vier Jahrtausenden bestehende Wohnform ist vorwiegend in den Provinzen Henan, Shanxi und Shaanxi, aber auch Gansu und Ningxia zu finden.[8] Grundsätzlich wird hier zwischen sogenannten „versunkenen Höfen" (*dikengyuan* 地坑院, *diyinkeng* 地阴坑 oder *diyao* 地窑) und „Höhlenwohnungen" (*yaodong* 窑洞) unterschieden. „Versunkene Höfe" waren lange eine bevorzugte Wohnform in flachen Gegenden des Lössplateaus. Sie werden rechteckförmig in den Boden gegraben und ihre unterirdischen Wohnräume gehen seitlich von dem so entstandenen, „versunkenen" Innenhof ab. Sie sind teilweise miteinander verbunden. Da der versunkene Hof zum Himmel hin offen

---

6 Knapp 2005, S. 59–61.
7 Zhao Qian, Gong Wei und Yu Fei 2012, S. 139–140.
8 Golany 1992, S. 151.

ist, werden diese Wohneinheiten manchmal auch als *tianjingyuan yaodong* 天井院 窑洞 bezeichnet.⁹

Die Nutzung der (häufig jeweils zwei) unterirdischen Räume an jeder der vier Seiten eines „versunkenen Hofes" lässt ebenso auf eine Orientierung an Umweltbedingungen schließen. So werden in der Regel die südlich, östlich und westlich ausgerichteten Räume bewohnt, in denen die angenehmsten Temperaturen und Lichtverhältnisse herrschen. Traditionell bezog die älteste Generation an der Spitze der Familienhierarchie die südlich orientierten Räume. Die licht- und wärmeärmsten Räume mit nördlicher Ausrichtung dienten hingegen als Lagerräume, zur Haltung von Nutztieren, sowie für einen schräg abwärts verlaufenden Zugangstunnel zum Wohnhof.¹⁰

Eine andere Form dieser unterirdischen Wohnhöfe sind horizontal aus dem Löss geschachtete Behausungen (*kaoshan yaodong* 靠山窑洞), welche optisch an Höhlen erinnern. Im Lössbergland sind solche Wohnungen vorteilhaft, da sie nur einen kleinen Teil des zur landwirtschaftlichen Produktion erforderlichen Flachlands besetzen. Die für ihre Errichtung ausgeschachtete Erde wird vor dem Hang zu einer Terrasse aufgeschichtet und ummauert. Auch diese Höhlenwohnungen sind traditionell nach Süden ausgerichtet, um die Einstrahlung des Sonnenlichts zu maximieren und sie gegen Wind abzuschirmen.¹¹ Ihre charakteristischen, gebogenen Eingangstüren haben sich bis heute beispielsweise bei den überirdisch gebauten Wohnhäusern im Ming- und Qing-zeitlichen Pingyao erhalten (siehe Abb. 1).

Zur Konstruktion unterirdischer Wohnhöfe benötigten ansässige Bauern kein zusätzliches Baumaterial, etwa Holz oder Stein, sodass diese vergleichsweise schnell und kostengünstig zu errichten waren. Durch ihren isolierenden Charakter hielt die sie umgebende Erde die unterirdischen Wohnräume im Sommer angenehm kühl (ca. 21°C) und speicherte ausreichend Wärme im Winter (ca. 11°C).¹² Diese Bauweise

---

9   *Tianjing* 天井 (im Englischen „skywell" genannt, manchmal auch mit „patio" übersetzt) bezeichnet ein architektonisches Element, das auf den Bedarf an Licht und Frischluft im abgeschirmten Inneren einer Wohnanlage reagiert. Dabei handelt es sich um einen häufig viereckigen, zum Himmel hin geöffneten Lichthof. Dieser kann teilweise überdacht sein, um eine Weiternutzung bei Regen und starker Sonneneinstrahlung zu ermöglichen. Ebenso kann der Begriff eine nicht begehbare Aussparung innerhalb eines Gebäudes bezeichnen, die zum Himmel hin geöffnet ist und für den Einfall von Sonnenlicht sowie eine bessere Luftzirkulation sorgt.
10 Golany 1992, S. 159.
11 Golany 1992, S. 156.
12 Knapp 1986, S. 36–37.

hat jedoch auch Nachteile. So weisen die unterirdischen Räume häufig eine hohe Feuchtigkeit und eine schwache Luftzirkulation im Inneren auf.[13] Im Zuge der hohen Popularität von kulturellem Erbe während der letzten zwanzig Jahre in der VR China wird nun zunehmend das Potential überirdischer Varianten dieser Wohnform für eine Anpassung an moderne Standards erforscht.

Abbildung 1: Wohnhaus im Stil einer Höhlenwohnung, Pingyao, 2016, eigenes Foto.

Südchinesische Wohnhöfe (*sanheyuan* 三合院)

Auch im Süden Chinas sind Innenhöfe ein zentrales architektonisches Element. Im Vergleich zu den ausgedehnten nordchinesischen *siheyuan* sind die Innenhöfe südchinesischer Wohnkomplexe deutlich stärker verdichtet. Die Abnahme an offenem Raum vom Norden in den Süden ist eines mehrerer Merkmale, welche eine Anpassung an klimatische Bedingungen widerspiegeln. Im Folgenden wird dies am Beispiel südchinesischer Wohnhöfe in der Region Jiangnan, dem Gebiet südlich des Jangtse, erläutert.

---

13 Jin Qiming und Li Wei 1992, S. 24.

Bereits während der südlichen Song-Dynastie (1127–1279) errichteten wohlhabende Bevölkerungsgruppen eindrucksvolle Wohnresidenzen südlich des Jangtse-Unterlaufs. Kaiserhof und Hauptstadt der Song waren zu Beginn dieser Dynastie in Folge einer Invasion aus dem Nordosten durch die Jurchen nach Hangzhou 杭州 verlagert worden. Mit ihren fruchtbaren Böden und dem weitverzweigten Kanalsystem stieg die Region außerdem zu einem wichtigen Landwirtschafts- und Handelszentrum auf. Unter anderem im nordöstlich gelegenen Suzhou 苏州 und seiner Umgebung ist heute ein signifikanter Bestand an Wohnhöfen aus der späten Kaiser- und Republikzeit erhalten, welche Aufschluss über traditionelle Bauweisen in der vernakulären Architektur geben können.

Anders als bei nordchinesischen Wohnhöfen sind die Innenhöfe dortiger Wohnanlagen nur an drei Seiten umschlossen und werden daher *sanheyuan* 三合院 (wörtlich etwa: „an drei Seiten umschlossener Wohnhof") genannt. Sie folgen nordchinesischen Höfen in Bezug auf die drei Merkmale Axialität, Symmetrie und Orientierung. Wenn auch häufiger im planmäßig angelegten Suzhou als in den kleineren, es umgebenden Wasserdörfern, so strebte man auch dort grundsätzlich eine Ausrichtung nach Süden an. Dies wird am Beispiel des „Gartens des Rückzugs und der Reflexion" (*Tuisiyuan* 退思园) in Tongli 同里 deutlich. Da der Eingang dieser Residenz im Westen und nicht wie idealerweise im Süden ans Straßennetz grenzt, wurden seine Gebäude jeweils um 90 Grad gedreht und horizontal angeordnet. Dies ermöglichte eine Ausrichtung an insgesamt drei Nord-Süd-Achsen anstelle einer vom Besitzer weniger erwünschten West-Ost-Achse.[14] Das Beispiel zeigt den flexiblen und kreativen Umgang mit solch traditionellen Richtlinien, wobei es gleichzeitig die Bedeutung einer südlichen Orientierung ein weiteres Mal unterstreicht.

Die Basismodule eines *sanheyuan* bestehen, wie im Falle von nordchinesischen Wohnanlagen auch, aus einem Hof- und einem Gebäudeanteil. Sie tragen die Bezeichnung *jin* 进 (Zählwort für „Hof").[15] Ein Wohnhof entsteht durch Aufreihung mehrerer dieser Module hintereinander, wobei der Innenhof eines nachfolgenden Moduls an die Rückwand des zentral platzierten Gebäudes im vorhergehenden Modul anschließt. Die „offene" Seite des Innenhofs wird hierdurch komplett umschlossen. Auf der so entstandenen zentralen Achse befinden sich nacheinander die Eingangshalle, die Haupthalle und die Privaträume. Je nach sozialem Status und Wohlstand des Besitzers kann eine Wohnanlage neben dieser

---

14 Wallenwein 2020, S. 242, 438.
15 Xu Minsu et al. 1991, S. 53.

Hauptachse (*zhengluo* 正落) um weitere Gebäudereihen (*bianluo* 边落) im Westen und/ oder Osten ergänzt sein.[16]

Ein hohes Bewusstsein für Umwelteinflüsse zeigt sich bei diesen Wohnhöfen zunächst in der Planung der Gebäudehöhen. Während die vorderen Hallen und Seitengebäude durchweg einstöckig sind, haben die Privaträume in der Regel zwei Stockwerke, um eine bessere Luftzirkulation zu gewährleisten. Weiterhin hebt sich das Bodenniveau von der Eingangshalle bis zu den Privaträumen immer weiter an. Diese graduelle Erhebung ermöglicht, dass Wasser zum Eingang hin abfließen kann.[17]

Auch in südchinesischen Wohnhöfen stellt der *tianjing* ein zentrales Bauelement der Wohnanlage dar. Während er in den Modulen vor dem Hauptgebäude den Umfang eines ganzen Innenhofes einnimmt, wird der *tianjing* im hinteren, oft mehrstöckigen Teil der Wohnanlage deutlich schmäler und kompakter.[18] Durch seine offene Form hebt er die strenge Trennung zwischen Wohnraum und Natur auf, und ist nicht zuletzt ein beliebter Ort für die Kultivierung von Nutz- und Zierpflanzen.

Wie im Falle nordchinesischer Wohnhöfe spielt eine nachhaltige Denkweise auch für die Farbgebung im Süden eine Rolle. So sind die Wände dieser Wohnanlagen stets in weiß gehalten. Dies ermöglicht eine Reflektion des Sonnenlichts, wodurch einerseits die Innenräume erhellt werden und andererseits das Aufheizen der Gebäude während der Sommermonate reduziert wird.[19] Durch eine kompakte Bauweise wird auch im gesamten Wohnviertel eine Reduktion der Hitze erreicht. Die Wege zwischen den Gebäuden nehmen daher oft die Form schmaler und sich windender Gassen an.

Die Bedeutung nachhaltiger Konzepte für die gegenwärtige chinesische Architektur

Vergleichbar mit Entwicklungen in den USA und Europa schienen Abhängigkeiten von natürlichen Bedingungen mit der Einführung der Stahlbetonbauweise auch in

---

16 Yu Shengfang 2006, S. 170.
17 „Tongli Zhen zhi" bianzuan weiyuanhui 2007, S. 134.
18 Eine besondere Form dieses Elements in Wohnresidenzen der Umgebung von Suzhou sind die *xieyan tianjing* 蟹眼天井, wörtlich etwa: „*Lichthöfe, die den Augen einer Krabbe ähneln*". Hierbei handelt es sich um zwei schmale, zum Himmel hin geöffnete Lichthöfe, die entlang der Hauptachse symmetrisch zueinander angeordnet sind. Der Begriff *xieyan* 蟹眼 (wörtlich: „Krabbenaugen") wird metaphorisch auch zur Bezeichnung der ersten kleinen Bläschen verwendet, die beim Aufkochen von Wasser an die Oberfläche aufsteigen. Siehe Luo Zhufeng et al. 1994, S. 982.
19 Yu Shengfang 2006, S. 171.

China immer weniger eine Rolle zu spielen. Mit der Gründung der Volksrepublik im Jahr 1949 begann eine Phase enger Kooperation mit der damaligen Sowjetunion und die Produktion sowie der Aufbau einer Schwerindustrie wurden zu Prioritäten erklärt. Wohnungen im städtischen Raum wiederum, welche bereits und bis in die 1980er-Jahre hinein landesweit knapp waren, wurden wie Konsumgüter behandelt und zugeteilt. Die Schaffung von neuem Wohnraum richtete sich daher nach planwirtschaftlichen Vorgaben und orientierte sich an sowjetischen Wohnungsbaustandards, wobei vorwiegend neue Arbeiter-Quartiere nahe der Produktionsstätten entstanden, jedoch kaum in die Sanierung historischer Viertel investiert wurde.[20]

Die rasante Urbanisierung der letzten Jahrzehnte über das gesamte Land hinweg brachte außerdem ein Entwicklungsmodell hervor, welches von chinabezogen arbeitenden Stadtforschern lange Zeit als „Wachstumskoalition" (*growth coalition*) beschrieben wurde. Dabei schließen sich Lokalregierungen mit Entwicklungsunternehmen und Stadtplanern zusammen, um den Bodenwert zu steigern und als faktische Landeigentümer langfristig außerbudgetäre Einnahmen zu generieren.[21] Hierfür werden oft ganze Quartiere abgerissen und immer höhere Wohnkomplexe errichtet, was häufig zu Lasten der städtischen Wohn- und Lebensqualität geht.

Bereits zu Beginn dieser Entwicklungen in den 1980er-Jahren gab es jedoch auch Gegenbewegungen chinesischer Architekten und Stadtplaner. Im Folgenden sollen exemplarisch drei Ansätze vorgestellt werden, welche auf den oben skizzierten nord- und südchinesischen Wohnhöfen als grundlegender Baueinheit basieren und welche ihre Entwürfe stärker an nachhaltigen Denkweisen ausrichten.

Zwei Entwürfe zur Neugestaltung nordchinesischer Wohnhöfe

Als grundlegende han-chinesische Wohnform haben nordchinesische Hofhäuser zweifellos eine hohe kulturelle Bedeutung. Für Generationen von darin aufgewachsenen Chinesen waren und sind sie identitätsstiftend. Wie aber lässt sich solch eine horizontal orientierte Bauweise mit dem hohen Druck gegenwärtiger chinesischer Städte zum Wachstum in die Höhe verbinden? Ausgehend von dieser Frage startete der Mitbegründer des Instituts für Architektur an der renommierten Qinghua Universität, Wu Liangyong 吴良镛, zu Beginn der 1990er-Jahre sein Ju'er Hutong 菊儿胡同-Projekt in Beijing. Ziel dieses Projekts war eine Revitalisierung der nordöstlich der Verbotenen Stadt gelegenen Nachbarschaft durch die Entwicklung

---

20 Zhang und Wang 2001, S. 108–140.
21 Wu 2018, S. 1384–1385.

eines architektonischen Prototyps für ein chinesisches Hofhaus, welcher die Flächennutzung optimierte, ohne dabei eine Berücksichtigung von Umweltfaktoren wie Licht und Luftzirkulation aufzugeben.[22]

Bei einer Bestandsaufnahme zu Projektbeginn war eine Großzahl der in einer Schutzzone für historische Hofhäuser gelegenen Gebäude dieser Nachbarschaft in sehr schlechtem Zustand. Die Wohneinheiten waren überfüllt, sodass Haushalte provisorische Unterkünfte innerhalb der Höfe errichtet hatten. Zwei Drittel der Haushalte bekamen kein direktes Sonnenlicht und waren anfällig für Überschwemmungen. Weiterhin standen den mehr als 80 Bewohnern lediglich ein Wasserhahn und -abfluss zur Verfügung.[23]

Abbildung 2: Mehrstöckiges Hofhaus, Ju'er Hutong, Peking, 2016, eigenes Foto.

Die größten Herausforderungen des Projekts lagen daher in einer signifikanten Erhöhung der Wohnfläche und der Integration einer modernen Ausstattung in die

---

22 Wu Liangyong 1999, S. 104. Siehe Kapitel 6 in Wu Liangyong 1999 für eine genaue Beschreibung zu Planung und Design der Ju'er Hutong-Nachbarschaft, sowie zur Entwicklung eines neuen Hofhaus-Prototyps.
23 Wu Liangyong 1999, S. 106–113.

neuen Hofhaus-Komplexe. Hierfür wurden zwei- und dreistöckige Gebäude in unterschiedlichen Anordnungen zu einem Hofhaus-Komplex kombiniert, unter Einhaltung der im Schutzgebiet maximal zulässigen Höhe von neun Metern. Die hohe Variabilität in der Anordnung der Wohneinheiten dieses neuen Prototyps stellt den Einfall von genügend Sonnenlicht sicher und schafft über Korridor-Verbindungen ein energie-effizientes Mikroklima. Dächer und Überdachungen sind in traditionellen Ziegelmustern gedeckt und die Außenwände im Erdgeschoss mit grauen Wandziegeln verkleidet, um eine vertraute Atmosphäre und den lokalen Charakter zu erhalten (siehe Abb. 2).[24] Obwohl der Hofhaus-Prototyp internationale Auszeichnungen erhielt, wurden Folgeprojekte in der Nachbarschaft aufgrund geringer wirtschaftlicher Rentabilität eingestellt.[25]

Ein Ansatz, welcher den Aspekt der Nachhaltigkeit durch eine noch stärkere Verschmelzung fortschrittlicher Bautechnik mit lokaler Wohnkultur anstrebt, ist der sogenannte „Neue Pekinger Wohnhof" (*xin Beijing siheyuan* 新北京四合院) des chinesischen Architekten und Bauunternehmers Yan Shaohua 阎少华. In der Yijun 易郡-Wohnanlage am Ufer des Chaobai-Flusses gelegen, ist dieses Projekt Teil eines städtischen Villenviertels (*bieshu qu* 别墅区) in einem Vorort von Peking.

Grundprinzipien dieses sich als „neuer Lokalismus" (*xin bentu zhuyi* 新本土主义) verstehenden Ansatzes sind eine geschichtliche Einbettung der Wohngebäude in ihre Umgebung, und damit verbunden die Einbeziehung lokaler geographischer, klimatischer und kultureller Gegebenheiten.[26] Für die Umsetzung der Gesamtwohnanlage bedeutete dies beispielsweise das Anlegen eines Sickerungsgrabens, der einerseits überschüssiges Regenwasser auffängt und andererseits eine naturnahe Landschaft erzeugt. Was die Wohnkomplexe betrifft, so wurden industriell gefertigte Materialien und „moderne" Techniken vorwiegend verdeckt eingesetzt, etwa in Form einer Fußbodenheizung oder des Stahlbetonkerns, der die traditionelle Holzstruktur der Hofhäuser ersetzt.[27] Für die Außenwände und Dächer wurden wiederum traditionelle Wand- und Dachziegel verwendet. Sie sind in den lokal üblichen Farben schwarz und grau gehalten. Dies soll ein Gefühl des Einklangs mit lokalen Merkmalen erzeugen.[28] Emissionen und der Verbrauch natürlicher Ressourcen sollen durch eine

---

24 Wu Liangyong 1999, S. 122–140.
25 Xin 2012, S. 141.
26 Yan Shaohua 2005a, S. 50.
27 Yan Shaohua 2005a, S. 51.
28 Zhao Qian, Gong Wei und Yu Fei 2012, S. 149.

Anpassung an lokale klimatische Bedingungen reduziert werden.[29] Die Wohnhäuser sind größtenteils einstöckig, an manchen Stellen auch zweistöckig, um eine traditionelle Form beizubehalten. Ihre Aufteilung wird jedoch da aufgebrochen, wo eine funktionelle Anpassung an gegenwärtige Bedürfnisse notwendig erscheint. So verfügen die Neuen Pekinger Wohnhöfe beispielsweise über eine Garage, eine Waschküche und einen Keller.[30]

Bezüglich der beiden hier vorgestellten Ansätze ist zu beachten, dass sie bereits von Beginn an in ihrer Zielsetzung grundsätzlich unterschiedlich ausgerichtet waren. Während das Ju'er Hutong-Projekt eine sozial verträgliche Sanierung eines Altstadtviertels verfolgte, so entstanden die Wohnhöfe der Yijun-Wohnanlage wie viele der neueren Projekte im Auftrag von finanzstarken Bauherren.

Gegenentwürfe des „Amateur Architekturstudios" für öffentliche Gebäude und südchinesische Wohnhöfe

Einen stark umwelt- und geschichtsbezogenen Ansatz verfolgt auch das vom chinesischen Architekten Wang Shu 王澍 (geb. 1963) und seiner Frau Lu Wenyu 陆文宇 (geb. 1967) gegründete „Amateur Architekturstudio" 业余建筑工作室 (Yeyu Jianzhu Gongzuoshi). Der aus Hangzhou stammende Architekt wurde im Jahr 2012 als erster Chinese mit der weltweit renommiertesten Auszeichnung für Architektur, dem Pritzker Preis, geehrt. Sein Werk steht sinnbildlich für einen alternativen Weg zu homogenen Beton-Blockbauten, welche in Folge der Zulassung von gewerblichem Wohnungsbau immer stärker zum bestimmenden Element vieler chinesischer Städte wurden.

Die Projekte von Wang Shu lassen sich als Gegenentwürfe zu einer in die Höhe verdichteten Großstadt lesen.[31] Er zielt auf eine höhere Wertschätzung traditioneller Architektur und ein dahingehendes Umdenken bei gegenwärtigen chinesischen Stadtplanern. Ein prägendes Element des Architekturstudios ist sein Streben nach einer naturnahen Bauweise, wodurch etablierte Dichotomien wie Stadt und Land, Architektur und Landschaft sowie Professionalität und Laienhaftigkeit überwunden werden sollen.[32] Hierfür arbeitet das Studio eng mit Fachleuten aus dem Handwerk zusammen und kombiniert traditionell in der chinesischen Bauweise verwendete

---

29 Yan Shaohua 2005b, S. 112.
30 Zhao Qian, Gong Wei und Yu Fei 2012, S. 149.
31 Trabitzsch 2015.
32 Wang Shu und Lu Wenyu 2012, S. 66.

Materialien wie Holz, Ziegel und Lehm mit industriell erzeugtem Beton, Eisen und Stahl.

Beim Bau eines seiner bekanntesten Projekte, des Geschichtsmuseums in Ningbo, integrierte Wang Shu aufbereitetes, historisches Baumaterial, um eine Verbindung des Museums zur lokalen Tradition und Geschichte herzustellen. Die Außenwände des Museums verlaufen vom Boden in Richtung Flachdach zunächst vertikal und gehen dann an einigen Stellen in Schrägwände über (siehe Abb. 3).

Abbildung 3: Südtor des Geschichtsmuseums in Ningbo, 2012.[33]

Für die vertikalen Abschnitte ließ der Architekt sogenannte *wapan qiang* 瓦爿墙 (wörtlich etwa: „Wände aus Dachziegeln und Holzstücken") errichten. Dabei handelt es sich um Wände, für die nach einer lokalen Bautechnik alte Materialien, wie etwa Backstein, Dachziegel, Werkstein und Tonscherben, wiederverwendet werden.[34] Die Wände des Museums bestehen aus grauen Mauer-, Dach- und Tonziegeln, die

---

33 Originaltitel: „South Gate of Ningbo Museum", Siyuwj (Autor), Wang Shu (Architekt), https://commons.wikimedia.org/wiki/File:South_Gate_of_ Ningbo_Museum.jpg, CC BY-SA 3.0, https://creativecommons.org/licenses/by-sa/3.0/legalcode, in schwarz-weiß umgewandelt.

34 Wang Shu und Lu Wenyu 2012, S. 69.

größtenteils von historischen Gebäuden stammen, welche bei Entwicklungsprojekten abgerissen wurden. Die schrägen Abschnitte wiederum bestehen aus Beton, welcher die Form von Bambusrohren nachahmt.[35] Anders als bei oft futuristisch anmutenden Prestigebauten ähnelt das Museum in seiner Erscheinung eher einer Festung und soll Stadtbewohner durch das verwendete Material daran erinnern, wie das Stadtbild Ningbos früher geprägt war.

Zur Aufrechterhaltung eines Einklangs des Menschen mit seiner Tradition und Geschichte sieht sein Ansatz weiterhin vor, dass topographische Unterschiede im Stadtbild erkennbar bleiben. Ein bekanntes Beispiel ist der Universitätscampus „Xiangshan" (Xiangshan xiaoqu 象山校区) der Kunstakademie in Hangzhou. In Anlehnung an ein ausgeglichenes Land-Stadt-Verhältnis, wie es der als idealtypisch betrachteten Stadt Hangzhou ursprünglich zugrunde lag, ließ er die Campus-Bauwerke an den nord- und südlichen Rändern des Geländes errichten. Sie sollen so in direkter Beziehung zum etwa 50 Meter hohen Xiang-Hügel und zweier, ihn umlaufender Flüsse stehen.[36] Ein grundlegendes Element eines langgestreckten Gästehauses, welches sich ebenfalls in die natürlich vorgegebene Struktur des Campus einpasst, sind teilweise aus Lehm errichtete Schottenwände. Diese sind an die vormals im ländlichen China verbreitete Bauweise mit Stampflehm angelehnt und sollen Aufschluss über die Funktionsweise dieser Technik unter bestimmten klimatischen Bedingungen geben.[37]

Auch für Wohnsiedlungen im eng verdichteten Stadtraum liefert er einen Entwurf. Ähnlich wie Wu Liangyong mit seinem Ju'er Hutong in Peking setzt auch Wang Shu beim Hofhaus als Kernelement an, allerdings im Stil südchinesischer Städte. Für sein Projekt der „Vertikalen Höfe" (*chuizhi yuanzhai* 垂直院宅), ebenfalls in Hangzhou, hat er Module in Form von Einfamilien-Hofhäusern entworfen und zu einem Wohn-Hochhaus übereinandergesetzt.[38] Damit möchte er eine Trennung zwischen Stadt und Land überwinden, und reagiert auf üblicherweise in Hochhäusern verbreitete Probleme wie Anonymität. Jede Wohneinheit hat offene Räume, in denen sich beispielsweise Pflanzen kultivieren lassen. Die 200 Wohneinheiten in den insgesamt vier Türmen und zwei Reihen sind außerdem konkav gegeneinander verschoben, sodass man mehr von seinen Nachbarn mitbekommt. Bewohner sollen auf jeder Etage das

---

35 Zhao Qian, Gong Wei und Yu Fei 2012, S. 8.
36 Wang Shu und Lu Wenyu 2012, S. 68.
37 Kögel 2018, S. 40.
38 Wang Shu und Lu Wenyu 2006, S. 82.

Gefühl haben, in einem zweistöckigen Hofhaus zu wohnen.[39] Kritik an seinem Ansatz bezieht sich häufig darauf, dass seine Entwürfe zu idealisiert und für eine großflächigere Umsetzung zu weit von den Anforderungen und dem Realisierbaren im Städtebau entfernt seien.

Die Makroebene: Nachhaltigkeitsstrategien in der chinesischen Stadtentwicklung

Städtischer Katastrophenschutz als Nachhaltigkeitsziel

Wenn chinesische Netizens ironisch davon sprechen, dass sie „in einem Haus mit Meerblick wohnen" (*zhu zai „haijingfang"* 住在"海景房") oder in der medialen Berichterstattung von einem Phänomen die Rede ist, welches „das Meer sehen, sobald es regnet" (*yi xia yu jiu kan hai* 一下雨就看海) genannt wird, so spielt dies auf ein Problem an, mit dem sich eine Vielzahl chinesischer Städte jährlich konfrontiert sehen. Gemeint sind Überflutungen, die landesweit und vorwiegend in den Sommermonaten auftreten, häufig in Folge von Starkregenereignissen. Die mit der rasanten Urbanisierung der letzten Dekaden einhergehende hohe Flächenversiegelung sowie die Bebauung hochwassergefährdeter Gebiete haben das Überschwemmungsrisiko in den betroffenen Städten weiter verstärkt.[40] Wie gravierend die Auswirkungen von Umweltkatastrophen nach wie vor für städtische Räume weltweit sind, zeigt sich auch daran, dass die Vereinten Nationen den Schutz vor Wasserkatastrophen ausdrücklich in einem ihrer 17 Nachhaltigkeitsziele festgeschrieben haben (Ziel 11.5). Ein gegenwärtig in der VR China getestetes Planungskonzept um städtischen Überschwemmungen zu begegnen und den eigenen Beitrag zu diesem Nachhaltigkeitsziel zu leisten ist die Errichtung sogenannter „Schwammstädte" (*haimian chengshi* 海绵城市).[41]

---

39 Wang Shu und Lu Wenyu 2006, S. 82.
40 Rau 2022, S. 2.
41 Im Nationalen Aktionsplan der VR China zur Implementierung der Agenda 2030 wird der Bau von „Schwammstädten" als zentrale Maßnahme zur Verbesserung des städtischen Katastrophenschutzes genannt (Unterziel 11.b). Ministerium für Auswärtige Angelegenheiten der Volksrepublik China 2017, S. 33.

Die konzeptuelle Schwammstadt aus Perspektive des chinesischen Landschaftsarchitekten Yu Kongjian

Der Begriff „Schwammstadt" spielt im Allgemeinen auf die Fähigkeit einer Stadt an, überschüssiges Niederschlagswasser zu absorbieren, zu speichern und in trockeneren Perioden wieder an die Umgebung abzugeben. Die Schwamm-Metapher in Verbindung mit dem Urbanen fand um die Jahrtausendwende in unterschiedlichen wissenschaftlichen Disziplinen konzeptuelle Anwendung und erfuhr zuletzt breite mediale und politische Aufmerksamkeit.[42] Der in den USA ausgebildete chinesische Landschaftsarchitekt Yu Kongjian 俞孔坚 verwendete die Metapher im gleichen Zeitraum, ursprünglich zur Beschreibung des Potentials natürlicher Systeme Überschwemmungen zu regulieren,[43] und erhebt Anspruch auf die Begründung des Stadtentwicklungs-Konzepts. Er versteht die Schwammstadt als holistischen Ansatz, der traditionelle und gegenwärtige sowie chinesische und nicht-chinesische Bau- und Planungstechniken miteinander verbindet. Darunter fasst er fortschrittliche Maßnahmen aus den Bereichen *Low Impact Development* und der wassersensiblen Stadtplanung ebenso wie historische Formen des Hochwasserschutzes und der Wasserregulierung chinesischer Städte.

Ausgehend von dem Einfluss, den Überschwemmungen teils zerstörerischen Ausmaßes und ein anschließender Wiederaufbau im Laufe der chinesischen Geschichte auf städtische Siedlungsmuster hatten, betrachtet Yu den Umgang historischer Städte mit diesen Erfahrungen als wegweisend für den gegenwärtigen Städtebau. So verweist er beispielsweise auf das klassische Werk des renommierten chinesischen Architekturexperten Wu Qingzhou 吴庆洲 (geb. 1945) aus dem Jahr 1995 zur Prävention von Hochwasser und Überschwemmungen in historischen chinesischen Städten, welches gleichzeitig die chinesische Forschung in diesem Bereich begründete.[44]

Ein wesentliches Ergebnis dieser Studie ist die Erkenntnis, dass historische Stadtmauern in China häufig nicht nur zu Verteidigungszwecken, sondern ebenso dem

---

42 Im Australischen Kontext wurde der Begriff "sponge city" zu Beginn der 2000er Jahre zur Bezeichnung regionaler Zentren verwendet, welche sich dadurch auszeichnen sollten, dass sie signifikante Teile der Bevölkerung und des Gewerbes aus umliegenden Gegenden absorbierten. Häufig zitiert wird hier der Beitrag von Budge 2006. Für eine kritische Evaluation dieses Konzepts siehe die Betrachtung von Argent et al. 2008.
43 Yu Kongjian et al. 2015, S. 27.
44 Wu Qingzhou 1995; Yu Kongjian et al. 2015, S. 30–31.

Hochwasserschutz und -rückhalt dienten.⁴⁵ Auch Yu hat sich mit der Wasserregulierung und dem Hochwasserschutz in historischen chinesischen Städten beschäftigt. Seine Untersuchungen fokussieren auf die Morphologie so von ihm bezeichneter „Wasserstädte" (*shuicheng* 水城) in der Nordchinesischen Tiefebene. Anders als die bekannteren „Wasserstädte" in der Region Jiangnan (auch *Jiangnan shuixiang chengshi* 江南水乡城市, z. B. Suzhou, Hangzhou, Shaoxing), deren Bezeichnung auf ihr ursprünglich weit verzweigtes Netz an Wasserwegen zurückgeht, zeichnen sich die im Schwemmland des Gelben Flusses gelegenen Städte durch eine Vielzahl an weit entwickelten Strategien im Umgang mit Überschwemmungen aus. Diese Strategien gerieten angesichts der rapiden Stadtentwicklung und einer damit einhergehenden stetigen Reduktion von Wasserflächen seit den 1980er-Jahren auch in der VR China zunehmend in Vergessenheit. Erst seit der Jahrtausendwende greifen einige dieser Städte, darunter Kaifeng 开封, Liaocheng 聊城 und Shangqiu 商丘, vor allem im Zuge ihres Stadtmarketings und der Tourismusentwicklung diese besondere Charakterisik in ihren Stadtplanungskonzepten unter Bezeichnungen wie „Nordchinesische Wasserstadt" (Beiguo shuicheng 北国水城) oder „Wasserstädte nördlich des Jangtse" (Jiangbei shuicheng 江北水城) explizit wieder auf.⁴⁶

Neben eines die Stadt umgebenden Deiches verfügten die Wasserstädte im Schwemmland des Gelben Flusses über ein Teichsystem, welches zur Entwässerung und als Wasserspeicher genutzt wurde. Die Teiche entstanden nach und nach, wenn Erde zur Errichtung des Deiches oder von Gebäuden benötigt wurde. Das Erscheinungsbild dieser Wasserstädte ist daher durch unterschiedlich geformte und positionierte Teiche sowie Wassergräben in und außerhalb der Stadtmauern geprägt.⁴⁷ Die Herausbildung dieses einzigartigen Stadttypus zeichnet Yu als historischen Anpassungsprozess an Hochwasser-Katastrophen und Überschwemmungen des

---

45 Wu Qingzhou 1995, S. 250–281, 292–295.
46 Yu Kongjian und Zhang Lei 2008, S. 688.
47 Yu und Zhang unterscheiden drei Typen von „Wasserstädten" je nach Art und Position des Wassers in und um die Stadt: (1) „Das Wasser umschließende Städte" (*cheng bao shui* 城包水) weisen einen die Stadt umgebenden Wassergraben innerhalb der Stadtmauern auf (z.B. Heze 菏泽, Caoxian 曹县); (2) „Vom Wasser umschlossene Städte" (*shui bao cheng* 水包城) haben einen Wassergraben, der sich zwischen ihrer in der Regel rechteckigen Stadtmauer und einem runden, die Stadt umgebenden Deich befindet (z.B. Liaocheng 聊城, Shangqiu 商丘); (3) „Yin und Yang-Städte" (*yin-yang cheng* 阴阳城) hingegen bezeichnet eine Konstellation, in der eine Stadt komplett überflutet und aufgegeben wurde (Yin-Stadt), während im angrenzenden Gebiet eine neue Stadt errichtet worden ist (Yang-Stadt, z.B. Suixian 睢县, Zhecheng 柘城). Siehe Yu und Zhang 2008, S. 689.

Gelben Flusses nach. Ferner leitet er seine Konzepte einer „sich an Überschwemmungen anpassenden Landschaft" (*honglao shiyingxing jingguan* 洪涝适应性景观) und der weiter gefassten „sich an Gewässer anpassenden Landschaft" (*shui shiyingxing jingguan* 水适应性景观) aus diesen Recherchen ab.[48]

China hat bekanntermaßen eine lange Tradition der Garten- und Landschaftsplanung in städtischen Räumen, wie sie als kulturelles Erbe der Gärten von Suzhou seit Ende der 1990er-Jahre in die Welterbeliste aufgenommen wurde. Diese „klassische" Form der Landschaftsplanung lehnt Yu jedoch ab und bezeichnet sie als rein ornamental und nicht im Stande, Lösungen für die drängenden Probleme gegenwärtiger chinesischer Städte anzubieten.[49] Stattdessen vertritt er eine Orientierung an der landwirtschaftlichen Tradition Chinas, deren Vorteil er vor allem in dem Vermögen sieht, sich an Gegebenheiten der Umgebung anzupassen.

Auch hier verwendet er eine Metapher, um den Wert eines naturbasierten Ansatzes hervorzuheben. So beschreibt er, wie die zunehmende Urbanisierung und Modernisierung in China zu einem Fokus auf idealisierte Architektur und Stadtlandschaften geführt hätten, die als stilvoll wahrgenommen, aber keinen Nutzen bringen würden. Er vergleicht dies sehr drastisch mit der von Eliten eingeführten Sitte des Füßebindens junger, privilegierter Frauen in der späten Kaiserzeit. So wie damalige ästhetische Vorstellungen die Praxis gebundener Füße (*xiaojiao* 小脚, wörtlich: „kleine Füße") gefördert hätten, so würden auch heute Gewässer mit Beton eingedämmt und an ihren natürlichen Verläufen und der Fähigkeit zur Wasserregulierung gehindert. Stattdessen sei es notwendig, zu einer Wertschätzung „natürlicher Füße" (*dajiao* 大脚, wörtlich: „große Füße") zurückzukehren.[50] Er argumentiert, dass städtisch-ländliche Wasserprobleme in einer Betrachtung des gesamten hydroökologischen Systems angegangen werden müssten und dass eine Regulierung einzelner Gewässer, wie sie häufig aufgrund behördlicher Zuständigkeiten praktiziert wird, unzureichend sei. Die Schwammstadt hingegen habe den Aufbau einer Regionen-übergreifenden hydroökologischen Infrastruktur zum Ziel.[51]

Seit mehr als zwei Dekaden setzt sein Architekturunternehmen Turenscape in zahlreichen Städten Projekte um, vorwiegend in der VR China aber auch global. Angelehnt an die Idee der Ökosystemleistungen zielen diese neben Klimaresilienz auf

---

48 Yu Kongjian et al. 2015, S. 29.
49 Yu 2012, S. 77.
50 Yu Kongjian 2015, S. 58.
51 Yu Kongjian et al. 2015, S. 29.

weitere Nachhaltigkeitsaspekte, darunter eine multifunktionale, häufig agrikulturelle Nutzung von umgestalteten Stadtlandschaften, aber auch sozialen Nutzen, wie die Schaffung von offenem Stadtraum zu Erholungszwecken. Die Idee eines ökologischen Urbanismus, wie sie von Yu Kongjian vertreten wird, kann daher als wegbereitend für die landesweite politische Zielsetzung zur Errichtung von Schwammstädten in der VR China betrachtet werden.

Implementierung des Konzepts in der Stadtentwicklung

Auch in ihrer politischen Auslegung wird die Schwammstadt als integrativer Ansatz verstanden, der gleich eine ganze Reihe von Wasserproblemen angehen soll, mit denen die VR China sich gegenwärtig konfrontiert sieht. Dazu zählen nicht nur Überschwemmungen inner- und außerhalb städtischer Gebiete, sondern auch Wasserverschmutzung, Wassermangel und eine Absenkung des Grundwasserspiegels. Die Regulierung der angestrebten Transformation chinesischer Städte hin zu Schwammstädten obliegt dementsprechend einer Trias hochrangiger staatlicher Behörden, dem Ministerium für Wohnungswesen und städtisch-ländliche Entwicklung (Zhufang He Cheng-xiang Jianshe Bu 住房和城乡建设部), dem Ministerium für Wasserwirtschaft (Shuili Bu 水利部) und dem Finanzministerium (Caizheng Bu 财政部).

Offizielle Erwähnung fand der Begriff „Schwammstadt" erstmals Ende des Jahres 2013 in einer Rede des chinesischen Staatspräsidenten Xi Jinping auf einer Arbeitskonferenz des Zentralkomitees der Kommunistischen Partei zur Urbanisierung. Im Juli des Vorjahres war es zu Starkniederschlägen in der Hauptstadt Peking und dem Umland gekommen, ein Schlüsselereignis, welches die politische Priorisierung städtischen Hochwasserschutzes weiter erhöhte. Bei diesem Ereignis kamen mindestens 79 Menschen ums Leben. Dies entsprach der höchsten Zahl an Todesopfern solcher Überschwemmungen im Land innerhalb der letzten 20 Jahre.[52] In Folge der Überschwemmungen entstand außerdem ein Sachschaden in Höhe von etwa 11,6 Milliarden Yuan.[53]

Kurz nach dem Ereignis äußerten Internetnutzer scharfe Kritik am Umgang von Behörden mit der Katastrophe und prangerten Mängel sowie die Überalterung des städtischen Abwassersystems an. Zwar ist die Schwammstadt nicht dafür ausgelegt,

---

52 Conroy 2023.
53 Zhang Jianyun et al. 2016, S. 486.

außergewöhnliche Starkniederschläge abzuwehren, sondern orientiert sich an durchschnittlichen städtischen Niederschlagswerten. Dennoch rückte das Ereignis in Peking die Dringlichkeit und den Handlungsbedarf zur Eindämmung von Staunässe und Überschwemmungen in chinesischen Städten wieder in den Vordergrund.

Die flächendeckende Implementierung begann im Jahr 2015, als die drei zuständigen Ministerien landesweit Pilotstädte ernannten, eine in der VR China etablierte Herangehensweise zur Austestung neuer Politikmaßnahmen. Ein Jahr zuvor waren bereits richtungsweisende Standards verabschiedet worden, darunter die „Technischen Richtlinien zum Bau von Schwammstädten" (Haimian chengshi jianshe jishu zhinan 海绵城市建设技术指南).[54] Für die Aufnahme ins Pilotprogramm konnten Provinzen zunächst eine Stadt nominieren und mussten deren Eignung anhand festgelegter Kriterien darlegen, wozu auch die Finanzierung gehörte.[55] In den ersten zwei Auswahlrunden auf nationaler Ebene wurden insgesamt 30 Pilotstädte aufgenommen, davon 16 im Jahr 2015 und 14 weitere Städte ein Jahr später.[56]

Ist das holistische Konzept, wie von Yu Kongjian proklamiert, noch als Gesamtbetrachtung städtisch-ländlicher hydroökologischer Systeme angelegt, so wird es in seiner praktischen Umsetzung auf konkrete Maßnahmen heruntergebrochen. In seinen Leitansichten unterteilt der Staatsrat Schwammstadt-Maßnahmen in sechs Kategorien: *shen* 渗 („(ver)sickern") beinhaltet etwa Dachbegrünungen und die Konstruktion durchlässiger Bodenbeläge, *zhi* 滞 („stauen") das Anlegen von abgesenkten Grünflächen beispielsweise in Form von Baumrigolen, in die das überschüssige Regenwasser einsickern kann. *Xu* 蓄 („speichern") bezieht sich auf die Erhaltung und Restaurierung von Gewässern und Feuchtgebieten, die bei steigenden Pegeln teilweise überflutet werden können und sonst häufig als Parks begehbar sind. *Jing* 净 („klären") bezieht sich auf die Errichtung von Wasseraufbereitungsanlagen, *yong* 用 („verwenden") auf die Abwasserregenerierung und *pai* 排 („entwässern") auf das

---

54 Ministerium für Wohnungswesen und städtisch-ländliche Entwicklung der Volksrepublik China 2014.
55 Finanzministerium der Volksrepublik China et al. 2015.
56 Die ersten 16 Pilotstädte aus dem Jahr 2015 waren Qian'an 迁安, Baicheng 白城, Zhenjiang 镇江, Jiaxing 嘉兴, Chizhou 池州, Xiamen 厦门, Pingxiang 萍乡, Jinan 济南, Hebi 鹤壁, Wuhan 武汉, Changde 常德, Nanning 南宁, Chongqing 重庆, Suining 遂宁, Gui'an New Area 贵安新区 und Xixian New Area 西咸新区. Im Jahr 2016 wurden zusätzlich die folgenden 14 Städte aufgenommen: Beijing 北京, Tianjin 天津, Dalian 大连, Shanghai 上海, Ningbo 宁波, Fuzhou 福州, Qingdao 青岛, Zhuhai 珠海, Shenzhen 深圳, Sanya 三亚, Yuxi 玉溪, Qingyang 庆阳, Xining 西宁 und Guyuan 固原.

Ableiten von Regenwasser, beispielsweise durch eine Umwandlung von Misch- zu Trennkanalisationen.⁵⁷

Da „grüne" Infrastruktur in der Regel deutlich günstiger als konventionelle „graue" Infrastruktur ist, wird oft eine nachhaltigere Finanzierung als Argument für die Konstruktion von Schwammstädten angeführt.⁵⁸ Die Schwammstadt wird außerdem mit länger verfolgten Politikzielen zusammengeführt und zur Legitimation derselben herangezogen. So soll sie etwa zur oft umstrittenen Transformation von Marginalsiedlungen und „einsturzgefährdeten Gebäuden" (*penghuqu he weifang gaizao* 棚户区和危房改造) beitragen.⁵⁹ In einer Zeit niedriger Wachstumsraten als noch zur Jahrtausendwende sind auch die Anforderungen an Entwicklungsprojekte gestiegen. Die Schwammstadt zielt auf die Generierung eines Mehrwerts nicht nur im Hochwasserschutz, sondern auch zur Schaffung von Grünflächen, der Erhaltung von Biodiversität im Stadtraum und zur Steigerung des Wohlbefindens seiner Bewohner. So folgte im Mai 2023 auf nationaler Ebene die Verkündung einer dritten Auswahl an insgesamt 15 Modellstädten (*shifan chengshi* 示范城市).⁶⁰ Dennoch bleiben einige Aspekte des Stadtentwicklungskonzepts weiter umstritten.

Kritik an der Schwammstadt

Bereits im ersten Jahr nach der landesweiten Implementierung veröffenlichte die Zeitschrift *China Economic Weekly* (Zhongguo Jingji Zhoukan 中国经济周刊) eine Erhebung, wonach in 19 der 30 Pilotstädte weiterhin Überflutungen auftraten.⁶¹ Weitere Zweifel an dem Konzept kamen in Folge der verheerenden Überschwemmungen in der Provinz Henan im Jahr 2021 auf, darunter in der 12-Millionen-Stadt Zhengzhou 郑州 am Ufer des Gelben Flusses. Bei dieser Katastrophe kamen laut Angaben der Provinzregierung mehr als 300 Menschen ums Leben, wobei besonders die Situation der in Straßentunneln und U-Bahnen Eingeschlossenen heftige Reaktionen hervorrief. In einem Interview verteidigte Yu Kongjian das Konzept und gab zu bedenken, dass es viel zu früh für eine Evaluation sei und es noch zu viel

---

57 Generalbüro des Staatsrates der Volksrepublik China 2015.
58 Tu Xianming und Tina Tian 2015, S. 25.
59 Generalbüro des Staatsrates der Volksrepublik China 2015.
60 Die jüngst ausgewählten 15 Modellstädte sind Hengshui 衡水, Huludao 葫芦岛, Yangzhou 扬州, Quzhou 衢州, Lu'an 六安, Sanming 三明, Jiujiang 九江, Linyi 临沂, Anyang 安阳 Xiangyang 襄阳, Foshan 佛山, Mianyang 绵阳, Lhasa 拉萨, Yan'an 延安, Wuzhong 吴忠.
61 Wang Hongru 2016a.

"graue" Infrastruktur in Zhengzhou gäbe. Der Begriff „Schwammstadt" würde außerdem häufig als politischer Slogan missbraucht, um Finanzmittel der Zentralregierung zu erhalten.[62]

Ein weiterer Kritikpunkt an bereits realisierten Schwammstadt-Projekten betrifft ihre Auswirkungen auf Immobilienpreise in angrenzenden Stadtbezirken. Einerseits ermöglicht der multifunktionelle Anspruch der Schwammstadt eine Steigerung der Lebensqualität von Anwohnern, etwa durch die Nutzung wasserspeichernder Parkanlagen als Erholungsraum in Zeiten niedriger Pegel. Andererseits steigert dies jedoch die Nachfrage an umliegenden Wohn- und Gewerbeeinheiten und macht diese für sozial schwächere Gruppen unerschwinglich. So wird für die Stadt Nanning 南宁 angegeben, dass Immobilienpreise der umliegenden Flächen nach dem Umbau um 60 Prozent anstiegen.[63] Entwicklungsunternehmen von Modell-Schwammstädten sehen sich daher mit dem Vorwurf konfrontiert, Gentrifizierungsprozesse in den neu errichteten und umgebauten Stadtvierteln aktiv zu befeuern.

Fazit

Eine genauere Betrachtung der historischen Bauweise in China zeigt den Einbezug nachhaltiger Denkweisen vor allem in der umfassenden Berücksichtigung von Umwelteinflüssen bis hin zu einer Anpassung an dieselben. Im Bereich der Architektur wird dies am Beispiel von (han-)chinesischen Wohnhöfen besonders deutlich. Durch eine Orientierung nach Süden folgte man nicht nur kosmologischen und gesellschaftlich normativen Vorstellungen, sondern reagierte auch auf lokale Licht- und Wetterverhältnisse. Dies brachte eigene architektonische Elemente wie etwa den *tianjing* hervor, der sowohl Lichteinfall als auch Luftzirkulation und eine Entwässerung der Wohnanlage reguliert. Lokale und klimatische Bedingungen hatten außerdem Einfluss auf Baumaterialien und Farbgebung von Wohnhöfen.

Ein Anknüpfen an diese traditionell horizontal orientierte Bauweise stellt besonders in dichtbesiedelten Stadtzentren eine scheinbar kaum realisierbare Herausforderung dar. Dennoch streben Projekte gegenwärtiger chinesischer Architekten wie Wu Liangyongs Ju'er Hutong oder die „Vertikalen Höfe" von Wang Shu nach Beibehaltung einer lokalen Identität. Auch wenn adaptierte, „modern" ausgestattete Hofhäuser derzeit eher punktuell in bauhöheregulierten Schutzgebieten und in

---

62 Green 2021.
63 Wang Hongru 2016b.

Vororten eine Alternative zu weitverbreiteten Wohnblocks bieten können, so erzeugen sie dennoch Aufmerksamkeit für die kulturelle Bedeutung vernakulärer Architektur. Der kulturelle Nachhaltigkeitsgedanke zeigt sich in der gegenwärtigen chinesischen Architektur daher am deutlichsten in Bestrebungen nach einem „Neuen Lokalismus".

Auf Ebene der Stadtentwicklung hat die VR China eigene Ansprüche zur Förderung der UN-Nachhaltigkeitsziele definiert. So sollen städtische Überflutungen beispielsweise durch die landesweite Errichtung von Schwammstädten eingedämmt werden. Das Konzept der Schwammstadt, wie es von Yu Kongjian ausgelegt wird, knüpft unter anderem an Hochwasserschutz-Maßnahmen historischer chinesischer Städte an. Im Hinblick auf Nachhaltigkeit in der Stadtentwicklung lässt sich außerdem eine Zunahme der Bedeutung von Multifunktionalität beobachten, wonach Projekte zusätzlich den Anspruch eines Beitrags zu Klimaschutzzielen und dem Gemeinwohl erfüllen müssen. Die landesweite Implementierung ist jedoch stark an quantitativen Zielen und Indikatoren ausgerichtet, welche für die Zuteilung staatlicher Mittel zugrunde gelegt werden. Es bleibt abzuwarten, inwiefern hieraus eine rein punktuelle Umsetzung resultiert und inwiefern verknüpfte Politikziele, etwa der Stadterneuerung oder des Infrastrukturausbaus, priorisiert werden. Fraglich bleibt auch, welche Gewichtung die VR China der Schwammstadt zur Lösung von Wasserproblemen neben weiter vorangetriebenen Mega-Projekten wie dem im Jahr 2014 fertiggestellten Süd-Nord-Wassertransferprojekt (Nan Shui Bei Diao Gongcheng 南水北调工程) zukünftig beimessen wird.

Literaturverzeichnis

Argent, Neil, Fran Rolley und Jim Walmsley. 2008. „The Sponge City Hypothesis: does it hold water?", in *Australian Geographer* 39.2, S. 109–130.

Budge, Trevor M. 2006. „Sponge Cities and Small Towns: A New Economic Partnership", in *The changing nature of Australia's country towns,* hrsg. von Maureen Rogers und David R. Jones. Ballarat: Victorian Universities Regional Research Network Press, S. 38–52.

Conroy, Gemma. 2023. „How Beijing's deadly floods could be avoided", in *Nature (London),* https://www.nature.com/articles/d41586-023-01258-9 (Zugriff am 4. August 2023).

Finanzministerium der Volksrepublik China 中华人民共和国财政部, Ministerium für Wohnungswesen und städtisch-ländliche Entwicklung der Volksrepublik China

中华人民共和国住房城乡建设部 und Ministerium für Wasserwirtschaft der Volksrepublik China 中华人民共和国水利部. 2015. *Guanyu zuzhi shenbao 2015 nian haimian chengshi jianshe shidian chengshi de tongzhi* 关于组织申报2015年海绵城市建设试点城市的通知, http://m.mof.gov.cn/tzgg/201501/t20150121_1182677.htm (Zugriff am 21. August 2023).

Generalbüro des Staatsrates der Volksrepublik China 中华人民共和国国务院办公厅. 2015. *Guowuyuan bangongting guanyu tuijin haimian chengshi jianshe de zhidao yijian* 国务院办公厅关于推进海绵城市建设的指导意见, https://www.gov.cn/zhengce/content/2015-10/16/content_10228.htm (Zugriff am 21. August 2023).

Golany, Gideon. 1992. „Yachuan Village, Gansu, and Shimadao Village, Shaanxi – Subterranean Villages", in *Chinese Landscapes: The Village as Place*, hrsg. von Ronald G. Knapp. Honolulu: University of Hawai'i Press, S. 151–161.

Green, Jared. 2021. „Kongjian Yu Defends His Sponge City Campaign", in *The Dirt* (wöchentlicher Blog der American Society of Landscape Architects), https://dirt.asla.org/2021/08/04/kongjian-yu-defends-his-sponge-city-campaign/ (Zugriff am 30. August 2023).

Jin Qiming und Li Wei. 1992. „China's Rural Settlement Patterns", in *Chinese Landscapes: The Village as Place*, hrsg. von Ronald G. Knapp. Honolulu: University of Hawai'i Press, S. 13–34.

Knapp, Ronald G. 1986. *China's Traditional Rural Architecture. A Cultural Geography of the Common House*. Honolulu: University of Hawai'i Press.

———. 2005. „In Search of the Elusive Chinese House", in *House Home Family: Living and Being Chinese*, hrsg. von Ronald G. Knapp und Kai-yin Lo. Honolulu: University of Hawai'i Press, S. 37–71.

Kögel, Eduard. 2018. „Gastlichkeit im Lehmhaus", in *Werk, Bauen + Wohnen* 105.6, S. 40, https://doi.org/10.5169/seals-823522 (Zugriff am 18. Dezember 2023).

Luo Zhufeng 罗竹风, Hanyu dacidian bianji weiyuanhui 汉语大词典编辑委员会 und Hanyu dacidian bianzuanchu 汉语大词典编纂处 (Hrsg.). 1994. *Hanyu dacidian* 汉语大词典. Band 8. Shanghai: Hanyu dacidian chubanshe.

Ministerium für Wohnungswesen und städtisch-ländliche Entwicklung der Volksrepublik China 中华人民共和国住房城乡建设部. 2014. *Zhufang chengxiang jianshe bu guanyu yinfa haimian chengshi jianshe jishu zhinan – diyingxiang kaifa yushui xitong goujian (shixing) de tongzhi* 住房城乡建设部关于印发海绵城市建设技术指南——低影响开发雨水系统构建（试行）的通知, https://www.mohurd.gov.cn/gongkai/zhengce/zhengcefilelib/201411/20141103_219465.html (Zugriff am 22. August 2023).

Ministerium für Auswärtige Angelegenheiten der Volksrepublik China 中华人民共和国外交部. 2017. *Zhongguo luoshi 2030 nian kechixu fazhan yicheng – guobie fang'an* 中国落实 2030 年可持续发展议程 - 国别方案, https://www.fmprc.gov.cn/web/ziliao_674904/zt_674979/dnzt_674981/qtzt/2030kcxfzyc_686343/zw/201704/P020210929391207917361.pdf (Zugriff am 21. August 2023).

Qian Lu 钱路. 2012. „Lishi, zhihui, sixiang de diantang – Wang Shu sheji de Ningbo Bowuguan jianzhu shenshi" 历史、智慧、思想的殿堂—王澍设计的宁波博物馆建筑审视, in *Ningbo Daily* 宁波日报, S. 8. (Veröffentlicht am 09. Juni 2012).

Rau, Stefan. 2022. *Sponge Cities: Integrating Green and Grey Infrastructures to Build Climate Change Resilience in the People's Republic of China*. Asian Development Bank Policy Brief No. 222, DOI: http://dx.doi.org/10.22617/BRF220416-2 (Zugriff am 18. Dezember 2023).

Taubmann, Wolfgang. 1992. „The Chinese City", in *Modelling the city: Cross-cultural perspectives*, hrsg. von Eckart Ehlers (*Colloquium Geographicum 22*, Bonn: Dümmler), S. 108–131.

Thilo, Thomas. 1977. *Klassische Chinesische Baukunst: Strukturprinzipien und soziale Funktion.* Leipzig: Koehler und Amelang.

„Tongli Zhen zhi" bianzuan weiyuanhui 《同里镇志》编纂委员会 (Hrsg.). 2007. *Tongli Zhen zhi* 同里镇志. Yangzhou: Guangling shushe.

Trabitzsch, Michael (Produzent), Claire Floquet und Jörg-Daniel Hissen (Regie). 2015. *Chinas explodierende Städte*. Berlin: Prounen Film.

Tu Xianming 涂先明 und Tina Tian 田乐. 2015. „Liu wen haimian chengshi – ‚Gonggong zhengce de liliang: ‚Haimian chengshi' yu hangye qushi shalong jishi'" 六问海绵城市——"公共政策的力量：'海绵城市'与行业趋势沙龙纪实", in *Jingguan sheji xue* 景观设计学 Landscape Architecture Frontiers 3.2, S. 22–26.

Wallenwein, Fabienne. 2020. *Tackling Urban Monotony: Cultural Heritage Conservation in China's Historically and Culturally Famous Cities*. Heidelberg, Berlin: CrossAsia-eBooks (Heidelberg Asian Studies Publishing), https://doi.org/10.11588/xabooks.748.

Wang Hongru 王红茹. 2016a. „Quanguo 30 ge haimian chengshi shidian, 19 cheng jinnian chuxian neilao" 全国 30 个海绵城市试点，19 城今年出现内涝, in *Zhongguo jingji zhoukan* 中国经济周刊 35, http://www.ceweekly.cn/2016/0905/163283.shtml (Zugriff am 30. August 2023).

Wang Hongru 王红茹. 2016b. „Zhuanfang Zhujianbu xiangguan bumen fuzeren: shou pi haimian chengshi jianshe chengxiao chuxian" 专访住建部相关部门负责人：首批海绵城市建设成效初显, in *Zhongguo jingji zhoukan* 中国经济周刊 39,

http://house.people.com.cn/n1/2016/1011/c164220-28767055.html (Zugriff am 29. August 2023).

Wang Shu 王澍 und Lu Wenyu 陆文宇. 2006. „Chuizhi yuanzhai: Hangzhou Qianjiang shidai, Zhongguo" 垂直院宅：杭州钱江时代，中国, in *Shijie jianzhu* 世界建筑 3, S. 82–89.

———. 2012. „Xunhuan jianzao de shiyi – jianzao yi ge yu ziran xiangsi de shijie" 循环建造的诗意 —— 建造一个与自然相似的世界, in *Shidai jianzhu* 时代建筑 2, S. 66–69.

Wu, Fulong. 2018. „Planning centrality, market instruments: Governing Chinese urban transformation under state entrepreneurialism", in *Urban Studies* 55.7, S. 1383–1399.

Wu, Liangyong. 1999. *Rehabilitating the Old City of Beijing: A Project in the Ju'er Hutong Neighbourhood*. Vancouver: UBC Press.

Wu, Nelson I. 1963. *Chinese and Indian Architecture: The City of Man, the Mountain of Gold and the Realm of the Immortals*. New York: George Braziller.

Wu Qingzhou 吴庆洲. 1995. *Zhongguo gudai chengshi fanghong yanjiu* 中国古代城市防洪研究. Beijing: Zhongguo jianzhu gongye chubanshe.

Xin, Ling. 2012. „Wu Liangyong: The Humanistic Architect of Our Time", in *Bulletin of the Chinese Academy of Sciences* 26.2, S. 140–143.

Xu Minsu 徐民苏, Zhan Yongwei 詹永伟, Liang Zhixia 梁支厦, Ren Huakun 任华堃 und Shao Qing 邵庆 (Hrsg.). 1991. *Suzhou minju* 苏州民居. Beijing: Zhongguo jianzhu gongye chubanshe.

Yan Shaohua 阎少华. 2005a. „i-House: Xin bentu zhuyi jianzhu" 易郡・新本土主义建筑, in *Jianzhu xuebao* 建筑学报 10, S. 50–54.

———. 2005b. „Bentu jianzhu de xin changshi" 本土建筑的新尝试, in *Shijie jianzhu* 世界建筑 9, S. 112–117.

Yu, Kongjian. 2012. „The Big Feet Aesthetic and the Art of Survival", in *Architectural design* 82.6, S. 72–77.

Yu Kongjian 俞孔坚. 2015. „Da jiao geming – shengtai chengshi yu meili Zhongguo" 大脚革命——生态城市与美丽中国, in *Jianzhu jiyi* 建筑技艺 2, S. 58–63.

Yu Kongjian 俞孔坚, Li Dihua 李迪华, Yuan Hong 袁弘, Fu Wei 傅微, Qiao Qing 乔青 und Wang Sisi 王思思. 2015. „‚Haimian chengshi' lilun yu shijian" „海绵城市"理论与实践, in *City Planning* 城市规划 39.6, S. 26–36.

Yu Kongjian 俞孔坚 und Zhang Lei 张蕾. 2008. „Huangfan pingyuan qu shiyingxing ‚shui cheng' jingguan ji qi baohu he jianshe tujing" 黄泛平原区适应性 "水城"景观及其保护和建设途径, in *Shuili xuebao* 水利学报 39.6, S. 688–696.

Yu Shengfang 俞绳方. 2006. *Suzhou gucheng baohu ji qi lishi wenhua jiazhi* 苏州古城保护及其历史文化价值. Xi'an: Shaanxi renmin jiaoyu chubanshe.

Zhang Jianyun 张建云, Wang Yintang 王银堂, He Ruimin 贺瑞敏, Hu Qingfang 胡庆芳 und Song Xiaomeng 宋晓猛. 2016. „Zhongguo chengshi honglao wenti ji chengyin fenxi" 中国城市洪涝问题及成因分析, in *Shuikexue jinzhan* 水科学进展 27.4, S. 485–491.

Zhang Jie und Wang Tao. 2001. „Chapter Four: Economic Recovery Following the Soviet Model and Reflections During the First Five-Year Plan (1949–1957)", in *Modern Urban Housing in China 1840–2000*, hrsg. von Lü Junhua, Peter G. Rowe und Zhang Jie. München, London und New York: Prestel, S. 108–140.

Zhao Qian 赵倩, Gong Wei 公伟 und Yu Fei 於飞. 2012. *Beijing siheyuan liu jiang* 北京四合院六讲. Beijing: Zhongguo shuili shuidian chubanshe.

Die zukunftsphilologische Erschließung des *Liji* 禮記. Zheng Xuans 鄭玄 Kommentar als Nachhaltigkeitsstrategie

Marco Pouget

Striving to preserve the *Liji* 禮記 for posterity, Zheng Xuan's 鄭玄 commentary displays a set of techniques suitable to frame the text's relevance, maintain its understandability, or prepare further hermeneutical engagement. While on the one hand trying to prevent or retract later modifications to the text and keep future readers' view unobstructed, Zheng Xuan on the other hand changes and adds to the text precisely for the reason of future-proofing it. The commentary thus inscribes itself into the delicate transmission of the *Liji*, inevitably permutating its position within the realm of the classics, as well as setting a trajectory for its understanding. I discuss situating the text among the *Ru* 儒 classics through three exemplary techniques — quotations, accentuating and fixing the *minutiae* of its wording, as well as ensuring its intelligibility through glossing — as some of the commentary's manifold sustainability strategies, which may be perceived of as attempts to undertake a "future philology" of the *Liji* tradition through commentary writing.

Einführung: Zur Nachhaltigkeit von Schrifttraditionen

Wie kann eine Schrifttradition überdauern? Diese Frage mussten sich Gelehrte im Laufe der chinesischen Geistesgeschichte immer wieder stellen, und sie sollten unterschiedliche Antworten darauf finden.[1] Kanonischen Texten drohten politische Umwälzungen, soziokulturelle Entwicklungen, die allmähliche Veränderung der Sprache, sowie schlicht das Vergessen zur Gefahr zu werden. Sie konnten in die Irrelevanz abrutschen, unverständlich werden, oder ihre einstige Autorität einbüßen.

Gerade dass die Texte im Laufe ihrer Überlieferungsgeschichte künftig zunehmend nicht mehr oder „falsch" zu verstehen sein würden und man ihrer so letztlich verlustig gehen könnte, trieb Gelehrte der chinesischen Klassiker (*Ru* 儒) um. Denn

---

[1] Die Forschung für diesen Aufsatz wurde im Rahmen des Internationalen Doktorandenkollegs „Philologie. Praktiken vormoderner Kulturen, globale Perspektiven und Zukunftskonzepte", gefördert vom Elitenetzwerk Bayern, durchgeführt. Ich danke Thomas Crone, Susanne Riexinger, dem/der anonymen Gutachter/in, sowie den Herausgeberinnen für die hilfreichen Anmerkungen.

mit jeder Überlieferung ging auch eine Modifizierung einher, eine Abweichung von den ursprünglichen Klassikern, die durch die weisen Kulturheroen geordnet worden waren. Doch während die Erhaltung eines putativen Ursprungszustandes als Ideal angenommen worden sein mag, scheuten sich chinesische Gelehrte oft nicht, auch im Interesse der Bewahrung in die Schrifttraditionen einzugreifen. Einerseits bestand das Bestreben, die Texte so unverfälscht wie möglich zu bewahren. Andererseits bedingte es gerade dieses Bestreben, dass sie verändert werden mussten. Auch bloße Anlagerungen an die früheren Schichten einer Texttradition — durch Metatexte, Paratexte oder zusätzliche eigene Schriften — stellten Modifikationen dar, durch die der Blick späterer Generationen gelenkt wurde. Durch diese Umformungen, Hinzufügungen, oder Neuordnungen sollte die Verständlichkeit, Relevanz, und Richtigkeit der Klassiker sicher- oder wiederhergestellt werden.

Im vorliegenden Aufsatz wird dieses Spannungsfeld zwischen der Erhaltung des Ursprungszustandes und der pragmatisch-konservatorischen Umformung des Klassikers genauer beleuchtet. Ich greife dazu ein maßgebliches Mittel heraus, das besonders häufig genutzt wurde, um einen Text für die Philologie und Exegese der Zukunft vorzubereiten: die Kommentierung.

Kommentare zu den Klassikern zu verfassen, bedeutete gemeinhin einen direkten Eingriff in die Überlieferung des Textes. Dieser konnte künftig kaum noch ohne Berücksichtigung der Kommentarliteratur rezipiert werden. Stets musste man sich für oder gegen die vom Kommentar vorgeschlagene Lesart entscheiden, da die Kommentare nicht nur für sich einzelne Schichten in der Stratigraphie einer Klassikertradition darstellten, sondern überdies in ihrer Gesamtheit einen Diskurs bildeten. Dadurch wurde es fast unumgänglich, die Kommentarliteratur in ihrer Vielstimmigkeit zu verfolgen, um den Klassiker einschließlich all dessen, was auf ihm aufbaute und schließlich wieder auf ihn verwies, zu verstehen. Zum anderen hob die eingehende Beschäftigung der Kommentatoren mit dem Text dessen Autorität und Relevanz hervor, und passte ihn den sich wandelnden Ansprüchen der Leserschaft an. So erhielt die fortdauernde Beschäftigung mit dem Ausgangstext diesen zugleich am Leben.[2]

Am Beispiel des Kommentars des Zheng Xuan 鄭玄 (127–200 n. Chr.) zum *Liji* 禮記 (Notizen zur Sittlichkeit) soll hinsichtlich einiger Aspekte aufgezeigt werden, wie die Kommentierung als Nachhaltigkeitsstrategie zum Fortbestand dieses, wie auch vergleichbarer Texte beitragen konnte. Wie bereitete Zheng Xuan durch

---

2 Assmann 1995, S. 22.

seine Kommentierung das *Liji* auf die Rezeption durch die eigene sowie spätere Generationen vor? Wie hob er die gegenwärtige und künftige Relevanz des Textes hervor? Und wie stellte er sicher, dass die Klassiker weiterhin nach seinem Dafürhalten „richtig" verstanden werden würden?

Ich arbeite drei Verfahrensweisen heraus, durch die der Kommentar bewahrend und doch zugleich transformierend auf das *Liji* einwirkt: Kontextualisierung, Fixierung, und Glossierung.

Erstens kontextualisiert Zheng Xuan eine gegebene Stelle, unter anderem durch Zitate. Er fügt sie damit in einen Deutungsrahmen ein, der sowohl intertextuelle Bezüge innerhalb des Klassikers und darüber hinaus aufzeigt als auch inhaltliche Akzente setzt. Für die Leserschaft bietet diese Einbindung durch den Kommentar somit Orientierung im Geflecht der Klassiker. Durch eine (auch hierarchisierende) In-Bezug-Setzung verschiedener Texte, die er wechselseitig als Erklärungsmittel in Stellung bringt, zeigt Zheng Xuan auf, zwischen welchen Texten Beziehungen bestehen, und welche für ihn zentralen Texte im Netzwerk der Klassiker die Interpretation anderer Schriften unterstützen können. Einerseits hilft dies, einen gegebenen Text verständlicher zu machen, da man ihn mit einem anderen Klassiker abgleichen kann. Andererseits wird so auch die Rolle des Textes im Verhältnis zum übrigen Kanon geklärt.

Zweitens fixiert Zheng Xuans Kommentar den Wortlaut, und dadurch schließlich auch dessen exegetisches Bedeutungspotential, unter anderem durch editionsphilologische Anmerkungen zu Zeichenvarianten in anderen Versionen des Klassikers oder Kopisten unterlaufenen Fehlern, die Zheng kenntlich macht, ohne jedoch im gleichen Zug den Klassiker selbst abzuändern. Anstatt seinen Basistext direkt zu modifizieren, dokumentiert Zheng Xuan Abweichungen verschiedener Editionen, die häufig nur in seinem Kommentar überdauern sollten.

Drittens versucht Zheng Xuan die künftige Verständlichkeit des Klassikers durch Glossierung sicherzustellen. Seine Zeichenglossen erklären einzelne Schriftzeichen oder Binome und bereiten so eine exegetische Auseinandersetzung mit der Textstelle vor, obwohl sie selbstredend bereits auf Zheng Xuans persönlicher Interpretation des Klassikers basieren.

Zheng Xuans Auseinandersetzung mit dem *Liji* greift also teils bewusst in das Erscheinungsbild des Textes ein. Zugleich dienen seine Hinzufügungen jedoch der Wiederherstellung oder Dokumentation anderenfalls verlorener Bestandteile und Bedeutungen. Des Weiteren bereitet Zheng Xuan einer künftigen Exegese den Weg, die er selbst schon implizit andeutet wie auch explizit betreibt (deutlicher noch in hier nicht behandelten Teilen des Kommentars). Der Kommentator weist also ein Bewusstsein für die Fragilität eines Textes und die Fehleranfälligkeit und Veränderlichkeit seiner Überlieferung auf, und ist in gewisser Hinsicht bemüht, die Nachhaltigkeit und Unverfälschtheit dieser Tradition nach seinem Ermessen sicherzustellen. Er kommt dabei aber nicht umhin, den Text und dessen spätere Wahrnehmung selbst umzuformen.

1. Kontextualisierung

Resonanzen im Textkorpus: intertextuelle Bezüge

Kein Text steht für sich allein. Texte setzen sich aus einem bewusst wie unbewusst zusammengefügten Mosaik[3] aus Äußerungen[4] und anderen Einflüssen zusammen. Da sich durch diese Rekombination vielfältige Interferenzen in einem einzelnen Text widerspiegeln, muss auch dessen Rezeption diesem Verbundenheitscharakter Rechnung tragen und Vorläufer und Parallelen — andere Texte wie auch soziale Diskurse — zur Kenntnis nehmen. Sich den Text zu erschließen, kann in diesem Sinne bedeuten, die Resonanzen mit anderen Texten zumindest assoziativ wahrzunehmen und den Text auch im Sinne seiner intertextuellen Anrainer zu begreifen.[5] Dieser Verbundenheit trägt die antike chinesische Klassikergelehrsamkeit dadurch Rechnung, dass sie die Klassiker als „Leitfäden" (*jing* 經) im Gewebe der Schriften versteht,[6] aber auch die Fokussierung auf bestimmte Haupttexte und -passagen gegenüber Texten mit Ergänzungscharakter im Sinne der Metapher von „Stamm und

---

3 Julia Kristeva verwendet diesen Begriff, um Michail Bakhtins Literaturtheorie zu beschreiben. Kristeva 1980, S. 66. Ich stütze mich hier nur lose auf die umfangreiche und nicht einheitliche Intertextualitätstheorie und verzichte, um den Rahmen dieses Aufsatzes nicht zu sprengen, auf eine genauere Nachzeichnung derselben. Zur einführenden Lektüre sei verwiesen auf Allen 2022.
4 In der englischen Übersetzung ist die Rede von „utterances" (*vyskazyvaniye* высказывание). Bakhtin 1986, S. 89.
5 Es ist dabei ebenso relevant, zu welchen anderen Texten weniger oder womöglich keine direkten Bezüge hergestellt werden können.
6 Tobias B. Zürn veranschaulicht dies am Beispiel des *Huainanzi* 淮南子. Zürn 2020, S. 367–402.

Verästelungen" (*benmo* 本末) kennt.[7] Das *Liji* ist, wie der Deskriptor „Notizen" (*ji* 記) im Titel verrät, ein solcher Ergänzungstext, der nach Zheng Xuan immer in Bezug auf das *Zhouli* 周禮 (Riten der Zhou),[8] den zentralen Knotenpunkt im Netzwerk der *San Li* 三禮 (Drei Klassiker zur rituellen Sittlichkeit), verstanden werden muss, aber im Gegenzug auch die Rezeption desselben, sowie die des dritten *Li*-Klassikers *Yili* 儀禮 (Zeremonielle Riten) und anderer Klassiker, beeinflussen konnte.

Auch der Kommentar zum *Liji* ist selbst als Bestandteil eines Textgefüges in dieser Hinsicht zu begreifen. Zheng Xuan setzt den Verbundenheitscharakter des *Liji* dabei nicht nur voraus, sondern illustriert und betont ihn regelrecht durch zahlreiche Zitate. Die Verbundenheit verschiedener Texte (oder Textbestandteile) liegt selbstredend auch dann vor, wenn nicht explizit zitiert wird. Doch stellen markierte Zitate hier eine Art bewusst gemachter, sichtbarer Verweise auf andere Texte dar. Sie dienen in Zheng Xuans Kommentar unterschiedlichen Zwecken, etwa dazu, eine Erläuterung plausibel zu machen, oder die Verwendung eines Wortes im „typischen" Sprachgebrauch der Klassiker zu illustrieren. Zugleich verdeutlichen sie darüber hinaus zweierlei:

1. Der zitierte Text besitzt Autorität und Aussagekraft. Anhand des zitierten Textes lassen sich andere Texte besser verstehen. Das wiederholte Zitieren eines anderen Klassikers über den Kommentar hinweg verfestigt und bekräftigt die Autorität des zitierten Klassikers und seine Bedeutsamkeit für den klassischen Kanon insgesamt.

2. Es besteht eine Verbindung zwischen dem zitierten und dem mittels dieses Zitates kommentierten Text. Diese Verbindung besteht zunächst nur punktuell zwischen der zitierten und der kommentierten Stelle, ließe sich aber

---

7 Diese findet sich auch innerhalb eines Textes selbst. Anders als von Theoretikern der Intertextualitätstheorien wie Bakhtin und Kristeva vertreten, liegt im alten China diesem „Netzwerk" noch eine statischere Vorstellung zugrunde, die etablierte hierarchische Strukturen eher stützen denn dekonstruieren will.

8 *Li* 禮 bezeichnet konkrete Rituale ebenso wie die dabei und darüber hinaus an den Tag zu legende innere Haltung. Während das *Zhouli*, ursprünglich *Zhouguan* 周官 (Ämter der Zhou), sich mehr mit institutionellen und rituellen Aspekten befasst, finden sich im *Liji* Diskurse über „Ritenhaftigkeit" bzw. „Ritenmäßigkeit", die teils aus der Sphäre des Zeremoniellen auf das Alltagsleben ausgreifen und ein Ideal menschlicher Interaktionen beschreiben. Daher übersetze ich *li* im Titel *Liji* als „(rituelle) Sittlichkeit", weiche aber bei den Titeln *Zhouli* und *Yili* davon ab, da darin (rituelle) Institutionen oder Rituale im Vordergrund stehen.

auch als generelle Affirmation der insgesamten Verbundenheit der beiden Texte miteinander ansehen.

Bei der Auswahl der konkreten Zitate folgt Zheng Xuan den Anforderungen der jeweiligen Passage, die er kommentieren möchte. Doch verfügt er dabei über ein bestimmtes Arsenal ihm bekannter und von ihm oder seinem anvisierten Publikum geschätzter Texte. In seinem Kommentar zum *Liji* finden sich Zitate aus vielen verschiedenen Klassikern und Texten, besonders zahlreich aber sind Zitate aus dem klassischen Kanon, insbesondere von *Zhouli* und *Yili*, sowie aus dem *Shijing* 詩經 (Klassiker der Lieder). Da die Zusammengehörigkeit der teils sehr heterogenen Kapitel des *Liji* keineswegs als ausgemacht gelten konnte, ist es darüber hinaus ebenfalls bedeutsam, dass Zheng Xuan auch Zitate aus anderen Kapiteln des *Liji* im Kommentar zu eben diesem häufig einsetzt.

Zheng Xuan verwendet die den zitierten Klassikern inhärente Autorität, um seine Kommentare zu unterstreichen. Das substanziiert einerseits den Kommentar zum *Liji*, andererseits aber auch das *Liji* selbst, das durch diese Praxis des Heranziehens anderer wichtiger Texte im Status aufgewertet wird. Dieser Statuszugewinn wiederum dient der Erhaltung des *Liji*: Die diesem Text zugesprochene Autorität rechtfertigt, ja erfordert, die Überlieferung und weitere Beschäftigung mit ihm.[9] In der Dimension einer einzelnen Passage gilt des Weiteren, dass das Zitieren durch den Kommentator die potentielle Verständlichkeit der kommentierten Passage unterstreicht — wie für den Kommentator, ist es auch künftigen Gelehrten möglich, die Stelle durch intensive Beschäftigung zu begreifen, anstatt sie etwa als korrumpiert oder unverständlich zu übergehen oder gar zu entfernen. Eine Überlieferung erscheint so lohnender — es ist möglich, die Passage zu durchdringen! Durch das Zitat zeigt der Kommentator zudem auch den Abgleich mit anderen Klassikern als ein Hilfsmittel zum besseren Verständnis auf. Die Textstelle, so suggeriert die Kommentierung, passt in den Kanon, was sich daran zeigt, dass sie sich durch Rückgriff auf diesen besser verstehen lässt.[10] Das Zitat im Kommentar wirkt also in beide Richtungen — auf die kommentierte Stelle ebenso wie auf den Text, aus dem zitiert wird.

---

9 Wie Zheng Xuan selbst bemerkt, wurde, im Unterschied zu den auf die Weisen zurückgehenden Klassikern, für das *Liji* davon ausgegangen, dass es „eine Sammlung der Nachfahren, der Wortlaut basierend auf [deren] Zeitalter" sei (*houren suo ji, ju shi er yan* 後人所集，據時而言). Ma Xinmin 2000 (*Liji*), S. 1022.

10 Dies gilt auch dann, wenn die beiden Klassiker an der jeweiligen Stelle außer etwa einer Formulierung wenig gemein haben. Das mag als Indiz aufgefasst worden sein, dass sie

Die gegenseitige Unterstützung des zitierten und des kommentierten Textes

Zheng Xuan zitiert in seinem Kommentar zum *Liji* besonders häufig aus dem *Zhouli*. Doch wird auch das *Liji* in Zheng Xuans Kommentar zum *Zhouli* immer wieder zitiert. Die Implikation für das *Liji* ist erneut eine Affirmation seines Status als zugehörig zu und aussagekräftig für einen anderen Text. Die Zusammengehörigkeit von *Zhouli* und *Liji* ist dabei nicht selbstverständlich: Die beiden Schriften unterscheiden sich deutlich in Form und Inhalt.[11] Die In-Bezug-Setzung durch den Kommentator aber trägt zu einer Wahrnehmung der Verbundenheit beider Texte miteinander bei. Folgt man Zheng Xuans Gelehrsamkeit, wird eine Berücksichtigung des *Liji* somit bedeutsamer für diejenigen, die das *Zhouli* anerkennen und rezipieren, was zum Statusgewinn und -erhalt des *Liji* beiträgt. Auch das *Zhouli*, der eigentlich übergeordnete Text, kann aber hiervon profitieren: Es gibt nun in Form des *Liji* einen weiteren bedeutenden Text, der bei seinem Verständnis helfen kann, was die Rezeption des *Zhouli* erleichtert. Gälte ein Text als weitgehend korrumpiert oder unverständlich, erschiene die weitere Beschäftigung mit ihm nicht länger lohnend. Die Kommentierung eines Klassikers durch Zitate eines anderen Textes hingegen demonstriert, dass der Klassiker mittels philologischer Sorgfalt kuratiert werden kann.

Das gilt auch für die Interpretation: Meist zitiert Zheng Xuan einzelne Sätze, die er aus ihrem Kontext in dem Klassiker, aus dem er sie entlehnt, herauslöst. Nicht selten verändert sich hierdurch der Sinngehalt dieser Sätze, da sie nun auf das *Liji* bezogen anders, teilweise konkreter, verstanden werden können. Das *Liji* wird also auch in Rückbezug auf die Exegese des anderen Textes in Szene gesetzt.

Ein Beispiel hierfür findet sich im Kommentar zum Kapitel „Wangzhi" 王制 (Königliche Anordnungen), wo Zheng Xuan eine inhaltliche Zuspitzung einer Passage aus der Tradition des *Yijing* 易經 (Klassiker der Wandlungen) vornimmt. In einem Diskurs über die Einstellungsmodalitäten von Staatsbediensteten ist im „Wangzhi" zu lesen:

> Sie [die künftigen Beamten] werden evaluiert und unterteilt. [Erst] danach weist man sie an.

---

verschiedene, komplementäre Funktionen erfüllten. Es scheint in diesem Licht weniger um den direkten Rückbezug auf die entsprechende Stelle im anderen Text zu gehen, sondern um assoziative Verknüpfungen und den Gesamteindruck, dass die Klassiker miteinander resonieren.

11 Kern 2001, S. 64.

論辨，然後使之。¹²

Zheng Xuan kommentiert:

> 'Unterteilen' bezieht sich auf das Prüfen und Befragen, um ihre feste Position zu ermitteln. In den *Wandlungen* heißt es: „Sie wurden befragt, um sie zu unterteilen".

辨，謂考問得其定也。易曰：「問以辨之。」¹³

Der zitierte Satz aus dem *Yijing* scheint sich zunächst exakt mit dem „Wangzhi" zu decken und die Interpretation im Sinne der Einstellung in den Staatsdienst zu stützen. Im Ausgangskontext der von Zheng Xuan angeführten Zeile aus dem *wenyan* 文言-Kommentar zum *Yijing* stellt sich diese Auffassung jedoch weniger direkt ein. Hier ist vielmehr die Rede vom Ideal des „Edlen" (*junzi* 君子):

> Der Edle lernt, um sie zu versammeln, und fragt nach, um sie zu unterscheiden. Er bringt sie durch Freimütigkeit zur Ruhe, und bringt sie durch Mitmenschlichkeit zum Agieren.

君子學以聚之，問以辯¹⁴之，寬以居之，仁以行之。¹⁵

Auf wen bezieht sich „sie" (*zhi* 之)? Wang Bi 王弼 (226–249 n. Chr.) zufolge könnte es sich um Dinge bzw. Lebewesen (*wu* 物) handeln.¹⁶ Kong Yingda 孔穎達 (574–648) wiederum fasst die Formulierung *wen yi bian zhi* 問以辯之 als auf abstraktes Wissen über Angelegenheiten (*shi* 事) bezogen auf:

> „Gibt es beim Lernen etwas noch Unvollendetes, dann ergründet und erkundigt man sich nach diesen Angelegenheiten, und löst Unsicherheiten durch Unterscheidung auf.

---

12 Ma Xinmin 2000 (*Liji*), S. 420.
13 Ma Xinmin 2000 (*Liji*), S. 420.
14 Hier wird ein anderes Schriftzeichen verwendet — *bian* 辯 statt *bian* 辨 wie im „Wangzhi". Jedoch ähneln sich Form und Bedeutungsspektrum der beiden Zeichen deutlich. Verschiedene Editionen des *Yijing* weisen daher auch *bian* 辨 als Variante auf, vgl. Anmerkung 2 in Ma Xinmin 2000 (*Zhouyi*), S. 26b.
15 Ma Xinmin 2000 (*Zhouyi*), S. 26a.
16 Sein Kommentar lautet: „Indem man sich der einem Fürsten angemessenen Tugendkraft bedient, verortet man die einem untergebenen Teile, und die eigene Befähigung wird von anderen Lebewesen angenommen." (*jun de er chu xiati, zina yu wuzhe ye* 以君德而處下體，資納於物者也). Ma Xinmin 2000 (*Zhouyi*), S. 26a.

學有未了，更詳問其事，以辯決於疑也".[17]

Zheng Xuans Lesart, die in seinem Zitat desselben Ausdrucks im „Wangzhi" zutage tritt, ist also mitnichten die einzige oder gar naheliegendste Art, diese Stelle aufzufassen. Im *Yijing* geht es *a priori* nicht um die Vergabe von Beamtenposten, sondern um eine geistige Haltung des Herrschers bzw. des Edlen allgemein. Zugleich ist Zheng Xuans Lesart aber keineswegs unvereinbar mit dem Kontext des *Yijing*. Aus diesem Grund ließe sich das im Sinne des Kommentars aufgefasste Verständnis des *Liji* durchaus auch auf das *Yijing* übertragen und könnte so wiederum dessen Exegese dienen. Die durch die Zitate in den Kommentaren vorgenommenen Querverweise schaffen also Verbindungen und suggerieren ein den verschiedenen Texten gleichermaßen zugrundeliegendes Weltbild und Sprachverständnis.

Die politische Dimension des Verbundenheitsdenkens

Für Zheng Xuans Lebzeiten, die spätere Östliche Han-Zeit (25–220 n. Chr.), wird davon ausgegangen, dass eine Strömung unter Gelehrten diese Gemeinsamkeiten und die Verbundenheit der Gelehrten-Klassiker hervorzuheben suchte, um eine Einheit zwischen den konkurrierenden und teils isolierten Überlieferungs- und Lehrtraditionen der verschiedenen Klassiker zu schaffen. Zheng Xuan soll ein Vorreiter dieser Bewegung hin zur „durchdringenden Gelehrsamkeit" (*tongxue* 通學) gewesen sein.[18] Auch hierin ist ein Bewahrungsstreben zu erkennen, da es sich um eine Gegenbewegung zur Fokussierung auf voneinander separate Überlieferungsformen eines einzelnen Klassikers handelte, was zu internen Grabenkämpfen zwischen Gelehrtentraditionen führen und so die Schriftgelehrten (*Ru* 儒) entzweien konnte, während ihr Status beispielsweise durch die Machtgewinne der Eunuchen bei Hofe zunehmend bedroht wurde. Zheng Xuan selbst bekam den Einfluss dieser Fraktion im Zuge der Prohibitionen (*danggu* 黨錮) gegen die Aufnahme eines Amtes im Staatsdienst für unliebsame Gelehrte zu spüren, die die Eunuchen im Zeitraum 169–184 n. Chr. einführten.[19]

Zumindest innerhalb der gesellschaftlichen Gruppe der Gelehrten der klassischen Schriften mochte eine größere Einheitlichkeit des Kanons eine Durchsetzung der Interessen dieser Gruppe bei Hofe mitunter erleichtert haben. Auf den *Ru*-Klassikern

---

17 Ma Xinmin 2000 (*Zhouyi*), S. 26a.
18 Shi Yingyong 2007, S. 48.
19 Mansvelt Beck 2008, S. 327–330. Zheng Xuan selbst war wohl vierzehn Jahre lang persönlich mit einer Prohibition belegt (170–184 n. Chr.). Yang Tianyu 2007, S. 7.

basierte ein großer Teil der politischen Ideologie des Han-Reichs.[20] Das Ringen um die Einheitlichkeit des Kanons war somit nicht nur eine Frage der Hermeneutik, sondern auch ein machtpolitisches Anliegen. Gerade die Einrichtung von Eruditen-Posten (*boshi* 博士) an der Höchsten Akademie (*taixue* 太學), gewissermaßen Lehrstühlen für bestimmte Klassiker, brachte für Schriftgelehrte Möglichkeiten mit sich, an Ansehen und Einfluss zu gewinnen, sowie ein Einkommen und eine Position im Staatsdienst zu erlangen. Eine Aufwertung beispielsweise des *Zhouli*, für das in der Han-Zeit zunächst kein *boshi*-Posten bestanden hatte, wurde so von Wang Mang 王莽 (45 v. Chr.–23 n. Chr.) forciert, um die Andersartigkeit seiner Regierung herauszustellen.[21] Die vorhandene, aber noch nicht orthodoxe Autorität des Klassikers wurde so zu einer subversiven Kraft, die einen Machtumschwung herbeizuführen mithelfen konnte.

Während Zheng Xuans gezielter Einsatz gekennzeichneter Zitate[22] also auch politisch von Bewandtnis war, ist im Hinblick auf die „Zukunftsphilologie"[23] einer jeweiligen, von ihm kommentierten Schrifttradition festzuhalten, dass die Strategie, einen Text wie das *Liji* durch Verweis auf andere Klassiker in ein intertextuelles Netzwerk einzuhegen, einen die Autorität und Relevanz des kommentierten Textes stabilisierenden Effekt entfalten konnte. Ist die Autorität eines Textes einmal etabliert, setzen leicht Synergieeffekte ein — es wird schwieriger, einen Klassiker vom Sockel zu stoßen, da dies bedeuten würde, auch die mit ihm verbundenen Schriften zurückzuweisen. Je mehr die Autorität aller Texte miteinander verwoben ist, desto mehr können zwar einzelne Knotenpunkte innerhalb des Netzwerks hervorgehoben oder weniger beachtet, aber schwieriger entfernt werden. Was mit einem Text

---

20 Siehe die Einordnung in der Einleitung zu Nylan 2001.
21 Elman und Kern 2010, S. 2.
22 Auch unmarkierte bzw. nicht gekennzeichnete Zitate kommen vor.
23 Dieser Begriff ist dem Titel des gleichnamigen Aufsatzes von Ulrich von Wilamowitz-Moellendorff (1848–1931) entlehnt. Wilamowitz-Moellendorff 1972. Wilamowitz-Moellendorff definiert nicht genau, was unter „Zukunftsphilologie" zu verstehen ist. Hanneder 2013, S. 171. Sheldon Pollock, der diesen Begriff später erneut prominent aufgreift, fasst ihn im Sinne der Zukunft der Philologie als akademischer Disziplin. Pollock 2009, S. 931–961. Im Sinne des vorliegenden Aufsatzes verstehe ich dagegen unter Zukunftsphilologie zukunftsgewandte, auf Erhaltung und Fortentwicklung der Texte und Schrifttraditionen gerichtete philologische Praktiken. Unter Philologie wiederum verstehe ich annäherungsweise die „pflegende" oder bewahrende Beschäftigung mit Texten um ihrer selbst willen.

geschieht, erzeugt Resonanzen im gesamten Netzwerk. Dadurch stabilisieren sich Texte gegenseitig, was ihrem Überdauern nützen kann.

2. Philologische Fixierung

Auf der Ebene des Wortlautes eines einzelnen Textes hingegen zeigt sich schon früh bei chinesischen Gelehrten ein akutes Bewusstsein für die Veränderungen, die die Überlieferung der Klassiker beinahe unweigerlich mit sich brachte. Gerade da in der Vormoderne Texte aus dem Gedächtnis oder durch Diktat manuell abgeschrieben werden mussten, konnten Varianten oder Schreibfehler auftreten, die den Sinn des Textes verändern konnten. Diese Unstimmigkeiten etwa im *Liji* zu identifizieren und zu beheben, ist eine weitere Funktion von Zheng Xuans Kommentar.

Anmerkungen zu Textvarianten

Zheng Xuan operiert auf Grundlage eines Ausgangstextes, den er zur Kommentierung heranzieht. Es liegt nahe, dass er sich dafür entweder auf eine oder mehrere in seiner Schultradition bereits bestehende Versionen stützte oder eine eigene Edition des *Liji* kompiliert hatte. Zhao Houjun 趙厚均 etwa mutmaßt, dass Zheng Xuan die von ihm verwendeten Versionen des *Liji* von seinem Mentor Lu Zhi 盧植 (?–192) und seinem Lehrmeister Ma Rong 馬融 (79–166) übernommen haben könnte.[24] Die Implikation ist, dass er anschließend seinen Kommentar auf dieser Basis verfasste. Das zeigt aber auch, dass er sich der Existenz verschiedener Editionen bewusst war, zwischen denen teilweise Diskrepanzen bestanden.[25] Zheng Xuan geht damit um, indem er die Varianten in seinem Kommentar dokumentiert, anstatt sie etwa zu verwerfen und nur die von ihm verwendete Version des *Liji* bestehen zu lassen. Er unterscheidet die Editionen aber auch nicht. Ebenso wenig diskutiert er die Bedeutungsunterschiede der Varianten.[26]

---

24 Zhao Houjun 2008, S. 29. Es fällt jedoch auf, dass Zheng weder seinen Freund und Förderer Lu noch seinen Lehrer Ma in solchen Zusammenhängen namentlich als Verfasser einer etwaigen Edition erwähnt. Beide hatten ihrerseits Kommentare zum *Liji* verfasst. Habberstad und Liu Yucai 2014, S. 299.

25 Yang Tianyu 2007, S. 168. Zum Umgang mit durch das Reproduzieren in den Text gebrachten Varianten bzw. Fehlern siehe auch Kern 2002, S. 151–156.

26 Tao Gu 2007, S. 403. Thomas Crone merkt an, dass Zheng unliebsame Varianten auch unter den Tisch fallen gelassen haben könnte. Crone 2024, S. 209.

Über das *Liji* hinweg finden sich fast ausschließlich Varianten-Anmerkungen nach dem Schema „anstatt [Schriftzeichen] A steht anderenorts B" (*A, huo zuo B ye.* A，或作 B 也). Im *Yili* differenziert Zheng Xuan hingegen beispielsweise Alttext- (*guwen* 古文) und Neutext-Varianten (*jinwen* 今文). Für das *Liji* (genauer gesagt das von Zheng Xuan kommentierte *Xiao Dai Liji* 小戴禮記), dessen Tradition eindeutiger der Alttextströmung zuzurechnen war,[27] stellt sich diese Problematik offenbar weniger akut dar, sodass der Kommentator auf diese Zuordnungen weitgehend verzichten kann. Er merkt die Varianten also nur an, scheint sie aber weder benennen oder diskutieren noch eine vermeintlich ursprüngliche Version rekonstruieren[28] zu wollen.

Das sich hieraus ergebende Bild mutet widersprüchlich an: Einerseits scheint es Zheng Xuan ein Anliegen zu sein, die Tradition des *Liji* in ihrer Bandbreite möglichst vollständig zu erhalten. Sonst könnte er, statt die Varianten zu notieren, jeweils schlichtweg die seines Erachtens stimmigste Variante befolgt und die anderen unter den Tisch fallen gelassen haben. Andererseits erhebt er durch die Kommentierung eine von ihm mitgeformte Version des Textes zum Standard. Wer Zheng Xuans Kommentar rezipieren wollte, musste hiernach zur Kenntnis nehmen, dass Zheng Xuan sich spezifisch auf diese Version bezog, die natürlich im Laufe der Zeit überlagert und verfälscht werden oder verloren gehen konnte, zumal der Kommentar zunächst wohl separat vom *Liji* zirkulierte.[29]

So betreibt Zheng Xuan zugleich sowohl Normierung als auch Dokumentation. Auch die Tatsache, dass er die Textvarianten zwar aufzeichnet, aber überwiegend weder einordnet noch erklärt, lässt sie eher wie Restzweifel wirken. Wenn es nach Zheng geht, scheint ihnen keine Deutungsmacht oder Autorität innezuwohnen, die eine weitere Auseinandersetzung mit ihnen rechtfertigen würde.

Varianten im Wortlaut des Textes sind hierbei von Fehlern, die Zheng Xuan ebenfalls kenntlich macht, zu unterscheiden.

---

27 Zu den Verschiedenheiten zwischen Alt- und Neutexten und ihren Anhängern, siehe etwa Tao Gu 2007.
28 Crone 2024, S. 209.
29 Nylan und Rusk 2021, S. 145.

Fehler im Text

Durch Verweise auf Fehler (*wu* 誤) im Text, die er wie schon die Varianten in seinem Kommentar häufig dokumentiert, operiert Zheng Xuan ebenfalls auf Grundlage der oben geschilderten Prämisse, dass die Klassiker im Laufe ihrer Überlieferung fehlerhaft von einer Generation auf die nächste übertragen werden konnten. Solche vermeintlichen Fehler veränderten den Sinngehalt des Textes und konnten so für das „richtige" Verständnis der Zukunft zum Problem werden. Zheng Xuan zeigt daher Fehler nicht nur auf, sondern kategorisiert sie sogar — als Fehler, die sich aus Missverständnissen aufgrund der Aussprache (*sheng zhi wu* 聲之誤) oder aufgrund der graphischen Ähnlichkeit des Schriftzeichens (*zi zhi wu* 字之誤) ergeben hätten. Eingeleitet durch die Formulierung „[Schriftzeichen] A sollte B sein" (*A dang wei/dang zuo B ye*. A 當爲/當作 B 也), stellt der Kommentar klar, welches Zeichen die Leserschaft an dieser Stelle gedanklich einfügen sollte. Erneut bessert Zheng Xuan nicht einfach den Wortlaut des *Liji* selbst aus — der Kommentar fungiert stattdessen als separater Diskursraum für diese Schreibfehler.

Im Kapitel „Neize" 內則 (Regeln für die Sphäre des Inneren) des *Liji* findet sich in einem Abschnitt über die rituelle Übergabe eines Säuglings des Hausherrn in die Obhut einer Amme folgendes Beispiel:

> Der Verwalter *Süßwein trägt das Kind [herein], und man belohnt sie [die Amme] mit Stoffbündeln.
>
> 宰醴負子，賜之束帛。[30]

Das Zeichen *li* 醴 („Süßwein") ergibt an dieser Stelle für Zheng Xuan keinen Sinn. Er kommentiert:

> 'Süßwein' (*li* 醴) sollte '[durch ein] Ritual' (*li* 禮) sein, das ist eine Verwechslung aufgrund der Aussprache.
>
> 醴，當為禮，聲之誤也。[…][31]

Die beiden Schriftzeichen unterscheiden sich lediglich durch das Seitradikal (in einem Fall *you* 酉, im anderen *shi* 礻). Aber Zheng Xuan scheint der Auffassung, dass es sich nicht um eine Verwechslung aufgrund des graphischen Erscheinungsbildes der Schriftzeichen handelt, sondern erkennt darin eine Verwechslung aufgrund der identischen Aussprache (Old Chinese: in beiden Fällen rekonstruiert als *riiʔ*). Erneut

---

30 Ma Xinmin 2000 (*Liji*), S. 1003.
31 Ma Xinmin 2000 (*Liji*), S. 1003.

nimmt Zheng Xuan keine Ausbesserung im Text selbst vor, sondern äußert sich im Kommentar.

Zum einen kommt in diesen Anmerkungen womöglich eine Art der philologischen Textpflege zum Vorschein. Zum anderen bewahren sie — gerade für angeblich von Kulturheroen geschaffene Klassiker wie das *Zhouli*, von dem angenommen wurde, dass es auf den Herzog von Zhou (Zhou gong 周公, c. ?–1105 v. Chr.) zurückgehe — die Autorität des Textes. Die Klassiker, so die Annahme, seien erst *ex post* verfälscht worden, spiegelten aber in ihren Grundzügen noch immer deren Weisheiten wider. Inwiefern Zheng Xuans Fehlerdiagnosen und Verbesserungsvorschläge bei seiner Leserschaft auf Zustimmung trafen, und inwiefern diese Autorität, durch den Kommentar gestützt, tatsächlich allgemein akzeptiert wurde, ist eine andere Frage.[32]

Varianten aufzuzeigen und Fehler zu identifizieren, sind zwei Beispiele für Methoden, mittels derer ein Kommentar zu einer Problematisierung, einer darauffolgenden Fixierung des Ausgangstextes, und hierdurch schließlich zum „korrekten" Verständnis des Klassikers auf einer gesicherten Grundlage beitragen kann. Vor dem Hintergrund einer instabilen Überlieferungsgeschichte wird der Basistext für die nachfolgende hermeneutische Beschäftigung vorbereitet.

Auch Glossen (Worterklärungen) sind ein Hilfsmittel, das der Kommentar einer exegetisch interessierten Leserschaft als Handreichung anbietet. Wie schon bei den Bemerkungen zu Varianten und Fehlern, die Zheng Xuan im Kommentar äußert, handelt es sich dabei zuvorderst um Anmerkungen, die sich offenkundig auf sein persönliches Textverständnis stützen. Sein Kommentar veränderte also die Deutung der Zukunft durch Selbsteinschreibung in die Tradition. Doch konnte Zheng Xuans Renommee zusätzlich dazu beitragen, etwa das *Liji* in seiner gesellschaftlichen Bedeutung zu stärken.

3. Glossierung und exegetische Vorbereitung

Zeichenglossen als Lesevarianten

Zheng Xuan nimmt in seinem Kommentar zum *Liji* nicht nur philologische Korrekturen vor, sondern ebnet auch der Interpretation des Textes den Weg. Dies

---

32 Siehe Rusk und Nylan 2021, S. 151–152.

bewerkstelligt er unter anderem durch Zeichenglossen, sprich kurze Erklärungen einzelner Schriftzeichen.

Der Kommentar lenkt die Aufmerksamkeit seiner Leserschaft durch das, was er als kommentierungswürdig aufgreift. Eine solche Form der Hervorhebung und Problematisierung geschieht auch mittels der Glossen, die typischerweise den Schemata „A ist B" (*A, B ye.* A，B 也) oder „A ist ähnlich wie B" (*A you B ye.* A 猶 B 也) entsprechen.

Beide Typen lassen sich anhand einer Stelle aus dem „Zhongyong" 中庸 (Maß und Mitte) veranschaulichen, die wie folgt lautet:

> Fürst Ai erkundigte sich nach der Regierungsführung. Der Meister sprach: „Die Regierungsführung [der Könige] Wen und Wu wurde durch *fangce* 方策 dargelegt. Solange sie als Personen lebten, hielten sie die Regierungsführung in den Händen. Doch als sie als Personen vergingen, da *xi*-te 息 auch [ihre Art der] Regierungsführung.
>
> 哀公問政。子曰：「文武之政，布在方策，其人存則其政舉，其人亡則其政息。 33

Ich habe diejenigen Schriftzeichen zunächst unübersetzt gelassen, auf die sich der Kommentar bezieht. Er lautet:

> *Fang* 方 ist ‚Holztäfelchen'. *Ce* 策 ist ‚Bambusleisten'. *Xi* 息 ist ähnlich wie ‚auslöschen'.
>
> 方，板也。策，簡也。息，猶滅也。 34

Oft bietet Zheng Xuans Kommentar Verständnishilfen für Ausdrücke, die auf den ersten Blick gänzlich obskur anmuten oder offensichtlich nicht ganz in die Aussage eines Satzes zu passen scheinen (man denke an das Wort „Süßwein" im obenstehenden Beispiel aus dem „Neize"). Doch die hier angeführte Passage des „Zhongyong" wäre auch ohne ein genaueres Verständnis der durch den Kommentar glossierten Schriftzeichen nach wie vor erfassbar.

Würde die Leserschaft beispielsweise *fang* 方 in Abweichung zu Zheng Xuan in seiner gängigen Bedeutung als „Methode" auffassen, wäre die inhaltliche Gesamtaussage des Satzes noch immer erkennbar. Verstünde man *xi* 息 als „ruhen", so ergäbe sich ebenfalls keine drastische Abweichung von dem Sinn, der Zheng Xuans Kommentar zu dieser Passage zu entnehmen ist. Jedoch kann *xi* 息 auch

---

33 Ma Xinmin 2000 (*Liji*), S. 1682.
34 Ma Xinmin 2000 (*Liji*), S. 1682.

„wachsen" oder „sich vervielfältigen" bedeuten — die Hochachtung für die Regierungsführung von Wen und Wu wäre in diesem Sinne nach ihren Lebzeiten noch angewachsen. Da *xi* 息 hier aber im Gegensatz zu *ju* 舉 („in den Händen halten, hochheben") steht, ist seine gängigere Bedeutung von „ruhen" (im Sinne von „enden") für Zheng Xuan hier offenbar plausibler. Zheng Xuans Glosse dient somit der Eingrenzung und der Präzisierung. Ihm zufolge läse sich die obige Stelle wie folgt:

> Die Regierungsführung von Wen und Wu wurde durch *Holztäfelchen und Bambusleisten* dargelegt. Solange sie als Personen lebten, hielten sie die Regierungsführung in den Händen. Doch als sie als Personen vergingen, da wurde auch [ihre Art der] Regierungsführung *ausgelöscht*.

Zhengs Kommentar hebt also hervor, dass es die materiellen Aufzeichnungen auf „Holztäfelchen und Bambusleisten" seien, die der Regierung der Herrscher Wen 文 (c. 1152–1056 v. Chr.) und Wu 武 (?–1043 v. Chr.) der Zhou 周 als Grundlage dienten.[35] Das beugt etwaigen Missverständnissen vor, steht doch das Schriftzeichen *fang* 方 nicht direkt für „Holztäfelchen", sondern lediglich für „eckig". Auch unter *ce* 策 könnten verschiedene Arten von Schriftstücken verstanden werden, der Bedeutungsumfang dieses Zeichens ist verglichen mit *fang* an dieser Stelle aber begrenzter und somit weniger ambivalent. Trotzdem fasst Zheng Xuan die Bedeutung noch enger, indem er *ce* 策 mit *jian* 簡 erklärt, was in seiner Grundbedeutung für Schriftstücke auf Bambus steht. Mehr noch, es fällt auf, dass er *fangce* nicht als Binom behandelt, sondern als zwei verschiedene Worte (*fang ce*), die miteinander kombiniert werden. Im Falle von *xi* 息 wiederum bietet Zheng Xuan seiner Leserschaft nur eine Annäherung durch das nicht deckungsgleiche, an dieser Stelle seines Erachtens aber Ähnliches bedeutende Zeichen *mie* 滅 („auslöschen").

Glossen können die Lesart des Textes also durch Eingrenzung verändern. In diesem Fall, wie häufig im Kommentar zum *Liji*, geschieht durch sie eine Präzisierung, wenn

---

35 Ob es sich um Aufzeichnungen aus der Zeit vor deren Herrschaft oder um in der Zhou-Zeit entstandene Schriften handelt, wird an dieser Stelle nicht deutlich, da keine spezifischen Texte benannt sind. Es fällt auf, dass hier nicht die Rede etwa von „Klassikern" (*jing* 經) oder „Urkunden" (*shu* 書) etc. ist, sondern generische Begriffe Verwendung finden, mit denen selbst Verwaltungsschriftstücke bezeichnet werden konnten. Der im „Zhongyong" dem Konfuzius zugeschriebene Grundgedanke scheint hingegen zu sein, dass das persönliche Charisma der Herrscher und ihre unvermittelte Ausübung der Herrschaft nach ihrem Tod durch programmatische Texte nicht ersetzt werden konnte, was den Niedergang dieser Herrschaft besiegelt habe.

die Leserschaft die beiden Schriftzeichen nebeneinanderlegt und daraus eine gemeinsame Bedeutung konstruiert. Zheng Xuans Glossen ersetzen das Schriftzeichen im Text dabei nicht, sondern ergänzen es, und legen es genauer fest.

Diese Festlegung birgt an sich das Potential, den Text rigider zu machen, und so seine Auslegbarkeit einzuschränken. Eine solche Ossifikation könnte sich schließlich der Relevanz des Textes als schier unerschöpflich scheinender Quelle der Neuinterpretation und Weisheit abträglich erweisen. Doch geschieht dieser Diskurs eben nicht im Klassiker selbst, sondern im Kommentar. Die Deutung wird der Leserschaft also nicht direkt aufgezwungen, sondern zunächst nur tradiert. Im Laufe der Zeit konnten so auch verschiedene Kommentare und Lesarten verglichen werden, und die Leserschaft konnte an einer gegebenen Stelle auswählen, ob und welchem Kommentator sie folgte. Die Präzisierung durch den Kommentar konnte die künftige Exegese also zugleich erleichtern, gab aber keine einheitliche Deutung vor.

Hier zeigt sich nichtsdestotrotz ein gewisses Dilemma der Glossierung: Auch wenn gewisse Schriftzeichen hinsichtlich ihrer Bedeutungen Überschneidungen aufweisen, sind sie doch oft verschieden konnotiert. Eine Glosse ist also keine exakte Gleichsetzung. Im Falle einer gedanklichen Ersetzung von *xi* 息 durch *mie* 滅 etwa wandelt sich die Bedeutung von „…da kam auch [ihre Art der] Regierungsführung zum Stillstand" hin zu „…da wurde auch [ihre Art der] Regierungsführung ausgelöscht". Zwischen Stillstand und Auslöschung bestehen signifikante konzeptuelle Unterschiede, deswegen erscheint es nicht beliebig, dass der Kommentar an dieser Stelle durch *you* 猶 („das bedeutet in etwa") den approximativen Charakter seiner Glosse unterstreicht.

Zusammenfassung

Dieser Aufsatz hat einige Techniken behandelt, die Zheng Xuan in seinem Kommentar zum *Liji* offenbar einsetzt, um dessen Relevanz und Verständlichkeit sicherzustellen, und seinen Status, wenn nicht als Klassiker,[36] dann zumindest als bedeutenden Text zu erhalten oder noch zu stärken, und das *Liji* im *Ru*-Kanon zu

---

36 Der offiziellen Status als Klassiker (*jing* 經) wurde dem *Liji* erst ab der Tang-Zeit (唐, 618–907) verliehen. Habberstad und Liu Yucai 2014, S. 290. Hinsichtlich seiner Wichtigkeit galt es angeblich aber bereits nach der autoritativen Bearbeitung durch Zheng als solcher, spätestens mit der Einführung eines entsprechenden Amtes in der Wei-Dynastie (魏, 386 – c. 535 n. Chr.). Yang Tianyu 2007, S. 171.

verorten. Es ist indes nicht ausgemacht, ob es sich dabei um bewusst eingesetzte Nachhaltigkeitsstrategien Zhengs im Sinne einer Erhaltung und Vorbereitung des Textes für zukünftige Generationen jenseits seiner eigenen Lebzeiten handelte. Vielmehr dürfte sein Blick auf seinem eigenen Zeitalter und geistigen Umfeld geruht haben, für das der Text im Reigen der Klassiker seine Wirkmacht entfalten sollte. Doch die dafür notwendigen Aktualisierungen, die sprachliche und formelle Fixierung, wie auch die inhaltliche Erläuterung, trugen nichtsdestoweniger dazu bei, aus einem heterogenen Text fraglichen Ursprungs eine autoritative Quelle für Weisheit zu machen, die zudem für das Verständnis anderer Schriften bedeutsam war.

Diese Transformation scheint zur fortdauernden Relevanz des Textes beigetragen, oder sie sogar durch Zhengs hohe Reputation und seinen Versuch, das *Liji* in ein kohärentes Weltbild einzuweben, in dem die verschiedenen Klassiker unterschiedliche Bereiche des menschlichen Lebens informierten und so miteinander Synergien bildeten, beflügelt zu haben. Die Kommentierung setzt dabei kleinteilig an, bei einzelnen Worten oder Stellen. Vielfach besteht Zheng Xuans „Zukunftsphilologie" im Aufdecken von durch die Überlieferung in den Text gebrachten Fehlern. Doch nimmt er auch inhaltliche Präzisierungen und Erklärungen vor, die die spätere Interpretation erleichtern und weiteren Verdrehungen vorbeugen sollen. Die genannten Praktiken — Zitieren, Varianten und Fehler anmerken, Glossieren — sind dabei nur einige Beispiele für die verschiedenen Mittel im Arsenal eines Kommentators, um einen Text nach seinem Ermessen umzuformen und gerade hierdurch für die Nachwelt zu erhalten.

Literaturverzeichnis

Allen, Graham, und John Drakakis (Hrsg). 2022. *Intertextuality. the new critical idiom series*. London/New York: Routledge.

Assmann, Jan, und Burkhard Gladigow (Hrsg.). 1995. *Text und Kommentar*. Archäologie der literarischen Kommunikation IV, München: Wilhelm Fink.

Bakhtin, M. M. (übers. von Vern McGee). 1986. „The Problem of Speech Genres" in *Speech Genres and other Late Essays,* hrsg. von Caryl Emerson und Michael Holquist. Austin: University of Texas Press.

Crone, Thomas. 2024. „Looking for Frivolous Words on Bamboo and Silk. The Textual Criticism of Zheng Xuan 鄭玄 (127–200)" in *Variants and Variance in*

Classical Textual Cultures. Errors, Innovations, Proliferation, Reception?, hrsg. von Glenn Most. Berlin: De Gruyter.

Elman, Benjamin, und Martin Kern (Hrsg.). 2010. *Statecraft and Classical Learning. The Rituals of Zhou in East Asian History Studies in the History of Chinese Texts Vol. 1*. Leiden und Boston: Brill.

Habberstad, Luke, und Liu Yucai. 2014. „The Life of a Text: A Brief History of the Liji 禮記 (Rites Records) and Its Transmission", in *Journal of Chinese Literature and Culture* 1.1–2, S. 289–308.

Hanneder, Jürgen. 2013. „'Zukunftsphilologie' oder die nächste M[eth]ode", in *Zeitschrift der Deutschen Morgenländischen Gesellschaft* 163.1, S. 159–172.

Honey, B. David. 2021. *Qin, Han, Wei, Jin: Canon and Commentary. A History of Classical Chinese Scholarship Vol. II*. Washington und London: Academica Press.

Kern, Martin. 2002. „Methodological Reflections on the Analysis of Textual Variants and the Modes of Manuscript Production in Early China", in *Journal of East Asian Archaeology* 4.1–4, S. 143–181.

———. 2001. „Ritual, Text, and the Formation of the Canon. Historical Transitions of Wen in Early China", in *T'oung Pao* 87, S. 43–91.

Kristeva, Julia. 1980. *Desire in Language. A Semiotic Approach to Literature and Art*. New York: Columbia University Press.

Ma Xinmin 馬辛民, und Shisan jing zhushu weiyuanhui 十三經注疏委員會 (Hrsg.). 2000. *Liji zhengyi* 禮記正義. Shisanjing zhushu 十三經注疏. Beijing: Beijing daxue chubanshe.

———. 2000. *Zhouyi zhengyi* 周易正義. Shisanjing zhushu 十三經注疏, Beijing: Beijing daxue chubanshe.

Nylan, Michael. 2001. *The Five „Confucian" Classics*. New Haven/London: Yale University Press.

——— und Bruce Rusk. 2021. „Early to Middle Period Classical Commentaries", in *Literary Information in China. A History*, hrsg. von Jack W. Chen et al.. New York: Columbia University Press, S. 145–157.

Mansvelt Beck, B. J. 2008. „The Fall of Han", in *The Cambridge History of China. Vol. I: The Ch'in and Han Empires 221 B. C. – A. D. 220*, hrsg. von Denis Twitchett und Michael Loewe [1986]. Cambridge: Cambridge University Press, S. 317-376.

Pollock, Sheldon. 2009. „Future Philology? The Fate of a Soft Science in a Hard World", in *Critical Inquiry* 35.4, S. 931–961.

Shi Yingyong 史應勇. 2007. *Zheng Xuan tongxue ji Zheng-Wang zhi zheng yanjiu* 鄭玄通學及鄭王之爭研究. Chengdu: Ba-Shu shushe.

Tao Gu 濤顧. 2007. „Zheng Xuan zhu 'Li' weichang genggai jingzi zheng" 鄭玄注《禮》未嘗更改經字證. *Hanxue yanjiu* 漢學研究 25.2, S. 391–412.

Wilamowitz-Moellendorff, Ulrich von. 1972. *Zukunftsphilologie! Eine Erwiderung auf Friedrich Nietzsches ‚Geburt der Tragödie'*. Berlin: Bornträger.

Yang Tianyu 楊天宇. 2007. *Zheng Xuan Sanli zhu yanjiu* 鄭玄三禮注研究. Tianjin: Tianjin renmin chubanshe.

Zhao Houjun 趙厚均. 2008. „Liang Han jingxue zhong tongxue chansheng guocheng tanxi" 兩漢經學中通學產生過程探析, in *Yuandong tongshi xuebao* 遠東通識學報 2.2, S. 19–30.

Zürn, Tobias Benedikt. 2020. „The Han Imaginaire of Writing as Weaving: Intertextuality and the *Huainanzi*'s Self-Fashioning as an Embodiment of the Way", in *The Journal of Asian Studies* 79.2, S. 367–402.

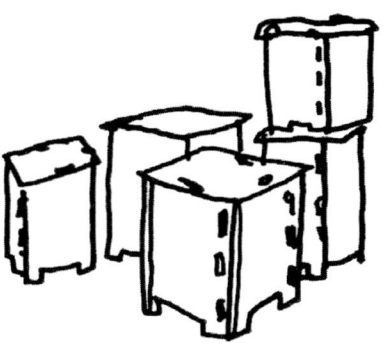

Der Schutz von Lebewesen (*husheng* 護生): Globaler Tierschutz und die Reform buddhistischer Ethik während der Republikzeit (1472-1529)

Matthias Schumann

This article traces the transformation of Buddhist animal ethics during the Republican period by looking at the emergence of a movement for the "protection of life" (*husheng*) in 1930s Shanghai. Centering on the newly founded China Society for the Protection of Animals, many Buddhist-inspired activists combined an established repertoire of animal-related precepts, such as the "release of life" (*fangsheng*), with novel ideas and practices drawn from a global animal protection movement. The article not only illustrates the results of such combinatory processes but also indicates what kind of reform proposals were voiced for specific practices in light of novel discourses of animal protection and welfare.

Einleitung

Die chinesische buddhistische Tradition weist eine weit zurückreichende ethische Auseinandersetzung mit der nicht-menschlichen Umwelt auf, die in der Forschung aus verschiedenen Perspektiven analysiert wurde. Insbesondere die Entwicklung einer spezifisch chinesischen Tradition des buddhistischen Vegetarismus wurde eingehend thematisiert. Dieses spezielle Ernährungsgebot, welches sich im indischen Kontext nicht in vergleichbarer Form findet, etablierte sich früh als eine akzeptierte Norm für KlerikerInnen und die Laienschaft.[1] Der Verzicht auf Fleisch wurde gewöhnlich unter Rückgriff auf prominente Mahāyāna-Sutren gerechtfertigt (manche davon apokryphen Ursprungs), welche die enge Verknüpfung zwischen Mensch und Tier durch Wiedergeburt und Retribution hervorhoben und deren Wirkung oftmals durch anschauliche Berichte verstärkt wurde, welche die negativen Folgen des Tötens und Verzehrs von Tieren zeigen sollten.[2] Buddhistische Texte setzen in diesem Zusam-

---

1 Siehe hierzu Kieschnick 2005. Zur Geschichte des Vegetarismus in China und seinen vielfältigen Zielen und Motivationen siehe auch Broy und Schumann 2024.
2 Ein bekanntes Werk, welches viele Anekdoten enthält, die das Karma am Werk zeigen (*xianbao* 現報), stammt von Jiang Shenxiu 江慎修 (1681–1762) aus der Qing-Zeit. Jennifer Eichman betont in diesem Zusammenhang die enge Beziehung solcher „karmic tales" mit Texten aus der *zhiguai* 志怪-Tradition. Eichman 2016, S. 122.

menhang das Töten von Tieren mit dem von Menschen gleich und bieten somit ein potentielles Gegengewicht zu einer oft als anthropozentrisch kritisierten christlich-jüdischen Ethik.[3] Auch die buddhistische ethische Praxis war jedoch zuvorderst mit der menschlichen Erlösung befasst, diente der Schutz tierlichen Lebens doch – neben der Rettung der Tiere vor dem Messer des Schlachters – dem Streben hin zur Wiedergeburt in einer besseren Existenz.[4] Daraus können sich Widersprüche und Konflikte zwischen der rituellen Praxis und dem Wohl von Tieren ergeben, die sich bis heute fortsetzen und die ich in diesem Artikel anhand der Republikzeit genauer untersuchen möchte.

Die Republikzeit stellt vor diesem Hintergrund einen besonders spannenden Untersuchungszeitraum dar, da während dieser Zeit globale Vorstellungen und Praktiken des Tierschutzes nach China eingeführt wurden,[5] die mit Aspekten der Nachhaltigkeit, wie sie in diesem Band behandelt werden, in Beziehung gesetzt werden können. Tierschutz und Nachhaltigkeit können dabei allerdings nicht gleichgesetzt werden. Wenngleich der Begriff der Nachhaltigkeit insgesamt fragmentiert und unscharf ist,[6] wird er insbesondere in der Politik gewöhnlich auf ein Wirtschaften bezogen, welches ökologisch tragfähig ist und die Möglichkeiten zukünftiger Generationen nicht einschränkt.[7] Die Dimension der ökologischen Tragfähigkeit weist dabei auch einen engen Bezug zum Thema des Tierschutzes auf, verschreiben sich die UN-Ziele für nachhaltige Entwicklung doch auch dem Schutz

---

3   Zu letzterer siehe Chimaira Arbeitskreis 2011, S. 7–13, wo die christliche Sicht auf Tiere in einen breiteren *Anthropologozentrismus* eingeordnet wird, der kennzeichnend für die gesamte europäische Geistestradition sei.
4   Die tierliche Existenz war der menschlichen klar untergeordnet, galt sie doch als Strafe für Fehlverhalten in früheren Leben. Entsprechend kamen und kommen bei buddhistischen Ritualen zum Freilassen von Lebewesen oftmals zahlreiche Tiere um, bevor sie tatsächlich freigelassen werden können, ohne dass dies notwendigerweise als ein Widerspruch empfunden wird (siehe mehr hierzu unten).
5   Siehe hierzu beispielsweise Poon 2019. Der potentielle Widerspruch zwischen rituellen Aspekten und dem Schutz des Lebens von Tieren wurde jedoch auch von Buddhisten früherer Zeiten durchaus wahrgenommen und thematisiert. Der buddhistische Meister Zhuhong 袾宏 (1535–1615) lehnte das Töten von Tieren zwar strikt ab, verteidigte rituelle Instrumente, die aus Tieren gefertigt wurden, jedoch unter Bezugnahme auf die Meriten (*gongde* 功德), welche die Tiere erlangten, wenn ein solches Instrument dem Buddha dargeboten würde. Eichman 2016, S. 133.
6   Siehe hierzu Drewing, Zilles und Janik 2022, S. 12–15.
7   Siehe z. B. Bundesministerium für wirtschaftliche Zusammenarbeit und Entwicklung.

von Ökosystemen und dem Kampf gegen Biodiversitätsverlust.[8] Gleichzeitig spielten Aspekte, die vornehmlich aus dem anthropogenen Klimawandel resultieren, in den Debatten der Republikzeit selbstverständlich keine vordringliche Rolle. In meinem Artikel geht es mir daher weniger um die Nachhaltigkeit im klimapolitischen Sinne als um eine sich zu Beginn des 20. Jahrhunderts entfaltende Diskussion buddhistischer Ethik, die neben Aspekten der Selbstkultivierung und der Erlösung auch den Schutz und das Wohl der Tiere sowie teilweise sogar ökologische Aspekte zu berücksichtigen beginnt. Im Zentrum steht dabei die Entwicklung einer Bewegung zum „Schutz des Lebens" (*husheng* 護生), die insbesondere in den 1930er-Jahren große mediale Aufmerksamkeit erlangte. Der Schutz des Lebens äußerte sich hierbei in zwei eng miteinander verknüpften Formen, die in diesem Artikel Beachtung finden werden: dem Gebot des Nicht-Tötens von Lebewesen (*jiesha* 戒殺) sowie dem rituellen Freilassen von Tieren (*fangsheng* 放生) in gesonderte Gewässer oder Parks, um sie so der menschlichen Nutzung zu entziehen und einen natürlichen Tod sterben zu lassen. Anhand dieser Beispiele möchte ich nicht nur einen Einblick in die buddhistische Ethik und ihre Relevanz für die Thematik der Nachhaltigkeit geben, sondern gleichzeitig zeigen, inwiefern buddhistische Praktiken und Ideen im Lichte global zirkulierender Vorstellungen von Tierwohl und Artgerechtigkeit während der Republikzeit auch selbst hinterfragt und reformiert wurden. Der geographische Fokus meines Artikels wird auf Shanghai liegen, wo sich die erste chinesische Tierschutzgesellschaft konstituierte und wo sich diese Entwicklungen daher in besonderer Deutlichkeit zeigen.

Der Schutz des Lebens während der Republikzeit

Der Begriff des *husheng* lässt sich wörtlich mit „Schutz fühlender Wesen" übersetzen, wobei *sheng* alle Wesen umfasst, die entsprechend ihrer Taten die sechs Pfade der Wiedergeburt beschreiben: *deva* (Götter), *asura* (Halbgötter), Menschen, Tiere, hungrige Geister und Wesen der Hölle.[9] In diesem Zusammenhang wird *sheng* oft mit Buddhas kontrastiert und bezeichnet alle noch nicht erlösten Wesen. In den hier betrachteten Quellen liegt der Fokus des Begriffs jedoch klar auf Menschen und Tieren. Die beiden Schriftzeichen tauchen vereinzelt zusammen im buddhistischen

---

8 United Nations.
9 Chen 2023, S. 3. Zur buddhistischen Klassifikation von Tieren in ihrem Verhältnis zur menschlichen Gemeinschaft (ebenda), Kapitel 1.

Kanon auf,[10] werden aber erst im frühen zwanzigsten Jahrhundert vermehrt in Printmedien aufgegriffen. Dies lässt sich anhand einer Titelsuche in den einschlägigen Datenbanken leicht nachweisen[11] und wirft die Frage nach den Gründen auf. Um dies zu beantworten, ist zunächst ein Blick auf den größeren Kontext hilfreich.

Die Republikzeit war für Buddhisten, wie für Religionsgemeinschaften im Allgemeinen, eine wechselvolle Zeit. Der Buddhismus, und buddhistische Mönche im Speziellen, verkörperten für viele Reformer und Intellektuelle Chinas religiöse Rückständigkeit. Entsprechend sahen sich viele buddhistische Klöster seit dem späten 19. Jahrhundert Versuchen der Zwangsenteignung ausgesetzt und der Buddhismus war eine der Hauptzielscheiben der Anti-Aberglaube-Bewegung, die insbesondere mit dem Einsetzen der Bewegung für eine Neue Kultur ab 1915 an Fahrt aufnahm.[12] Buddhistische InteressenvertreterInnen nahmen diese Entwicklung aber keinesfalls passiv hin, sondern versuchten ihre Religion – unter dem zur damaligen Zeit ebenfalls neu eingeführten Begriff *zongjiao* 宗教 – aktiv zu legitimieren und reformieren. Neben diskursiven Bemühungen, die Modernität des Buddhismus oder seine Nähe zur Wissenschaft zu belegen, gründeten Buddhisten nationale Vereinigungen, um ihren Interessen größere Geltung zu verleihen.[13] Zudem unternahmen buddhistische Meister wie Dharmameister Yinguang (Yinguang fashi 印光法師, 1862–1940) den Versuch, den Glaubensregeln und Gelübden, denen sich buddhistische Mönche, Nonnen und Laien unterwerfen sollen, wieder mehr Geltung zu verschaffen.[14] In Yinguangs vielfältigen Schriften hob er insbesondere die Bedeutung eines einfachen und ethischen Lebensstils hervor, den er selbst vorzuleben versuchte und der den Verzicht auf Fleisch und das Nichttöten von Lebewesen in den Mittelpunkt rückte.

---

10 Siehe beispielsweise *Huming fangsheng guiyi fa*, 0902a17.
11 Siehe beispielsweise die Datenbank „Wan Qing qikan, Minguo shiqi qikan quanwen shujuku 晚清期刊,民國時期期刊全文數據庫" (1833–1949 Chinese periodical full-text database), die über CrossAsia abrufbar ist.
12 Kritik an buddhistischen und daoistischen Mönchen war im späten Kaiserreich weit verbreitet, wie Vincent Goossaert eindrücklich gezeigt hat, und speiste sich aus einem „konfuzianischen Fundamentalismus", der allerdings den Buddhismus und Daoismus als religiöse Systeme nicht in Frage stellte. Dies änderte sich mit dem Aufkommen der Anti-Aberglaube-Bewegung nach 1898, welche Religion insgesamt ablehnte und – oftmals mit Erfolg – die Enteignung buddhistischer Klöster zur Errichtung von Schulen forderte. Goossaert 2006.
13 Diese von ihm als „Kirchenbildung" (*church engineering*) bezeichneten Prozesse wurden ebenfalls von Vincent Goossaert nachgezeichnet. Goossaert 2008.
14 Campo 2017.

Auch die politische und kulturelle Großwetterlage kam den Buddhisten ein Stück weit entgegen, da sich nach dem ersten Weltkrieg bekannterweise bei vielen Intellektuellen die Wahrnehmung durchsetzte, dass der Krieg Ausdruck eines überbordenden Militarismus und Materialismus sei, welcher die Moralität untergrabe, und dem man in China auch mithilfe religiöser Überzeugungen entgegenwirken müsse.[15]

Der Begriff des *husheng*, oder Schutz des Lebens, ermöglichte es nun auf der einen Seite diese innerbuddhistischen Reformbestrebungen aufzugreifen, als auch an globale Legitimationsdiskurse anzuknüpfen, die sich in die eben geschilderte Großwetterlage einfügten. Die Kernelemente von *husheng* umschrieb Dharmameister Yinguang hierbei wie folgt:

> Alle fühlenden Wesen besitzen die Buddha-Natur und alle werden daher zu Buddhas. [Aus diesem Grund] betrachtet der Buddha sie als [zukünftige] Buddhas. […] Wenn man in der Lage ist, daran zu glauben, dass alle fühlenden Wesen der sechs Pfade der Wiedergeburt zukünftige Buddhas sind, muss man sie aktiv dazu anhalten, dass sich diejenigen derselben Art gegenseitig unterstützen. In keiner Weise darf es schlechte Taten wie das miteinander Konkurrieren oder Töten geben. [Stattdessen] muss man in umfangreicher Weise das [Gebot] des Nicht-Tötens und des Schutzes des Lebens gegenüber anderen Spezies zur Anwendung bringen. In keiner Weise darf man die grausame Einstellung haben, andere zu essen, nur um selbst einen Vorteil zu erlangen. Der Grund, weshalb sich Menschen dazu herablassen, ganze Städte voller Menschen zu töten, so dass [ihre Leichen] Städte und Felder bedecken,[16] nur um miteinander zu konkurrieren oder andere [Spezies] töten, in der Hoffnung, den eigenen Appetit zu befriedigen, liegt in der Unkenntnis der Menschen, dass sie, genau wie alle anderen fühlenden Wesen, zukünftige Buddhas sind.
>
> 一切眾生，皆有佛性，皆當作佛。佛視一切眾生皆是佛 […] 能信一切六道眾生是未成之佛，必定要極力勸導，互相維持於同類，決無相爭相殺之之惡作。必定要戒殺護生，大設方便於異類，決無食彼益我之慘心。人由不知自己，與一切眾生，皆是未成之佛，故不惜殺人盈城盈野以相爭，與殺彼之身，以期悅我之口腹也。[17]

Hier werden zentrale Elemente des Mahāyāna-Buddhismus aufgegriffen, darunter die Vorstellung, dass selbst Tiere die Buddha-Natur besitzen und so in der Zukunft Buddhas werden könnten, die im Endeffekt dazu beitrugen, dass sich in China – im Gegensatz zu vielen anderen buddhistisch geprägten Ländern – der Vegetarismus als

---

15 Schumann 2018.
16 Ein Zitat aus dem *Mengzi* 孟子, Kapitel „Lilou shang" (離婁上).
17 Yinguang fashi 2015, S. 130–131.

identitätsstiftendes Merkmal der monastischen Gemeinde durchsetzen konnte. Ebenso werden diese Elemente angeführt, um das Verbot des Tötens und somit den Schutz des Lebens zu begründen und hierdurch die negativen sozialen und religiösen Folgen des Tötens zu vermeiden.

Während der Republikzeit sehen wir nun, wie *husheng*, oder der Schutz des Lebens, zu einem neuen Bewegungsbegriff wird. Entscheidend für den Einfluss, den der Schutz des Lebens in diesem Zusammenhang entfalten konnte, war die große und vitale Laienanhängerschaft, die Yinguang und andere buddhistische Meister besaßen und die seit den 1920er Jahren durch gesellschaftliches Engagement vermehrt versuchte, den sozialen Wert des Buddhismus unter Beweis zu stellen. Hierzu nutzten sie alle technischen und publizistischen Möglichkeiten, die insbesondere im Shanghai der damaligen Zeit zur Verfügung standen. So gründeten Laienbuddhisten im Jahre 1932 eine Zeitschrift für den Schutz des Lebens, die *Husheng bao* 護生報.[18] Es entstanden Schulschreibwettbewerbe,[19] Vortragswettbewerbe[20] und sogar ein „Lied für den Schutz des Lebens" (*Husheng ge* 護生歌).[21] Typisch für die große Bedeutung des Vereinswesens während der Republikzeit bildeten sich auch einige Gesellschaften zum Schutz des Lebens in verschiedenen Regionen Chinas.[22] Einer der prominentesten Ausdrücke dieser „Bewegung zum Schutz des Lebens", oder *husheng yundong* 護生運動, war jedoch ein visueller. Im Jahre 1928 veröffentlichte der bekannte Laienbuddhist und Künstler Feng Zikai 豐子愷 (1898–1975), einer der Wegbereiter des modernen chinesischen Comics, eine Sammlung von Bildern zum Thema unter dem Titel *Husheng huaji* 護生畫集 (Eine Sammlung von Zeichnungen über den Schutz des Lebens), die im Zusammenspiel mit Gedichten seines Meisters Hongyi 弘一 (1880–1942), der sich ebenso wie Yinguang für die Einhaltung disziplinärer Regeln einsetzte, die Verbundenheit aller Lebewesen und den Wert relevanter Praktiken wie des Freilassens von Lebewesen propagierte.[23] Diese Bilder genießen im ostasiatischen Raum bis heute eine große Popularität und trugen in erheblichem Maße zur Popularisierung der Idee des *husheng* bei.

---

18 Poon 2021.
19 Weng 1936.
20 „Husheng yanshuo jingsai dejiang zhi qian san ming" 1937.
21 „Husheng ge", 1935.
22 „Taixing xian Foci husheng hui" 1933.
23 Barmé 2002, S. 179–190.

Die frühe Tierschutzbewegung in China

Ab den späten 1920er Jahren läuft die Bewegung zum Schutz des Lebens mit einem zunehmenden Interesse an einer globalen Tierschutzbewegung zusammen, die in Europa zu Beginn des 19. Jahrhunderts ihren Anfang nahm und auch in China auf große Resonanz stieß. Entscheidend hierfür war insbesondere die bekannte Dichterin, Schriftstellerin, Journalistin und Laien-Buddhistin Lü Bicheng 呂碧城 (1883–1943), die seit den späten 1920er Jahren in Europa lebte und von dort aus begann, in verschiedenen chinesischen Zeitschriften die Ideen und Aktivitäten europäischer Tierschutzgesellschaften einem chinesischen Publikum vorzustellen.[24] Das Interesse, welches diese Presseberichte in China weckten, traf auf aufkeimende Tierschutzbestrebungen chinesischer Laienbuddhisten in Shanghai und führte schließlich zur Gründung der ersten von chinesischer Seite initiierten Tierschutzgesellschaft, der Zhongguo baohu dongwu hui 中國保護動物會 (China Society for the Protection of Animals, in der Folge CSPA), im Jahre 1934.

In dieser Gesellschaft flossen viele der bereits obig erwähnten Aspekte zusammen. Im Lichte des Rechtfertigungsdrucks, dem sich viele Religionsgemeinschaften ausgesetzt sahen (aber natürlich auch als Ausdruck eigener ethischer Positionen), wurden in der Republikzeit viele wohltätige Gesellschaften gegründet, die sich aus einem aktiven Laientum speisten und u.a. für Katastrophen- und Armenhilfe einsetzten.[25] Der Tierschutz erschien hier als ein weiteres gesellschaftliches Problem, dem sich der Buddhismus zuwenden konnte. Begründet wurde ein solches Engagement mit der weithin geteilten Rede vom Verfall der Sitten innerhalb der Gesellschaft. Mit einer solchen Argumentation ließ sich auch trefflich an die politischen Kampagnen der Guomindang 國民黨 (Nationale Volkspartei Chinas) zur „Zivilisierung" der BürgerInnen anknüpfen, wie ich in einem Artikel zu dem Thema versucht habe zu zeigen.[26] Es gab aber auch zahlreiche persönliche Verknüpfungen zu Dharmameister Yinguang und anderen buddhistischen Meistern, die bei der Entscheidung, sich dem Umgang mit Tieren zu widmen, eine Rolle gespielt haben mögen. All dies führte dazu, dass sich im Jahre 1933 schließlich eine Gruppe bekannter Laien-Buddhisten um den Geschäftsmann und Künstler Wang Yiting 王一亭 (1867–1938), dem früheren Beamten und Verleger Huang Qinglan 黃慶瀾

---

24 Zu Lü und ihrem Interesse am Tierschutz siehe beispielsweise Lai 2010.
25 Jessup 2016a.
26 Schumann 2021.

(1875–1961; Großjährigkeitsname 涵之 Hanzhi) sowie dem Politiker Ye Gongchuo 棄恭綽 (1881–1968) zusammen fanden, um die Gründung einer chinesischen Tierschutzorganisation vorzubereiten, die schließlich am 25. Februar des folgenden Jahres mit der Öffentlichkeit offiziell gefeiert werden konnte.[27] In ihren Statuten verschrieb sich die Gesellschaft der Aufgabe, „die [dem Menschen] inhärente Moral zu entwickeln, dem grausamen Töten durch Menschen Einhalt zu gebieten und den Schutz des Lebens von Tieren zu verwirklichen" (發揚固有道德、制止人類殘殺之行為、及實現保護動物之生命).[28] Hier zeigt sich bereits eine wichtige Besonderheit der chinesischen Tierschutzbewegung, die ich in der nächsten Sektion ausführlicher behandeln werde: Neben der grausamen Behandlung von Tieren setzte sie sich gegen das Töten von Tieren im Allgemeinen ein. Entsprechend hatte die bereits erwähnte Lü Bicheng 1929 auf einem Tierschutzkongress in Wien – gegen den Widerspruch einiger Teilnehmender – eine globale Bewegung gegen das Schlachten von Tieren ausgerufen.[29] Die CSPA nahm diesen Ruf auf, indem sie sich explizit als Teil einer „Bewegung zum Schutz des Lebens" (*husheng yundong*) verstand.[30]

Der Welttierschutztag in China: Zwischen Tötungsverbot und dem Kampf gegen Grausamkeit

Die sicher öffentlichkeitswirksamste Methode, mit der die Gesellschaft die Idee vom Schutz des Lebens in die Öffentlichkeit trug, war die Einführung des Welttierschutztages in China. Der Welttierschutztag geht auf eine Initiative des deutschen Schriftstellers Heinrich Zimmermann (1887?–1942) aus dem Jahre 1924 zurück, die jedoch zunächst in Europa keinen allzu großen Anklang fand. Der Tag sollte auf das Leid der Tiere aufmerksam machen und wurde auf den 4. Oktober gelegt, den Namenstag von Franz von Assisi (1182–1226), dem Schutzpatron der Tiere in der christlichen Tradition. In China stieß dieser Feiertag auf reges Interesse, nachdem ihn Lü Bicheng einer breiteren Öffentlichkeit vorstellte und dabei betonte, dass er von einer Vielzahl von internationalen Tierschutzorganisationen im Oktober begangen

---

27 *Shenbao* 1934a.
28 *Shenbao* 1934b.
29 Schumann 2024.
30 *Shenbao* 1934c.

würde.³¹ Für die CSPA stellte der Tag eine willkommene Gelegenheit dar, auf das Anliegen des Tierschutzes aufmerksam zu machen, wobei sie den Feiertag in ganz eigener Weise interpretierte, indem sie ihn in ihre Bewegung zum Schutz des Lebens integrierte.

Ein zentraler Bestandteil des Schutzes des Lebens, wie ihn Meister Yinguang weiter oben ausführte, bestand in dem Gebot, nicht zu töten (*jiesha*). Das Gebot, keine Tiere – oder generell keine Lebewesen – zu töten, richtete sich sowohl an ordinierte Mönche und Nonnen wie an die Laienschaft. Zusätzliche Relevanz erlangte dieses Gebot durch die weite Verbreitung, die es insbesondere durch die populären „Moralbücher" (*shanshu* 善書) in der späten Kaiserzeit erfahren hatte. Als Teil eines hybriden Diskurses, der Elemente und Argumente aus dem Buddhismus, aber auch dem Konfuzianismus und dem Daoismus miteinander verbindet, wird das Töten zum Vergnügen oder für den Verzehr in vielen dieser Werke abgelehnt. Auch wird in diesem Zusammenhang oft die Ähnlichkeit und enge Verbundenheit zwischen Mensch und Tier hervorgehoben.³² Sowohl im Genre der Moralbücher wie auch in buddhistischen Texten war das Gebot, nicht zu töten, eng mit dem Thema des Fleischverzichts verknüpft, wobei es bei letzterem wichtige Unterschiede gab. Eine dauerhafte vegetarische Ernährung war stark mit dem Buddhismus³³ (oder mit bestimmten anderen religiösen Traditionen) assoziiert und konnte aufgrund der wichtigen sozialen Funktion des Fleischverzehrs wie auch von Fleischopfern sogar zur gesellschaftlichen Ausgrenzung führen. Eine solche Ernährung blieb daher stets auf eine Minderheit begrenzt, wenngleich der Vegetarismus während der Republikzeit auch im Lichte biomedizinischer Diskurse legitimiert wurde, wodurch er für neue soziale Schichten attraktiv wurde.³⁴ Gesamtgesellschaftlich war stattdessen von größerer Bedeutung, dass der temporäre Fleischverzicht (meist als *zhai* 齋, „Abstinenz", bezeichnet) aus rituellen Gründen (beispielsweise während der Trauer

---

31 Lü 1932, S. 2–3; Poon 2019, S. 100.
32 Goossaert 2019.
33 Neben Fleisch gab es auch buddhistische Gebote gegen andere Lebensmittel wie beispielsweise die „fünf stark riechenden Pflanzen" (*wuxin* 五辛 oder *wuhun* 五葷). Die spezifische Zusammensetzung dieser Pflanzen variierte, umfasste aber gewöhnlich Zwiebeln, Knoblauch und Lauch. Broy und Schumann 2024, S. 174.
34 Für eine Darstellung dieser neuen Diskurse, siehe Leung 2019, die allerdings zurecht darauf hinweist, dass zur selben Zeit auch der Fleischkonsum auf Grundlage wissenschaftlicher Argumente propagiert wurde. Auch in buddhistischen Zeitschriften dieser Zeit finden sich viele Verweise auf biomedizinische Diskurse, wie Lianghao Lu herausgearbeitet hat. Siehe Lu 2021.

oder um Katastrophen wie Dürren zu begegnen) weit verbreitet war.[35] Dadurch besaß der Fleischverzicht sicher eine größere Akzeptanz unter den chinesischen Eliten als zu vergleichbaren Zeiten in Europa. Für die gewöhnliche Bevölkerung war Fleisch ohnehin eine seltene Ausnahme.

Die Bezugnahme auf diese Gebote und Praktiken im Zuge ihrer Bewegung zum Schutz des Lebens ermöglichten es der CSPA, dem Welttierschutztag eine eigenständige Konnotation zu geben und diese neue Institution für den chinesischen Kontext verständlich zu machen. Neben dem Abhalten vielfältiger Propagandaveranstaltungen, wie sie auch in Europa durchgeführt wurden, war daher ihr zentrales Anliegen, an diesem Tage das Schlachten von Tieren zu verhindern. In einem Schreiben vom 30. September 1934 an die Behörden der Französischen Konzession und des Shanghai Municipal Council, dem städtischen Verwaltungsgremium der multinationalen ausländischen Gemeinde Shanghais, heißt es entsprechend:

> In Anbetracht der Tatsache, dass der 4. Oktober der Welttierschutztag ist, hat diese Gesellschaft beschlossen, am Nachmittag dieses Tages in der städtischen Handelskammer eine große Propagandaversammlung abzuhalten, um die Bewegung zum Schutz des Lebens voranzutreiben. Zudem hat sie eine Petition an die Stadtregierung gerichtet, auf dass sie das Gesundheitsbüro anweist, das Schlachten innerhalb der Stadt an diesem Tag zu verbieten.
>
> 查十月四日為世界動物節、本會爲提倡護生運動起見、定於是日下午一時、假座市商會、舉行擴大宣傳大會、並已請准上海市政府、令行衛生局通飭本市區內肉商友各宰作、於是日禁屠一天.[36]

Im folgenden Jahr stellte die CSPA eine vergleichbare Forderung an die Nationalistische Zentralregierung, wobei sie ausführte, dass „wenn man Frieden auf der Welt verwirklichen wolle, es ratsam wäre, das Töten auszumerzen und über Grausamkeit zu triumphieren in der Hoffnung, die kalpischen Katastrophen auszumerzen" (欲求世界和平之實現,莫若去殺勝殘,以翼[37]潛消浩劫).[38] Mit dieser Forderung knüpfte die Gesellschaft auch an eine politische Tradition an, nach der zu bestimmten Zwecken das Schlachten von Tieren untersagt werden konnte. So verbot der chinesische Staat während der Kaiserzeit das Schlachten (*jintu* 禁屠) beispielsweise

---

35 Für einen kurzen Überblick solcher Praktiken und ihren sich ändernden Stellenwert seit dem frühen 20. Jahrhundert siehe Goossaert und Palmer 2011, S. 281–286.
36 *Shenbao* 1934f.
37 Vermutlich ein fälschliches Zeichen anstelle von 冀.
38 „Baohu dongwu shixiang" 1935.

als Ausdruck der Aufrichtigkeit während der Ausrichtung von Regenritualen.[39] Sofern sich keine Besserung einstellte, konnten auch die Märkte geschlossen werden. Unter dem sich ausweitenden Einfluss des Buddhismus verboten die Kaiser der Tang-Dynastie (618–907) das Schlachten von Tieren auch an bestimmten Tagen im Monat. Diese Praktiken wurden in späteren Zeiten fortgesetzt und waren eng mit der temporären Abstinenz vom Fleischkonsum verknüpft. Diese politische Tradition trug sicher dazu bei, dass die Zentralregierung in Nanjing sich dazu entschloss, den Feiertag zu unterstützen. Entsprechend wurde in den Jahren 1935 und 1936 am 4. Oktober das Schlachten im ganzen Land verboten. Die Verknüpfung von Schlachtverbot und Tierschutztag wurde dabei auch durch die Tatsache erleichtert, dass Lü Bicheng bei der Vorstellung des Tages in den Medien – vermutlich wider besseres Wissen – behauptete, dass sich Tierschutzorganisationen in allen „zivilisierten" Ländern dafür einsetzten, dem Schlachten ein Ende zu bereiten.[40]

Mit ihrer Interpretation des Welttierschutztags setzte sich die CSPA merklich von europäischen Tierschutzdiskursen ab, die zuvorderst Grausamkeit gegenüber Tieren ablehnten, dem Töten und dem Verzehr von Tieren in der Mehrzahl aber nicht kritisch gegenüberstanden.[41] Gleichzeitig bewegten sich chinesische Tierschutzaktivisten – auch je nach Publikum – jedoch immer auf einem Kontinuum zwischen der Forderung des völligen Fleischverzichts und dem Kampf gegen Grausamkeit gegenüber Tieren. Gerade an dem komplexen Wechselspiel beider Pole lässt sich trefflich ablesen, wie chinesische AktivistInnen ihr Verhältnis zu globalen Tierschutzdiskursen austarierten und Gebote wie das Tötungsverbot vor diesem Hintergrund auch neue Konnotationen gewannen. Beispielhaft möchte ich hier noch einmal auf den Vortrag Lü Bichengs in Wien im Jahre 1929 verweisen. In diesem stellte sie eine Verbindung zwischen der Unterdrückung und dem Töten von Tieren und allgemeinen sozialdarwinistischen Tendenzen her. Dies war eine Position, die insbesondere nach dem 1. Weltkrieg auf große Zustimmung traf und ebenfalls an internationale Tierschutzdiskurse anknüpfungsfähig war. Tatsächlich verglich Lü das Leid der Tiere mit dem der amerikanischen Sklaven vor dem Bürgerkrieg und stellte den Tierschutz somit als Teil eines weltweiten Fortschritts hin zu einer friedlichen Koexistenz nicht nur innerhalb einer sondern zwischen allen Spezies dar.[42] Mit anderen Worten: Wer auf den

---

39 Zu solchen Regenritualen während der späten Kaiserzeit siehe Snyder-Reinke 2009.
40 Poon 2019, S. 99–103.
41 Schumann 2024.
42 Lü Bicheng 1932.

Verzehr von Tieren verzichtete, fand sich also auf der richtigen Seite des zivilisatorischen Fortschritts wieder. Ähnliche Argumente wurden auch von der CSPA formuliert. Das Töten von Tieren wurde hier gleichfalls als Ausdruck des Sozialdarwinismus präsentiert, wohingegen der Tierschutz ein global akzeptiertes Zeichen von Zivilisiertheit wäre und daher folgerichtig von allen modernen Nationen anerkannt würde.[43] Die Verknüpfung zwischen der Grausamkeit gegenüber Tieren und ihrem Schlachten und einer friedlichen Weltordnung war dabei nicht ohne Vorläufer. Vincent Goossaert weist darauf hin, dass in Moralbüchern der späten Kaiserzeit zunehmend eine Verbindung zwischen der grausamen Behandlung von Tieren und dem drohenden Ende der Welt hergestellt wird. In diesen Diskursen wird argumentiert, dass das negative *qi* 氣, welches durch das Töten entstünde, zum Himmel aufsteige, wodurch es das kosmische Gleichgewicht stören oder eine Strafe der Götter heraufbeschwören würde.[44] In den Quellen der CSPA finden sich vergleichbare Positionen, die dem Töten eine kollektive Wirkung zuschreiben. Würde das Töten von Tieren und ihre grausame Behandlung nicht beendet, werde die Ordnung der Gesellschaft und der Welt untergraben, mit drastischen Konsequenzen wie der obige Verweis auf „kalpische Katastrophen" schon andeutet.

Gleichzeitig finden sich aber auch neue Argumente. Die Grausamkeit gegenüber Tieren und deren Tötung wurde als maßgeblicher Faktor einer verrohenden Gesellschaft angesehen, die nicht nur die Moral, sondern auch die Wirtschaft, die Gesundheit und letztlich die Stärke der chinesischen Nation untergrabe.[45] So diente das Verbot des Schlachtens nicht mehr nur rituellen Zwecken oder der individuellen Erlösung,[46] sondern dem Kampf gegen die grausame Behandlung von Tieren und der Schaffung einer starken Nation sowie einer zivilisierten Gesellschaft. Solche Positionen waren mit der Überzeugung europäischer Tierschutzaktivisten, dass Grausamkeit gegenüber Tieren einen negativen Einfluss auf den menschlichen Charakter habe, durchaus kompatibel. Viele Mitglieder europäischer Tierschutzorganisationen wie der Royal Society for the Prevention of Cruelty to Animals erkannten in der Gewalt gegenüber Tieren eines von vielen gesellschaftlichen Übeln, neben dem Alkoholismus oder dem Glücksspiel, die beseitigt werden müssten.[47] Als Teil ihrer Bewegung unternahmen chinesische AktivistInnen ganz ähnliche

---

43 „Zhongguo baohu dongwuhui guanyu zhengqiu huiyuan de han he zhangcheng" 1933.
44 Goossaert 2019, S. 185–190.
45 „Zhongguo baohu dongwuhui guanyu zhengqiu huiyuan de han he zhangcheng" 1933.
46 Rituale zur Herbeiführung von Regen fanden auch während der Republikzeit noch statt.
47 Für einen Überblick über die Aktivitäten der Royal Society siehe Ritvo 1987, S. 125–166.

Bemühungen. Es passt daher ins Bild, dass die Tierschutzgesellschaft Chinas durch Petitionen an die Polizei und die Stadtregierung als besonders grausam geltende Methoden der Tötung von Tieren zu verhindern suchte und dabei eine ganz ähnliche Vorgehensweise wählte wie die Royal Society for the Prevention of Cruelty to Animals.[48] Während des Tierschutztages wurden zudem Tausende von Postern in Shanghai verteilt und öffentliche Reden gehalten, die auf diesen schlechten Einfluss hinwiesen, insbesondere bei Kindern. Dies sollte zu einer grundlegenden moralischen Reform der chinesischen Gesellschaft beitragen, die in ähnlicher Form von vielen Stimmen gefordert wurde. Die Betonung der gesellschaftlichen Relevanz der menschlichen Behandlung von Tieren war auch ein wichtiger Faktor für die politische Unterstützung, welche die CSPA erfuhr.[49]

Die Verknüpfung dieser verschiedenen Positionen und konzeptionellen Register trug sicher dazu bei, die Bewegung zum Schutz des Lebens einem breiten Publikum verständlich zu machen. Der Fokus auf Grausamkeit war jedoch ein zweischneidiges Schwert. Eine Verquickung mit Fragen der gesellschaftlichen Reform lenkte das Augenmerk weg vom Wohl der Tiere und hin zu ihrer Bedeutung für den Menschen. Insofern ermöglichte sie auch einen ganz anderen Blick auf den Schutz des Lebens. Der bereits erwähnte Feng Zikai argumentierte beispielsweise, dass der Schutz des Lebens gar nicht mit Tieren befasst sei, sondern stattdessen mit der moralischen Gesundheit von Menschen oder was er den „Schutz des Herzens" (huxin 護心) nannte. Das grausame Töten von Tieren und Pflanzen nähre „eine grausame Einstellung" (canrenxin 殘忍心), die letztendlich in Grausamkeit gegenüber anderen Menschen münden könne. Aus diesem Grunde ziele der Schutz des Lebens tatsächlich auf den Schutz menschlichen und nicht tierischen oder pflanzlichen Lebens ab.[50] Dies zeigt, dass Feng Zikai den Terminus sheng als hauptsächlich auf den Menschen bezogen las. Wie eingangs erwähnt, nimmt der Mensch innerhalb der buddhistischen Kosmologie tatsächlich eine prominente Rolle ein. Bei Feng legt diese Interpretation aber auch eine Auseinandersetzung mit europäischen Positionen nahe. Unter Bezugnahme auf George Bernard Shaw (1856–1950) argumentierte Feng daher, dass der Schutz des Lebens nicht notwendigerweise mit Vegetarismus einhergehen müsse, sofern das Tier einen schmerzfreien Tod erfahren habe.[51] Hier ist es aber auch wichtig

---

48 Jessup 2016b.
49 Schumann 2021.
50 Kangle ji wenhua shiwushu 2012, S. 14.
51 Kangle ji wenhua shiwushu 2012, S. 15.

zu betonen, dass Feng Zikais Argumentation in ihrer Unverblümtheit eher eine Ausnahme darstellte, und die Forderung nach einem Verzicht auf Fleischverzehr und die Abschaffung des Schlachtens von Tieren stets als ein prominentes Ideal innerhalb der chinesischen Bewegung zum Schutz des Lebens formuliert wurde.

Obwohl die chinesischen TierschutzaktivistInnen an gesellschaftliche Diskurse anknüpften, die in ähnlicher Form auch in Europa kursierten, zeigt das Beispiel des Tierschutztages in China daher auch das Potential einer buddhistisch inspirierten Bewegung, eine radikalere und weitreichendere Auslegung von Tierschutz in die Gesellschaft zu tragen. Der „Schutz des Lebens", wie ihn Dharmameister Yinguang andeutete, geht von einer potentiellen Gleichheit aller Lebewesen aus, wie sie in der Vorstellung der geteilten Buddha-Natur mitschwingt, und hat so das Potential, die anthropozentrische Perspektive, die in globalen Debatten zum Tierschutz zumindest zur damaligen Zeit noch stark verankert war, abzuschwächen. Wenngleich Shuk-wah Poon zurecht anführt, dass es in der alltäglichen Arbeit der CSPA mit dieser Gleichheit nicht immer weit her war und gewöhnlich nur kulturell relevante Tiere wie Rinder oder Vögel im Mittelpunkt ihrer Bemühungen standen,[52] stellt die landesweite Umsetzung des Schlachtverbots sicher einen beachtlichen Erfolg für die AktivistInnen dar.

Die Frage, wie nachhaltig dieser Erfolg nun war, kann man aus unterschiedlichen Perspektiven beantworten. Wenn es um die Frage geht, wie vielen Tieren tatsächlich durch dieses Schlachtverbot das Leben gerettet wurde, so liefern Archivmaterialien des Shanghai Municipal Council eher ernüchternde Einblicke. Als das Council im September 1934 die Bitte erreichte, das Schlachten im Gebiet des International Settlement am 4. Oktober zu untersagen, war das Echo sehr zurückhaltend. Offiziell zog man sich auf die Position zurück, dass man keine Befugnis habe, den Schlachtern ihr Handwerk zu untersagen. Inoffiziell zweifelte der Commissioner of Public Health die Sinnhaftigkeit – oder wollen wir sagen: die Nachhaltigkeit – des Unterfangens an, da seiner Meinung nach lediglich auf Tiere zurückgegriffen werden würde, die bereits am 3. Oktober geschlachtet wurden, um den Fleischbedarf am Feiertag zu decken. Und tatsächlich holte man Berichte ein, die besagten, dass Fleisch von am Vortag geschlachteten Tieren verkauft wurde. Zudem sei der Schlachtbetrieb im Konzessionsgebiet wie gewöhnlich vonstattengegangen und auch in den chinesischen Bezirken habe im Geheimen „pork business" in beträchtlichem Umfang

---

52 Das Töten von Schweinen wurde entsprechend nur während des Tierschutztages thematisiert. Poon 2019, S. 103–107.

stattgefunden. Entsprechend kritisch fiel das Urteil von Seiten des Councils aus. Gemäß der damals im europäischen Kontext verbreiteten Auslegung von Tierschutz und Tierwohl sprachen sich die Behörden des Settlement für einen verstärkten Kampf gegen Grausamkeit aus und sahen die Bestrebungen gegen das Töten von Tieren als wenig zielführend an.[53] Im folgenden Jahr wurde jedoch ohne weitere Diskussion ein Rundschreiben herausgegeben, in dem alle Schlachter gebeten wurden, die Arbeit an besagtem Tag einzustellen, und im Jahre 1936 wurde sogar darauf hingewiesen, dass am Nachmittag des Vortages keine geschlachteten Tiere abgenommen werden würden, womit vorgezogene Schlachtungen offensichtlich verhindert werden sollten.[54]

Die Anzahl der Tiere, die durch den Tag ihr Leben behalten durften, dürfte sich also insbesondere im ersten Jahr in Grenzen gehalten haben. Das Ziel, die Öffentlichkeit in China auf das Anliegen des Tierschutzes und die Bedeutung des Fleischverzichts für eben jenen hinzuweisen, scheint die CSPA, wenn man den Umfang der medialen Berichterstattung betrachtet, allerdings eindrücklich erreicht zu haben. Dies zeigen neben der Unterstützung lokaler und nationaler Behörden auch die rege Beteiligung der Stadtbevölkerung und politischer Vertreter an den Veranstaltungen des Tages.

Das Freilassen von Lebewesen: Stockende Reformversuche

Die zweite prominente Praxis, mithilfe derer chinesische Aktivisten den Schutz des Lebens in die Tat umsetzen wollten, war das rituelle Freilassen von Lebewesen (*fangsheng*), welches gewöhnlich auf das *Sutra von Brahma's Netz* (*Fanwang jing* 梵網經; T. 24, no. 1484) zurückgeführt wird, ein apokryphes chinesisches Sutra aus dem fünften Jahrhundert. Darin heißt es:

> Schüler des Buddha! Da ihr ein mitfühlendes Herz habt, solltet ihr das Freilassen von Lebewesen praktizieren. Alle männlichen Wesen sind unsere Väter, alle weiblichen unsere Mütter. Durch unsere unablässigen Wiedergeburten haben wir von einem jeden von ihnen unser Leben erhalten. Aus diesem Grunde sind alle Wesen auf den sechs Pfaden [der Wiedergeburt] unsere Eltern. Und wenn wir sie töten und essen, so töten wir unsere Eltern und somit auch uns selbst. Die ganze Erde und alles Wasser sind unser vorheriger Körper. Alles Feuer und

---

53 Shanghai Municipal Archives 1934–1936, 002–0022.
54 Shanghai Municipal Archives 1934–1936, 0027–0032.

jedweder Wind sind unsere Essenz. Aus diesem Grunde sollte man stets das
Freilassen von Lebewesen praktizieren.

若佛子！以慈心故行放生業，一切男子是我父、一切女人是我母，我生生
無不從之受生，故六道眾生皆是我父母。而殺而食者，即殺我父母，亦殺
我故身。一切地水是我先身，一切火風是我本體，故常行放生。[55]

Die Schrift enthält eine Zusammenstellung sogenannter Bodhisattva-Gebote, die – obwohl formal nicht bindend – wichtige Leitlinien für die buddhistische Praxis wurden.[56] Entsprechend wurde auch das darin erwähnte Freilassen von Lebewesen eine angesehene und weit verbreitete rituelle Praxis, um religiöse Meriten zu sammeln und die eigene Erleuchtung zu befördern. Beginnend mit der Song-Dynastie (960–1279) ließen Mönche und Herrscher Fische und andere Tiere in großen Zeremonien frei, um so gutes Karma zu generieren. Ähnlich wie das Tötungsgebot wurde auch das Freilassen von Lebewesen schließlich eine gut Tat, die nicht mehr exklusiv auf einen buddhistischen Kontext beschränkt war. Stattdessen begannen Mitglieder der sozialen Elite während der späten Ming (1368–1644) spezielle Gesellschaften für das Freilassen von Lebewesen (*fangshenghui* 放生會) zu gründen, die keiner spezifisch buddhistischen Rechtfertigung mehr bedurften.[57] Wenngleich die Praxis eng mit buddhistischen Klöstern verknüpft blieb, war sie dadurch anschlussfähig an breitere Gesellschaftskreise.

Während die diskursiven Rechtfertigungen relativ gut erforscht sind, wissen wir über die praktischen Aspekte historischer Zeremonien zum Freilassen von Lebewesen insbesondere während der späten Kaiser- und der Republikzeit relativ wenig. Kedao Tong hat in einer kürzlich erschienen Studie versucht, Abhilfe zu leisten, indem er die ökonomische und finanzielle Organisation der Zeremonien von der späten Ming bis zum frühen 20. Jahrhundert untersucht hat. Denn richtigerweise weist er darauf hin, dass es sich hierbei um ein „communal merit-making event" handelte, „[which] required the investment of a good deal of natural, labor, and capital resources.".[58] Ein wichtiger Posten bestand aus den Tieren selbst, die gekauft und eventuell versorgt werden mussten. Parkanlagen, in denen Landtiere dauerhaft versorgt werden mussten, waren deutlich kostenintensiver als das Freilassen von Fischen oder Krebsen in Flüssen und Seen, in denen die Fischerei gewöhnlich untersagt war, was

---

55 *Fanwang jing*, p1006b09–p1006b13.
56 Heirman 2019.
57 Smith 2009, S. 15–42; Eichman 2016, S. 118–129.
58 Tong 2023, S. 233.

dementsprechend auch bis heute die häufigste praktische Umsetzung der Zeremonie darstellt. Um dauerhafte Strukturen unterhalten zu können, strebten die Gesellschaften, die sich dem Freilassen von Lebewesen verschrieben, nach der Etablierung steter Einnahmequellen. Neben Mitgliedsbeiträgen erwähnt Tong, dass seit der späten Ming spezielle Felder existierten, deren Ernteerlöse für die Durchführung regelmäßiger Zeremonien genutzt werden konnten. Im frühen 20. Jahrhundert traten zudem komplexere finanzielle Instrumente wie Stiftungsvermögen oder Fonds (*jijin* 基金) hinzu, deren Erträge ebenfalls zur Finanzierung der Kosten herangezogen werden konnten.[59]

Entsprechend ihrer zunehmend aktiven Rolle innerhalb der buddhistischen Gemeinschaft wurden solche Zeremonien im Shanghai der Republikzeit vielfach von Laiengemeinschaften durchgeführt, die von Mönchen und Klöstern in der Planung, Rechtfertigung und Durchführung unterstützt wurden. Eine Organisation, die in diesem Bereich während der 20er und 30er Jahre sehr aktiv war, war der Globalbuddhistische Laienhain[60] (Shijie Fojiao jushilin 世界佛教居士林), der sich der Verbreitung des Buddhismus innerhalb der Gesellschaft verschrieb und hierfür Studienaktivitäten, Vorträge aber auch zahlreiche wohltätige Tätigkeiten wie Katastrophenhilfe durchführte.[61] Neben diesen Tätigkeiten errichtete der Laienhain eine Gesellschaft zum Freilassen von Lebewesen, die sich aus Spenden finanzierte und (zusätzlich zu buddhistischen Feiertagen wie den Geburtstagen bestimmter Buddhas) regelmäßig Zeremonien durchführte. Auch die CSPA setzte es sich zum Ziel, Parkanlagen und Teiche anzulegen, in denen Tiere freigelassen werden konnten, die anderweitig geschlachtet worden wären. Zu diesem Zweck wurde eigens eine

---

59 Tong 2023, S. 242–249.

60 Der Begriff *jushi*, der im Englischen meist mit „householder" übersetzt wird, hat mehrere Bedeutungsebenen, auch da er bereits vor der Einführung des Buddhismus im Gebrauch war. Im buddhistischen Kontext wurde er gewöhnlich nur für Laienbuddhisten mit einem gewissen sozialen und religiösen Status verwandt; er bezeichnet also nicht notwendigerweise alle Laien. Jessup 2010, S. 9–10. Im Namen der Organisation soll er sicher der Hoffnung Ausdruck verleihen, welche diese in die Qualität ihrer Mitglieder setzte.

61 Der Laienhain wurde 1922 gegründet und ging aus einer ähnlichen Vorgängerorganisation hervor. Jessup 2010, Kapitel 1.

Abteilung für das Freilassen von Tieren eingerichtet, die solche Aktivitäten koordinieren sollte.⁶²

Abbildung 1: Rinder in einem Park für freigelassene Tiere in Shanghai (Shanghai Dachang Baohua si fangshengyuan fangniu chang), 1935.

Trotz der zunehmenden Zahl an Quellen, die wir für die Republikzeit besitzen, wissen wir auch für diese Zeit relativ wenig über die praktische Dimension solcher Zeremonien und noch weniger über Wohl und Leid der beteiligten Tiere. Gerade im Lichte der obig erwähnten Tierschutzdiskurse sind diese Aspekte aber von besonderer Bedeutung. Quantitativ immerhin lässt sich das Ausmaß dieser Zeremonien erahnen, publizierte der Laienhain in seiner eigenen Zeitschrift doch regelmäßige Berichte über die freigelassenen Tiere. Von Ende Oktober 1924 bis Ende Januar 1925 umfassten diese z. B. acht Rinder, 336 Pfund Karpfen, 433 Pfund der Chinesischen Weichschildkröte, 505 Pfund Schlangenkopffisch (*heiyu* 黑魚), 2963 Pfund

---

62 *Shenbao* 1934d.

Schnecken, 200 Pfund Garnelen, 1067 Spatzen und 305 Pfund Muscheln.⁶³ Es handelte sich also um große Mengen von Tieren, die untergebracht und versorgt werden mussten. Diese Tiere wurden gewöhnlich bei lokalen Händlern gekauft, um sie anschließend freizulassen, was mitunter sogar die Preise in die Höhe treiben konnte.⁶⁴ Wo diese speziellen Tiere entlassen wurden, erfahren wir jedoch nicht. Grundsätzlich existierte jedoch eine ganze Reihe von Parks und Gewässern zum Freilassen von Lebewesen, die oft an Klöster angegliedert waren. Einen seltenen visuellen Einblick in einen solchen Ort erhalten wir in einer Ausgabe der *Husheng bao*, in der ein Refugium für Rinder innerhalb eines Parks gezeigt wird, welcher sich im Baohua 寶華 Kloster in Dachang 大場 in Shanghai befand (siehe Abbildung 1).⁶⁵ In der folgenden Ausgabe finden wir das Bild eines Geheges für freigelassene Gänse im gleichen Park, welches verdeutlicht, dass es für verschiedene Tierarten teils eigene Bereiche gab.⁶⁶ Ein Artikel in der englischsprachigen *China Press* berichtet neben Rindern und Gänsen auch von Büffeln, Schweinen, Enten und Hühnern, die auf dieser Anlage unter für die westlichen Besucher vorbildlichen Bedingungen gehalten wurden. Der Artikel gibt auch einen interessanten Einblick in die Finanzierung solcher Refugien. Ein Mitglied einer lokalen buddhistischen Vereinigung, welches die Besucher herumführte, berichtete, dass aufgrund der großen finanziellen Belastung, derer sich buddhistische wohltätige Vereinigungen auch aufgrund der instabilen politischen Lage gegenübersahen, Tiere nur aufgenommen werden konnten, wenn gleichzeitig genügend Geld für deren Unterhalt bereitgestellt wurde.⁶⁷

Die CSPA verstand das Freilassen von Tieren – ganz im Sinne ihres Ansatzes, das Leben von Tieren zu schützen – als Teil ihrer Tierschutzarbeit und unternahm daher ab dem Spätjahr 1934 verschiedene Bemühungen, konkrete eigene Projekte in die Tat umzusetzen. Dies hing auch damit zusammen, dass der Gesellschaft eine große Zahl an Tieren zur Versorgung und zum Entlassen in die Freiheit übergeben wurde. Auch in der Öffentlichkeit sah man *fangsheng* also als einen Teil von Tierschutz und somit als ein Aufgabengebiet der CSPA an.⁶⁸ Zunächst bemühte man sich, mit der Shanghaier Buddhistischen Vereinigung Kontakt aufzunehmen, in der auch einige Mitglieder der CSPA aktiv waren, um ein Stück Land in einem Tempel in der

---

63 „Jiazi shi yue zhi shier yue fangsheng shumu" 1925.
64 *Shenbao* 1930.
65 „Shanghai Dachang Baohua si fangshengyuan fangniu chang" 1935.
66 „Shanghai Dachang Baohua si fangshengyuan fang'e chang" 1935.
67 *The China Press* 1935.
68 „Shanghai jiang you da guimo fangshengyuan" 1936.

Gemeinde Longhua 龍華鎮 für ein Hundeheim anzumieten.[69] Schließlich konnte man jedoch den Abt des Bao'an Tempels 保安寺 in Wusong 吳淞 überzeugen, ihnen kostenfrei eine Fläche von mehr als 35 *mu* 畝[70] zu überlassen, um dort einen großen Park zum Freilassen von Tieren zu errichten.[71] Die Mittel für das Tierfutter sollten über einen speziellen Fonds, wie bereits obig erwähnt, dauerhaft gesichert werden. Dennoch fehlten der Gesellschaft noch weitere Gelder, um ihr ambitioniertes Projekt, welches auch mehrere Gebäude und spezielle Einrichtungen vorsah, umzusetzen. Im April 1937 veröffentlichten sie daher einen Spendenaufruf.[72] Aufgrund des kurz später beginnenden Sino-Japanischen Krieges müssen wir aber davon ausgehen, dass sich dieser Plan nicht mehr verwirklichen ließ.

Trotzdem können wir gerade an den Aktivitäten der CSPA – aber auch an den buddhistischen Diskursen im Allgemeinen – ablesen, wie Rituale zum Freilassen von Tieren im Lichte von Tierschutz und Tierwohl kritisch hinterfragt wurden. Neben praktischen Kritikpunkten, wie beispielsweise an umtriebigen Geschäftsleuten, die freigelassene Tiere wieder einfingen, um sie danach erneut zum Freilassen anzubieten, setzte sich die CSPA dafür ein, dass das Tierwohl beim Freilassen von Tieren eine größere Rolle spielen sollte. So sandte die Gesellschaft im Dezember 1934 einen Brief an die Shanghaier Polizeibehörden, damit diese das Freilassen von Tieren unter der bekannten Jiuqu-Brücke 九曲橋 verbiete. Die Gesellschaft schrieb, dass dies seit jeher ein beliebter Ort zum Freilassen von Fischen gewesen wäre, die schlechte Wasserqualität insbesondere während des Sommers aber die Gesundheit der Fische gefährde, wodurch viele von ihnen sterben würden. „Dies," so schreiben sie weiter, „verstößt nicht nur gegen den Sinn des Freilassens von Tieren, sondern gefährdet auch die öffentliche Gesundheit" (背放生之旨、亦與公衆衛生有礙). Am Freilassen interessierte Menschen baten sie stattdessen auf geeignetere Plätze auszuweichen.[73] Hier sehen wir ganz klar einen Fokus auf dem Wohl und dem Leben der beteiligten Tiere, der weit über das eigentliche Ritual hinausgeht und ein klares Indiz für den Einfluss neuer Tierschutzdiskurse ist. Aus ähnlichen Beweggründen finden wir auch Kritik an Institutionen der damaligen Zeit. Während einer Direktoriumssitzung im Dezember 1934 berichtete ein Mitglied, dass die Fische und

---

69 *Shenbao* 1934g.
70 *Mu* ist eine chinesische Flächeneinheit, deren Größe historisch nicht einheitlich ist. Gewöhnlich geht man jedoch von einer Größe von ca. 0,06 Hektar aus.
71 „Shanghai jiang you da guimo fangshengyuan" 1936.
72 *Shenbao* 1937.
73 *Shenbao* 1934i.

anderen Tiere, die im Park in Dachang gehalten wurden, an Futtermangel litten und manche von ihnen daran sogar zu Grunde gingen. Er forderte Maßnahmen zur Verbesserung, und die Gesellschaft nahm sich vor, Abgesandte zu einer Untersuchung dorthin zu schicken.[74] Hierbei handelte es sich tatsächlich um den bereits erwähnten Park des Baohua-Tempels, und die geäußerte Kritik zeigt, dass sich buddhistische Einrichtungen einem neuen Rechtfertigungsdruck ausgesetzt sahen.[75]

Die umfassendste kritische Diskussion dieser Praktik findet sich allerdings nicht in den Quellen der CSPA, sondern in einem Buch des Laienbuddhisten Guo Huijun 郭慧濬 (Lebensdaten unbekannt) aus dem Jahre 1935, welches in bemerkenswerter Weise die Bedürfnisse der betroffenen Tiere in den Mittelpunkt rückt. Auch Guo beklagte die Zustände in vielen Einrichtungen und wies auf die unzulängliche Versorgung der Tiere hin. Manche würden aufgrund fehlender Sorgfalt gar gestohlen. Dies, so schrieb er, wäre „ein Freilassen von Tieren, ohne in der Lage zu sein, ihr Leben schützen zu können" (*fangsheng er bu neng hu qi sheng* 放生而不能護其生).[76] Auch die Rituale selbst, die mit dem Freilassen von Tieren einhergingen und die Erlösung sowohl der Tiere als auch der beteiligten Menschen sicherstellen sollten, nahm er in den Blick. Er kritisierte, dass Fische in Körben am Strand gelagert würden, „wie Menschen im Gefängnis", während langwierige Rituale abgehalten werden. Oder dass Tiere zu einem bestimmten Zeitpunkt gekauft und dann aus Bequemlichkeit erst Tage später freigelassen werden, wenn viele bereits den Tod gefunden hatten. Stattdessen forderte Guo, Tiere am Vorabend zu kaufen und direkt am nächsten Morgen freizulassen und dabei jegliche rituellen Praktiken auf ein absolutes Mindestmaß zu beschränken. Aufrichtigkeit, nicht komplexe rituelle Abläufe, wäre entscheidend für den Erfolg der Praxis. In einem bemerkenswerten Rückgriff auf zoologische Kenntnisse, forderte er zudem, dass Tiere in ihr jeweils passendes Habitat freigelassen werden sollten, also Süßwasserfische nicht ins Salzwasser.[77] Auch die Jahreszeiten und damit einhergehende Biorhythmen der Tiere wollte er berücksichtigt wissen. Dieses Beispiel ist in seiner Deutlichkeit und Argumentation sicher eine Ausnahme, zeigt aber, dass global zirkulierende Vorstellungen von Tierschutz, Tierwohl und sogar Elemente der Zoologie und Artgerechtigkeit in damalige

---

74 *Shenbao* 1934h.

75 Möglicherweise hatte die Kritik der CSPA bereits Erfolge gezeigt, als die westlichen Besucher, die einer lokalen Tierschutzorganisation angehörten, im folgenden Jahr den Park besuchten.

76 Guo Huijun 1935, S. 1.

77 Guo Huijun 1935, S. 1.

Diskussionen Eingang fanden. Es zeigt auch, dass bei aller Betonung des Schutzes des Lebens die rituellen und heilsbringenden Elemente dieser Praktiken natürlich weiterhin eine große Rolle spielten und mit Aspekten des Tierwohls nicht immer leicht zu vereinbaren waren.

Ähnliche Konflikte zwischen dem Tierschutz und den religiösen Kernaufgaben buddhistischer Institutionen finden wir auch in Bezug auf die CSPA. Im Jahre 1934 forderte die Organisation beispielsweise, dass die Buddhistische Vereinigung Chinas (Zhongguo Fojiao hui 中國佛教會), die offizielle Interessenvertretung der buddhistischen Gemeinschaft, alle Klöster im Lande auffordern solle, auf ihren Grundstücken Zufluchtsorte für streunende Hunde einzurichten, damit die Tiere „ihre [natürliche] Lebensspanne erfüllen könnten" (*yi quan wuming* 以全物命). Die Mitglieder des Exekutivkomitees der Vereinigung lehnten den Vorschlag jedoch ab, da Hunde von Natur aus rauflustig seien und so den Tempel als rituellen Ort in Mitleidenschaft ziehen könnten. Stattdessen rieten sie dazu, Tempel lediglich zu ermutigen, streunende Hunde als Wachhunde einzusetzen, sofern man überschüssiges Essen hätte, um sie zu versorgen.[78] Dies zeigt, dass buddhistische Institutionen ihre Kernaufgabe eben eher im Dienst an der menschlichen Gemeinschaft sahen und nicht im Tierschutz im engeren Sinne. Die CSPA als eine Organisation, die sich hauptsächlich dem Schutz der Gesundheit und des Lebens von Tieren verschrieben hatte, konnte hier verständlicherweise andere Schwerpunkte setzen. Entsprechend verkündete man im Jahre 1934 nicht ohne Stolz, die ausgelernten und angehenden TierärztInnen der Chinesischen Gesellschaft für Berufliche Bildung (Zhonghua zhiye jiaoyushe 中華職業教育社) als freiwillige Tierärzte für die CSPA gewonnen zu haben.[79] Auch für den Park zum Freilassen von Tieren plante man die Einstellung eines/r Tierarztes/ärztin, womit der Park eben auch strukturelle Eigenschaften gehabt hätte, die durchaus einem Tierheim ähnelten. Insgesamt zeigt sich am Beispiel von Ritualen zum Freilassen von Lebewesen ein komplexes Austarieren zwischen ihrem Zweck als rituelle Erlösungspraktiken, wirtschaftlichen Beweggründen und Aspekten von Tierschutz und Tierwohl.

---

78 *Shenbao* 1934e.
79 *Shenbao* 1934i.

Schlussfolgerung

Dieser Artikel hat versucht, die komplexen Prozesse nachzuzeichnen, die sich während der Republikzeit entfalteten, als chinesische AktivistInnen ethische Positionen zum Umgang mit der nicht-menschlichen Umwelt in eine globale Tierschutzbewegung integrierten und diese im Zuge dessen auch reformierten und kritisch hinterfragten. So wurde die Behandlung von Tieren als ein gesamtgesellschaftliches Problem dargestellt, wodurch der Tierschutz – als eine damals neu eingeführte Idee – große Aufmerksamkeit und auch eine gewisse politische Unterstützung erfuhr. Durch diese Aufmerksamkeit sahen sich buddhistisch inspirierte Praktiken jedoch auch einem Rechtfertigungsdruck ausgesetzt. Die Behörden des International Settlement bezweifelten beispielsweise die Sinnhaftigkeit und Nachhaltigkeit eines eintägigen Schlachtverbots, wodurch sich auch das vielfältige und teilweise unterschiedliche Verständnis von Tierschutz der damaligen Zeit zeigt. Am deutlichsten zeigt sich dieser Rechtfertigungsdruck aber am Beispiel der damals vielfach durchgeführten Rituale zum Freilassen von Tieren. So erfuhren die Versorgung und das leibliche Wohl der Tiere während der Rituale sowie in den speziellen Gewässern und Parkanlagen, in welche die Tiere entlassen wurden, eine ganz neue Aufmerksamkeit, was zu Kritik und der Formulierung von Reformvorschlägen führte. Das Beispiel der Republikzeit macht aber auch deutlich, dass die hier analysierten Praktiken und Prozesse immer von einem gewissen Spannungsverhältnis zwischen unterschiedlichen Interessen und praktischen Erwägungen geprägt wurden. So mag der Fokus auf die gesellschaftliche Dimension von Grausamkeit eine anthropozentrische Sichtweise auf Tiere eher befördert haben. Er bot allerdings auch eine Möglichkeit, in die Gesellschaft hineinzuwirken und UnterstützerInnen jenseits der buddhistischen Gemeinde anzusprechen. Und auch die buddhistische Gemeinde hatte eigene Vorstellungen ihrer religiösen Kernaufgaben, die nicht immer mit dem Anliegen des Tierschutzes, wie es die CSPA formulierte, zu vereinbaren waren.

Diese Aushandlungsprozesse setzen sich bis heute fort und haben durch ein wachsendes Bewusstsein für Klimawandel, Umweltschutz und Biodiversität noch an Intensität gewonnen, wodurch sie nun auch mit Aspekten der Nachhaltigkeit im engeren Sinne verknüpft sind. Dies lässt sich insbesondere am Beispiel Taiwans aufzeigen, wo es eine aktive buddhistische Gemeinschaft gibt, die tatsächlich viele inhaltliche und persönliche Verknüpfungen zur buddhistischen Gemeinschaft der Republikzeit aufweist. Seit den 1990er Jahren setzen sich Teile der taiwanesischen Gemeinschaft aktiv für den Tierschutz ein und greifen hierfür auch auf Konzepte wie den Schutz des Lebens zurück.⁸⁰ Gleichzeitig führen viele BuddhistInnen aktiv Rituale zum Freilassen von Lebewesen durch, die sich zunehmender Kritik ausgesetzt sehen. Vorwürfe lauten beispielsweise, dass das Wohl der Tiere während der Rituale oft nicht ausreichend berücksichtigt und durch das Freilassen invasiver Spezies (die oft günstiger zu erwerben sind) die Biodiversität gefährdet würde. Entsprechend werden seit Längerem strengere und einheitlichere Regeln für diese Rituale gefordert.⁸¹ Taiwan hat daher erst kürzlich neue gesetzliche Vorgaben erlassen, die ein Ausdruck des Bemühens sind, Ritual und Tierwohl miteinander in Einklang zu bringen. Das Freilassen nicht-heimischer oder genetisch modifizierter Tiere wird verboten, während für das Freilassen aquatischer Tiere eine Schulung notwendig wird. Gleichzeitig bemühen sich NGOs in einer Weise um Aufklärung und Zusammenarbeit mit religiösen Gruppen, die durchaus an die Arbeit der CSPA erinnert.⁸² Diese Beispiele legen nahe, dass sich die komplexen Abwägungsprozesse zwischen individueller und kollektiver Erlösung, Tierwohl aber auch der Ökologie, unvermindert fortsetzen. Diese kritischen Stimmen unterstreichen aber auch die Bedeutung der republikzeitlichen Bewegung, die Aufmerksamkeit auf Wohl und Leben von Tieren lenkte, lange bevor Diskurse um Biodiversität und Klimawandel dieses Thema in die Mitte der Gesellschaft rückten.

---

80 Ho 2003.
81 Zhou 2019; Wen 2020. Wei Dedong hat ähnliche Prozesse am Beispiel der buddhistischen Gemeine in New York City nachgewiesen. Nachdem Rituale zum Freilassen von Lebewesen zu Kritik von Anwohnern und sogar zu rechtlichen Konsequenzen geführt hatten (unter anderem da man Schildkröten ohne Genehmigung in ungeeignete Gewässer entließ), versucht man nun mit lokalen Tierschutzorganisationen zusammenzuarbeiten und wissenschaftliche Erkenntnisse bei der Durchführung des Rituals mit einzubeziehen. Wei 2021.
82 Crook 2023.

Literaturverzeichnis

„Baohu dongwu shixiang: 1. Ju Zhongguo baohu dongwuhui yi shi yue si ri wei shijie dongwujie qing quanguo yu shi ri tingzhi tuzai ge zhong dongwu yi tian feng zhun chazhao banli —— daidian ge sheng shi zhengfu, Weihaiwei guanli gongshu" 保護動物事項：一、據中國保護動物會以十月四日爲世界動物節請全國於是日停止屠宰各種動物一天奉准查照辦理——代電各省市政府、威海衛管理公署. 1935, in *Neizheng gongbao* 8, Nr. 19, S. 140.

Barmé, Geremie R. 2002. *An Artistic Exile. A Life of Feng Zikai (1898–1975)*. Berkeley: University of California Press.

Broy, Nikolas, und Matthias Schumann. 2024. „Introduction", Sonderband „Between Religious Self-Cultivation and Environmentalism: The Changing Meanings of Vegetarianism in Modern China", in *Twentieth-Century China* 49, Nr. 3, S. 171–187.

Bundesministerium für wirtschaftliche Zusammenarbeit und Entwicklung. „Nachhaltigkeit (nachhaltige Entwicklung)", https://www.bmz.de/de/service/lexikon/nachhaltigkeit-nachhaltige-entwicklung-14700 (Zugriff am 4. September 2023).

Campo, Daniela. 2017. „A Different Buddhist Revival. The Promotion of Vinaya (jielü 戒律) in Republican China", in *Journal of Global Buddhism* 18, S. 129–154.

Chen Huaiyu. 2023. *In the Land of Tigers and Snakes. Living with Animals in Medieval Chinese Religions*. New York: Columbia University Press.

Chimaira Arbeitskreis. 2011. „Eine Einführung in Gesellschaftliche Mensch-Tier-Verhältnisse und Human-Animal Studies", in *Human-Animal Studies. Über die gesellschaftliche Natur von Mensch-Tier-Verhältnissen*, hrsg. von Chimaira – Arbeitskreis für Human-Animal Studies, Bielefeld: Transcript Verlag, S. 7–31.

Crook, Steven. 2023. „Environmental Impact Assessment. A Bad Thing Done by Well-intentioned People. The Cruel Practice of ‚Mercy Release'". https://www.taipeitimes.com/News/feat/archives/2023/08/09/2003804454 (Zugriff am 1. September 2023).

Drewing, Emily, Julia Zilles, und Julia Janik. 2022. „Umkämpfte Zukunft. Zum Verhältnis von Demokratie, Nachhaltigkeit und Konflikt", in *Umkämpfte Zukunft. Zum Verhältnis von Nachhaltigkeit, Demokratie und Konflikt*, hrsg. von Julia Zilles, Emily Drewing und Julia Janik, Bielefeld: transcript, S. 11–29.

Eichman, Jennifer. 2016. *A Late Sixteenth-Century Chinese Buddhist Fellowship. Spiritual Ambitions, Intellectual Debates, and Epistolary Connections*. Leiden: Brill.

Fanwang jing 梵網經. 5. Jhdt. CBETA, https://tripitaka.cbeta.org/zh-cn/T24n1484?order=title&sort=asc.

Goossaert, Vincent. 2006. „1898. The Beginning of the End for Chinese Religion?", in *The Journal of Asian Studies* 65, Nr. 2, S. 307–335.

——— 2008. „Republican Church-Engineering. The National Religious Associations in 1912 China", in *Chinese Religiosities. Afflictions of Modernity and State Formation*, hrsg. von Mayfair Mei-Hui Yang, Berkeley: University of California Press, S. 209–232.

——— 2019. „Animals in Nineteenth-Century Eschatological Discourse", in *Animals through Chinese History. Earliest Times to 1911*, hrsg. von Roel Sterckx, Martina Siebert und Dagmar Schäfer. Cambridge: Cambridge University Press, S. 181–198.

Goossaert, Vincent, und David A. Palmer. 2011. *The Religious Question in Modern China*. Chicago: The University of Chicago Press.

Guo Huijun 郭慧濬. 1935. *Husheng yuanli* 護生原理. Changsha: Zhou Gong yizhiju.

Heirman, Ann. 2019. „*Vinaya* Rules for Monks and Nuns", in *Oxford Research Encyclopedias*, https://oxfordre.com/religion/view/10.1093/acrefore/9780199340378.001.0001/acrefore-9780199340378-e-661?rskey=I90Ze3&result=1 (Zugriff am 4. September 2023).

Ho Wan-li. 2003. „Environmental Protection as Religious Action. The Case of Taiwanese Buddhist Women", in *Ecofeminism and Globalization. Exploring Culture, Context, and Religion*, hrsg. von Heather Eaton und Lois Ann Lorentzen. Lanham, MD: Rowman & Littlefield, S. 123–145.

Huming fangsheng guiyi fa 護命放生軌儀法. Tang Dynastie. Komp. von Yijing 義淨 (635–713). CBETA https://tripitaka.cbeta.org/T45n1901_001.

„Husheng ge 護生歌". 1935, in *Mimi ji* 咪咪集 2, Nr. 8, S. 2.

„Husheng yanshuo jingsai dejiang zhi qian san ming 護生演說競賽得獎之前三名." 1937, in *Xinren zhoukan* 新人周刊 3, Nr. 23, S. 23.

Jessup, J. Brooks. 2010. „The Householder Elite. Buddhist Activism in Shanghai 1920–1956". Dissertation, University of California, Berkeley.

———— 2016a. „Buddhist Activism, Urban Space, and Ambivalent Modernity in 1920s Shanghai", in *Recovering Buddhism in Modern China*, hrsg. von Jan Kiely und J. Brooks Jessup, S. 37–78. New York: Columbia University Press.

———— 2016b. „Between Cruelty and Killing. Animal Protection, Buddhist Activism, and the Globalization of Civic Culture in Interwar China", Beitrag zur Konferenz „Beyond the Sinosphere, Modalities of Interwar Globalisation. Internationalism and Indigenization among East Asian Marxists, Christians, and Buddhists, 1919–45", Schloss Herrenhausen, Hannover, 13.–15. Juli 2016.

„Jiazi shi yue zhi shier yue fangsheng shumu" 甲子十月至十二月放生數目. 1925, in *Shijie Fojiao jushi lin linkan* 世界佛教居士林林刊, Nr. 8, S. 4–5.

Kangle ji wenhua shiwushu 康樂及文化事務署 (Hrsg.). 2012. *Youqing shijie. Feng Zikai de yishu: Husheng huxin* 有情世界：豐子愷的藝術：護生護心. Hong Kong: Xianggang yishuguan.

Kieschnick, John. 2005. „Buddhist Vegetarianism in China", in *Of Tripod and Palate. Food, Politics, and Religion in Traditional China*, hrsg. von Roel Sterckx. New York: Palgrave Macmillan, S. 186–212.

Lai Shuqing 賴淑卿. 2010. „Lü Bicheng dui Xifang baohu dongwu yundong de chuanjie. Yi 'Ou-Mei zhi guang' wei zhongxin de tantao" 呂碧城對西方保護動物運動的傳介—以《歐美之光》為中心的探討, in *Guoshiguan guankan* 國史館館刊 23, S. 79–118.

Leung, Angela Ki Che. 2019. „To Build or to Transform Vegetarian China. Two Republican Projects", in *Moral Foods. The Construction of Nutrition and Health in Modern Asia*, hrsg. von Angela Ki Che Leung und Melissa L. Caldwell, S. 221–240. Honolulu: University of Hawai'i Press.

Lu Lianghao. 2021. „The Confluence of Karma and Hygiene. Vegetarianism with Renewed Meanings for Modern Chinese Buddhism", in *Journal of Chinese Religions* 49, Nr. 1, S. 75–108.

Lü Bicheng 呂碧城. 1932. „Lü Bicheng zai Weiyena zhi yanshuo" 呂碧城在維也納之演説, in *Ou-Mei zhi guang* 歐美之光, S. 148–151. Shanghai: Foxue shuju.

Poon Shuk-wah. 2019. „Buddhist Activism and Animal Protection in Republican China", in *Concepts and Methods for the Study of Chinese Religions III. Key Concepts in Practice*, hrsg. von Paul R. Katz und Stefania Travagnin. Berlin: Walter de Gruyter, S. 91–111.

――― 2021. „Vegetarianism and ‚Protecting Life': The Buddhist Magazine *Husheng bao* in 1930s China", Beitrag zur 23. zweijährig stattfindenden Konferenz der European Association for Chinese Studies, Leipzig, August 24, 2021.

Ritvo, Harriet. 1987. *The Animal Estate. The English and Other Creatures in the Victorian Age*. Cambridge, MA: Harvard University Press.

Schumann, Matthias. 2018. „Protecting the Weak or Weeding Out the Unfit? Disaster Relief, Animal Protection and the Changing Evaluation of Social Darwinism in Japan and China", in *Protecting the Weak in East Asia: Framing, Mobilisation and Institutionalisation*, hrsg. von Iwo Amelung, Moritz Bälz, Heike Holbig, Matthias Schumann und Cornelia Storz. Abingdon, UK: Routledge, S. 21–51.

――― 2021. „For the Sake of Morality and Civilization'. The Buddhist Animal Protection Movement in Republican China", in *Twentieth-Century China* 46, Nr. 1, S. 22–40.

――― (2024). „Reasserting the Buddhist Tradition. Lü Bicheng and Chinese Vegetarianism in a Global Context", in *Twentieth-Century China* 49, Nr. 3, S. 211–232.

„Shanghai Dachang Baohua si fangshengyuan fangniu chang" 上海大場寶華寺放生園放牛場. 1935, in *Husheng bao* 護生報, Nr. 85, S. 5.

„Shanghai Dachang Baohua si fangshengyuan fang'e chang" 上海大場寶華寺放生園放鵝場. 1935, in *Husheng bao* 護生報, Nr. 86, S. 5.

„Shanghai jiang you da guimo fangshengyuan" 上海將有大規模放生園. 1936, in *Hongshan huibao* 宏善彙報, Nr. 19, S. 17.

Shanghai Municipal Archives. 1934–1936. U1-16-1659.

Shenbao 申報. 1930. „Fodan zeji longzhongniao" 佛誕澤及籠中鳥. 5. Mai 1930.

Shenbao 申報. 1934a. „Zhongguo baohu dongwuhui chengli" 中國保護動物會成立, 26. Februar 1934.

Shenbao 申報. 1934b. „Baohu dongwuhui zhengwen" 保護動物會徵文. 7. Mai 1934.

Shenbao 申報. 1934c. „Baohu dongwuhui qing jin nüedai shengwu" 保護動物會請禁虐待生物, 21. Mai 1934.

Shenbao 申報. 1934d. „Shi yue si ri dongwu jie kuoda xuanchuan" 十月四日動物節擴大宣傳, 14. August 1934.

Shenbao 申報. 1934e. „Zhongguo Fojiaohui chang jin Putuo nannü jing yu" 中國佛教會倡禁普陀男女競浴. 4. September 1934.

Shenbao 申報. 1934f. „Dongwujie gongzuo xuanchuan" 動物節工作宣傳, 30. September 1934.

Shenbao 申報. 1934g. „Zhongguo baohu dongwuhui juban fangshengyuan" 中國保護動物會舉辦放生園. 14. November 1934.

Shenbao 申報. 1934h. „Baohu dongwuhui lishihui ji" 保護動物會理事會記, 9. Dezember 1934.

Shenbao 申報. 1934i. „Baohu dongwuhui qing jinzhi Jiuqu qiao fangsheng" 保護動物會請禁止九曲橋放生, 15. Dezember 1934.

Shenbao 申報. 1937. „Baohu dongwuhui jianzhu fangshengyuan" 保護動物會建築放生園, 14. April 1937.

Smith, Joanna H. 2009. *The Art of Doing Good. Charity in Late Ming China*. Berkeley: University of California Press.

Snyder-Reinke, Jeffrey. 2009. *Dry Spells: State Rainmaking and Local Governance in Late Imperial China*. Cambridge, MA: Harvard Univesity Asia Center.

„Taixing xian Foci husheng hui 泰興縣佛慈護生會". 1933, in *Foxue banyuekan* 佛學半月刊, Nr. 58, S. 13.

The China Press. 1935. „Visit to Buddhist Animal Refuge Related", 4. Oktober 1935, S. 9.

Tong, Kedao. 2023. „Pitiful Animals and Perturbed Humans. The Financing of Communal Animal Release in Chinese Buddhism, 1600–1940s", in *International Journal of Buddhist Thought & Culture* 33, Nr. 1, S. 231–265.

United Nations. „Biodiversity and Ecosystems", https://sdgs.un.org/topics/biodiversity-and-ecosystems (letzter Zugriff am 4. September 2023.)

Wei Dedong. 2021. „A Syncretic Innovation in Chinese Buddhism. Animal Release Rituals in New York City", in *Chinese Environmental Ethics. Religions, Ontologies, and Practices*, hrsg. von Mayfair Yang. Lanham: Rowman & Littlefield, S. 169–196.

Wen Hao'an 溫浩安. 2020. „Shengwu duoyangxing yu zongjiao fangsheng zhi falü zhengyi" 生物多樣性與宗教放生之法律爭議. MA-Arbeit, Feng Chia Universität Taichung.

Weng Zhilong 翁之龍. 1936. „Bugao Zhongguo baohu dongwuhui benshi gexiao husheng zhengwen ji huazhan banfa 布告中國保護動物會本市各校護生徵文及畫展辦法", in *Tongji xunkan* 同濟旬刊, Nr. 108, S. 8.

Yinguang Fashi 印光法師. 2015 [1936]. *"Wu you ru ci* xu 物猶如此序", in *Yinguang Fashi wenchao* 印光法師文鈔, hrsg. von Li Bei 李蓓, Chen Yaling 陳亞玲 und Xiong Xin 熊欣, Bd. 4, S. 129–133. Chengdu: Ba-Shu shushe.

„Zhongguo baohu dongwuhui guanyu zhengqiu huiyuan de han he zhangcheng" 中國保護動物會關於徵求會員的函和章程. Shanghai Municipal Archives. 1933. Q114-1-48.

Zhou Zhiting 周致廷. 2019. „Zongjiao fangsheng yu falü guanzhi" 宗教放生與法律管制. MA-Arbeit, National Taiwan University, Taipei.

Thematisierung von Umweltveränderungen in taiwanischsprachiger Lyrik – die Lyrik der Literaturzeitschrift *Haiweng Taiyu Wenxue* 海翁台語文學 *Whale of Taiwanese Literature* von 2001 bis 2008[1]

Thomas Fliß

In an era marked by globalization and the effects of the Anthropocene, the Taiwanese language, culture, and literature play a significant role in fostering self-identity and environmental protection. They are the means to understand the environmental attitude of the numerous authors who identify with their mother tongue, Taiwanese. Despite its importance and the support it receives from the Taiwanese government, the Taiwanese language and its literature need to be addressed more in the field of Sinology. This article throws out a sprat and analyzes Taiwanese poems published in the literature journal *Whale of Taiwanese Literature* between 2001 and 2008 to give an overview of Taiwanese poetry about environmental change. There are some related poems about environmental change, pollution, destruction, and catastrophes, allowing us to get a first glimpse of their style and content. However, the small amount shows that environmental change was not a significant concern in the early 2000s, possibly because of the delayed development of Taiwanese literature.

Einleitung

Im Globalisierungszeitalter und dem Anthropozän haben Länder einerseits mit Identitätsfragen zu kämpfen, wie dem Verschwinden lokaler bzw. angestammter Sprachen und damit einhergehend ihrer Bräuche, Denkweisen und Kulturen; andererseits stehen sie vor ökologischen Problemen, wie der Zerstörung von Biomen, der Auslöschung von Spezies, Umweltkatastrophen et cetera.

Hinsichtlich der sprachlich-kulturellen Ebene hat die Regierung der Republik China in der Vergangenheit damit begonnen, bildungspolitische Maßnahmen zu ergreifen, um Taiwans Sprachenvielfalt zu bewahren, mit dem Ziel, eine eigene taiwanische

---

1 Dieser Artikel beruht auf Forschungsergebnissen aus dem laufenden Projekt „Taiwan als Pionier", das vom Bundesministerium für Bildung und Forschung gefördert wird. Dank gebührt der anonymen Gutachterin beziehungsweise dem anonymen Gutachter, die/der diesen Artikel mit kritischem Auge gelesen und kommentiert hat.

Identität aufzubauen.[2] Diese Sprachenvielfalt umfasst neben den sinitischen Sprachen Mandarin (*Huayu* 華語),[3] Taiwanisches Südliches Min (*Taiwan Minnanyu* 臺灣閩南語),[4] Taiwanisches Hakka (*Taiwan Keyu* 臺灣客語) und anderen aus China stammenden Sprachen[5] auch einige Sprachen der austronesischen Sprachfamilie. Die gesetzlich verankerte Förderung im sogenannten „Heimatsprachenunterricht" (*bentu yuwen kecheng* 本土語文課程) der Primär- und Sekundarstufe hängt vom prozentualen Sprecheranteil der jeweiligen Sprache im Einzugsgebiet der Schule ab. Da das Taiwanische nach Mandarin den höchsten Sprecheranteil in der Bevölkerung Taiwans und gleichzeitig seit den 1930er-Jahren einen hohen Stellenwert hinsichtlich der Frage taiwanischer Identität besitzt,[6] wird es sowohl von staatlicher Seite als auch von kirchlichen und privaten Organisationen und Vereinen in Taiwan, wie beispielsweise der presbyterianischen Kirche (*Taiwan Jidu Zhanglao Jiaohui* 台灣基督長老教會) und der Li Kang Kioh Taiwanese Foundation (*Li Gangque Taiyu Wenjiao Jijinhui* 李江却台語文教基金會) gefördert.

Was die ökologischen Probleme Taiwans angeht, so steht die Transformation im Energiegewinnungs und -nutzungsbereich ebenfalls seit mehreren Jahren auf der

---

2 Damit steht Taiwan bzw. die Republik China nicht allein da, auch andere Länder wie beispielsweise Malaysia bemühen sich um die Erhaltung einer polylingualen Gesellschaft. Siehe https://www.speakhokkien.org/english (Zugriff am 26. Mai 2023).

3 Im Folgenden wird für Substantive im Plural das geschlechtsindefinite generische Maskulinum verwendet. Die Begriffe „Mandarin" und „Chinesisch" werden synonym für *Huayu* in Taiwan bzw. *Putonghua* (普通話) in China benutzt. Um eine Verwirrung der Leser durch zu viele Umschriften – Hanyu Pinyin, Wade-Giles und andere – möglichst zu vermeiden, wird für alle chinesischen Namen und Wörter die Umschrift Hanyu Pinyin, einschließlich der Personennamen von Taiwanern (mit Ausnahme von ins Englische übersetzten Werken) verwendet, auch wenn manche von ihnen eventuell den Gebrauch einer chinesischen Umschrift für ihren Personennamen ablehnen. Falls dies von betroffenen Personen als Respektlosigkeit empfunden wird, bittet der Verfasser um Entschuldigung und Nachsicht.

4 Der deutsche Begriff „Taiwanisches Südliches Min" beruht auf der Übersetzung der offiziellen taiwanischen Bezeichnung *Taiwan Minnanyu*. Im Folgenden wird dies zu „Taiwanisch" (entspricht Mandarin *Taiyu* 台語 oder *Taiwanhua* 臺灣話) vereinfacht oder mit TSM abgekürzt. Die Bezeichnung *Taiyu* ist neben dem gleichbedeutenden *Taiwanhua* in der taiwanischen Bevölkerung sehr verbreitet.

5 Zum Beispiel die Mazu-Sprache (*Mazuyu* 馬祖語), die zum Sprachzweig Östliches Min (*Mindongyu* 閩東語) gehört.

6 So zum Beispiel die „Bewegung für taiwanische Sprache" (*Taiwan huawen yundong* 臺灣話文運動), die während der japanischen Kolonialzeit (1895–1945) insbesondere von den Schriftstellern Huang Shihui 黃石輝 (1900–1945) und Guo Qiusheng 郭秋生 (1904–1980) angeführt wurde. Siehe Hsiau A-chin 2000, S. 36–47; Hsiau A-chin 2021, S. 62–63.

Regierungsagenda. Zum Beispiel wurde das „Programm für innovative Dynamisierung der *renewable energy industry*" (*lüneng keji chanye chuangxin tuidong fang'an* 綠能科技產業創新推動方案) im Jahr 2016 vom Executive Yuan (*Xingzheng Yuan* 行政院) verabschiedet. Ziel ist es unter anderem, die Energiegewinnung durch Photovoltaik und Offshore-Windparks voranzutreiben, mehr intelligente Messsysteme in Haushalten zu installieren und die Kooperation zwischen Industrie, Wissenschaft und Forschung im Hinblick auf erneuerbare Energien zu stärken.[7] Darüber hinaus erlangte im Dezember 2021 ein Volksreferendum über eine nicht-staatliche Inbetriebnahme des Kernkraftwerks Lungmen (*Longmen heneng fadianchang* 龍門核能發電廠, kurz *He si* 核四 „AKW 4") nicht die erforderliche Zustimmung, womit die endgültige Schließung besiegelt war. Tatsächlich war schon Ende der 1990er-Jahre die Republik China bei Umweltfragen aktiv. Obwohl sie seit Ende 1971 nicht mehr in der UN vertreten ist, richtete sie im Jahre 1997 in eigener Initiative den „National Council for Sustainable Development" als Antwort auf die „United Nations Conference on Environment and Development" von 1992 ein, um am globalen Prozess zur nachhaltigen Entwicklung mitzuwirken. Ein Jahr nach der Veröffentlichung der Agenda „Transforming Our World: The 2030 Agenda for Sustainable Development" durch die UN, begann Taiwan 2016 mit der Entwicklung seiner eigenen „Sustainable Development Goals" („Taiwan-SDGs", kurz „T-SDGs"), die 2018 in einem ersten Schritt ausgearbeitet und 2019 verabschiedet wurden.[8] Schon vorher bemühte sich die Regierung um die Implementierung und Durchführung der SDGs der UN und später der eigenen T-SDGs und veröffentlichte dazu auf freiwilliger Basis nationale Berichte (Taiwan's Voluntary National Review) für die Zeiträume 2015–2017 und 2017–2021.

Was das Thema Ökologie in der taiwanischen Literatur angeht, so finden sich relevante chinesischsprachige Werke in den 1960er- und 1970er-Jahren nur im Œuvre weniger Autoren verstreut, beispielsweise in dem von Sha Bai 沙白 (geb. 1944), Rong Zi 蓉子 (1922–2021) und Mo Yu 莫渝 (geb. 1948), oder nur ein einzelner Autor befasst sich in seinen Werken intensiv mit ökologischem Wandel. Hier wäre insbesondere der Schriftsteller Wu Sheng 吳晟 (geb. 1944) zu nennen. Ab den 1980er- und 1990er-Jahren erhalten dann umweltbezogene Themen mehr Aufmerksamkeit, sowohl in chinesischsprachiger Poesie wie auch Prosa. Hinsichtlich der Lyrik lassen sich Dichter wie Wu Yongfu 巫永福 (1913–2008), Chen Qianwu 陳千

---

7 Siehe https://www.ey.gov.tw/achievement/212C54ECAD28A29E (Zugriff am 31. Januar 2024).
8 Siehe https://ncsd.ndc.gov.tw/Fore/en/Taiwansdg (Zugriff am 31. Januar 2024).

武 (1922–2012), Liu Kexiang 劉克襄 (geb. 1957), Meng Fan 孟樊 (geb. 1959), Chen Kehua 陳克華 (geb. 1961), Hong Hong 鴻鴻 (geb. 1964) und andere nennen.[9] Die prosaischen Formen Essay und Roman werden in der literarischen Kategorie „(Modern) Nature Writing" (*xiandai ziran shuxie* 現代自然書寫) verortet.[10] Hier haben beispielsweise Autoren wie Liu Kexiang, Xu Renxiu 徐仁修 (geb. 1946), Hong Suli 洪素麗 (geb. 1947), Chen Huang 陳煌 (geb. 1954), Chen Yufeng 陳玉峰 (geb. 1953), Wang Jiaxiang 王家祥 (geb. 1966), Liao Hongji 廖鴻基 (geb. 1957) und Ling Fu 凌拂 (geb. 1952) Beachtung gefunden.[11] Erwähnenswert ist auch das gestiegene Umweltinteresse aus nicht-sinitischer Perspektive durch indigene Literatur, beispielsweise vertreten durch Syaman Rapongan 夏曼·藍波安 (geb. 1957) und Badai 巴代 (geb. 1962).

Die Themen Umwelt und Ökologie stellen auch in der chinesisch- und englischsprachigen Literaturwissenschaft einen aktuellen Forschungsgegenstand dar. Neben chinesischen Büchern und Aufsätzen beispielsweise von Wu Mingyi 吳明益 und Li Yulin 李育霖 erschienen diesbezüglich auch englische Publikationen von Darryl Sterk, Robert Visser, Astrid Møller-Olsen, Gwennaël Gaffric und vielen weiteren.[12]

In den genannten Publikationen wird jedoch lediglich Literatur behandelt, die auf Chinesisch geschrieben ist. Wie aber mit den Themen Natur, Ökologie, Umwelt, und insbesondere im Hinblick auf den fortschreitenden Klimawandel mit Umweltveränderungen in taiwanischsprachiger Literatur umgegangen wird, bedarf dringend näherer Untersuchung. Der vorliegende Aufsatz zielt darauf ab, die taiwanisch-

---

9 Xie Sanjin 2012, S. 3–6.
10 Das Subgenre „Nature Writing" bezeichnet in der anglistischen Literaturwissenschaft „eine Art von persönlichem, reflektivem Essay" über die Erfahrung in oder mit der Natur, „das Aufmerksamkeit für natürliche Phänomene und Prozesse mit einer eloquenten Stimme und einer narrativen Linie kombiniert." Siehe Armbruster und Wallace 2001, vii; S. 312–313. Im taiwanischen Kontext vertritt der Wissenschaftler, Autor und Umweltaktivist Wu Mingyi 吳明益 (geb. 1971) den Begriff des „taiwanischen modernen Nature Writing" (*Taiwan xiandai ziran shuxie* 臺灣現代自然書寫) mit folgenden Besonderheiten: 1. Beschreibung der Interrelation zwischen Natur und Mensch im Zentrum; 2. Befassung mit nichtfiktionaler Erfahrung in einem persönlichen Narrativ; 3. Vermischung und Verknüpfung von Literatur und Wissenschaft; 4. Bewusstseinsveränderung gegenüber der Natur in Form von Erwachen und Respekt. Indigene Literatur, Gedichte und Romane sind indes in dieser Definition nicht inbegriffen. Siehe Wu Mingyi 2012a, S. 24, 36–47.
11 Siehe Wu Mingyi 2012b, 128–381 (Kapitel 3–10).
12 Siehe beispielsweise die chinesischsprachigen Veröffentlichungen Wu Mingyi 2006, 2012a, 2012b, 2012c und Li Yulin 2015; für englische Beiträge siehe zum Beispiel Sterk 2022; Visser 2023; Møller-Olsen 2022; Gaffric 2022; Chang und Slovic 2016.

sprachige Literaturzeitschrift *Haiweng Taiyu Wenxue* 海翁台語文學, (Whale of Taiwanese Literature),[13] TSM *Hái-ang Tâi-gí Bûn-ha̍k*[14] im Zeitraum Februar 2001 bis Mai 2008 nach umweltrelevanten Gedichten zu durchsuchen und beispielhaft die dort thematisierten Umweltveränderungen und deren Darstellung sowie die diesbezügliche Kritik herauszuarbeiten.

Der Grund für die Wahl dieses Zeitraumes ist zweierlei. Zum einen erstreckt sich über diesen Zeitabschnitt die erste Regierungsperiode, in der die Demokratische Fortschrittspartei (*Minzhu Jinbu Dang* 民主進步黨, kurz *Minjindang* 民進黨, *Democratic Progressive Party*, entsprechend geläufige Abkürzung DPP) unter dem Präsidenten Chen Shuibian 陳水扁 (geb. 1950) die Regierung stellte. Die DPP war im September 1986 gegründet worden und speiste sich aus unterschiedlichen sozialen Bewegungen, unter anderem nationalistischen und feministischen, aber auch solchen für Umweltschutz, indigene Rechte, Arbeiterrechte sowie politische Liberalisierung

---

13 Der englische Nebentitel ist eine nicht ganz wörtliche Übersetzung des taiwanischen Titels, da *Haiweng* wörtlich eher attributiv als „as a whale", „in the shape of a whale" oder ähnliches übersetzt werden müsste. Die Schriftzeichen 台語文學 bedeuten sowohl im Taiwanischen als auch im Chinesischen eindeutig „taiwanischsprachige Literatur". Die Schriftzeichen 海翁 bedürfen allerdings einer Erläuterung: In der Erstausgabe der Zeitschrift weist der Schriftsteller Huang Jinlian 黃勁連 (geb. 1947) in dem Gedicht „Manifest eines Wals" (*Hái-ang suan-giân* 海翁宣言) darauf hin, dass Taiwan auf der Karte betrachtet nicht mehr die Form einer Süßkartoffel (TSM *han-tsû/han-tsî* 番薯 beziehungsweise 蕃藷, chinesisch *digua* 地瓜) sondern die eines Wals hat, der energiegeladen in Richtung Pazifik blickt. Siehe Huang Jinlian 2001a. In einer der historischen Aufzeichnungen der Qing-Dynastie (1636–1912) über Taiwan, dem von Yu Wenyi 余文儀 (1705–1782) überarbeiteten und kompilierten *Xuxiu Taiwan fuzhi* 續修臺灣府志 (Fortgeführte Überarbeitung der Gazette der Präfektur Taiwan) von 1762 wird über 海翁 berichtet: „Gleichbedeutend mit Glattwal. Ist [so] groß, dass er Schiffe verschlingen kann. Er ist schwarz wie ein Rind [Anm. d. Verf.: Hier bedeutet *niu* wahrscheinlich *shuiniu* 水牛, Wasserbüffel], wenn [sein] Rücken auf der Wasseroberfläche auftaucht, wird es einen großen Sturm geben." (*Haiweng: Ji haiqiu, da neng tun zhou. Hei ru niu, bei fu yu shui mian, ze da feng jiang zuo.* 海翁：即海鰌，大能吞舟。黑如牛，背浮於水面，則大風將作。) Siehe Yu Wenyi 1993, S. 631. Im Taiwanischen werden die Zeichen 海翁 *hái-ang* mit der Bedeutung „Wal" gelesen, im Chinesischen entspricht diesem *jingyu* 鯨魚. Die Beschreibung in den obigen Aufzeichnungen deckt sich mit denen eines Wals sehr stark, somit könnte dort das taiwanische Wort verzeichnet sein. Siehe auch die Ausführungen von Du Zhengsheng 杜正勝 (geb. 1944), dem damaligen Direktor des Nationalen Palastmuseums und späteren Bildungsminister in Du Zhengsheng 2001.

14 Abgesehen von den in Originaltexten verwendeten Umschriften für das Taiwanische wird in diesem Beitrag die von der taiwanischen Regierung verwendete Umschrift *Taiwan Minnanyu Luomazi Pinyin Fang'an* 臺灣閩南語羅馬字拼音方案 benutzt.

und Demokratisierung.[15] Während des Kriegsrechts unter der Nationalen Volkspartei Chinas (*Zhongguo Guomin Dang* 中國國民黨, kurz *Guomindang* 國民黨, Abkürzung GMD) war aufgrund der Zensur freie Meinungsäußerung nur sehr eingeschränkt möglich, dementsprechend wird in diesem Aufsatz davon ausgegangen, dass Literaten nach der Aufhebung des Kriegsrechts insbesondere während der Regierungszeit der DPP die Chance nutzten, ihre Wahrnehmung und Kritik gegenüber den Umweltveränderungen zu veröffentlichen. Zum anderen fallen in den Zeitraum 2001–2008 intensive Revitalisierungsanstrengungen für die lokalen Sprachen Taiwans auf nationaler Regierungsebene, beispielsweise mit der Einführung des „Einheitlichen Unterrichtscurriculums für die Klassen 1 bis 9" (*jiu nian yiguan kecheng gangyao* 九年一貫課程綱要).[16] Der Verfasser geht davon aus, dass diese Maßnahmen der Tatsache zuträglich waren, dass Autoren ihre Meinung unter anderem zu Umweltveränderungen auf Taiwanisch veröffentlichen.

Der Fokus dieses Aufsatzes liegt auf den in *Haiweng Taiyu Wenxue* veröffentlichten Gedichten mit dem Ziel, die individuellen, unmittelbaren Gefühlsausdrücke der Dichter angesichts der konkreten Naturveränderungen darzustellen, um so die seelischen Beeinträchtigungen herauszuarbeiten.[17] Gehen wir gemäß der literaturwissenschaftlichen Psychoanalyse von Sigmund Freud[18] davon aus, dass die Analyse literarischer Texte grundsätzlich ein geeignetes Mittel ist, um valide Aussagen über die Gedankenwelt ihrer Autoren zu treffen, so trifft dies entsprechend auch auf die Haltung dieser Literaten zu Umweltfragen und -problemen zu. Diese muss nicht nur Ausdruck „einer individuellen Konfliktstruktur" sein, sondern kann darüber hinaus

---

15 Siehe Hsiau A-chin 2000, S. 102–103; Visser 2023, S. 191.
16 Hierdurch wurde für die Grundschule, d. h. die Klassen 1 bis 6 ein obligatorischer „Heimatsprachenunterricht" (*xiangtu yuyan kecheng* 鄉土語言課程) festgelegt, der die Lehre einer lokalen Sprache (Taiwanisch, taiwanisches Hakka oder austronesische Sprache) mit einer Dauer von einer Schulstunde vorsieht. Siehe Khoo Hui-lu 2021, S. 58.
17 Entsprechend dem Konzept Georg Wilhelm Friedrich Hegels (1770–1831) zur Subjektivität der Lyrik: „Indem es endlich im Lyrischen das *Subjekt* ist, das sich ausdrückt, so kann demselben hiefür zunächst der an sich geringfügigste Inhalt genügen. Dann nämlich wird das Gemüt selbst, die Subjektivität als solche, der eigentliche Gehalt, so daß es nur auf die Seele der Empfindung und nicht auf den näheren Gegenstand ankommt. Die flüchtigste Stimmung des Augenblicks, das Aufjauchzen des Herzens, die schnell vorüberfahrenden Blitze sorgloser Heiterkeit und Scherze, Trübsinn und Schwermut, Klage, genug, die ganze Stufenleiter der Empfindung wird hier in ihren momentanen Bewegungen oder einzelnen Einfällen über die verschiedenartigsten Gegenstände festgehalten und durch das Aussprechen dauernd gemacht." Siehe Hegel 1971, S. 205.
18 Siehe Neuhaus 2015, S. 226–228; Stiegler 2017, S. 50–54.

"repräsentativ für eine ganze Schriftstellergeneration" stehen.[19] Es kann natürlich nicht zwangsläufig vorausgesetzt werden, dass die taiwanischsprachigen Literaten sich nur des Taiwanischen bedienen, um ihre Ansichten und Emotionen niederzuschreiben.[20] Allerdings spielt die taiwanische Sprache seit dem Anfang des 20. Jahrhunderts eine bedeutende Rolle für das Bewusstsein und die Entwicklung einer taiwanischen Identität: während der japanischen Kolonialzeit 1895–1945, unter dem von der Nationalregierung verhängten Kriegsrecht 1948–1987, sowie innerhalb des Demokratisierungsprozesses seit 1987.[21]

Für einen chronologischen und inhaltlichen Überblick über Umweltkritik in taiwanischsprachigen Gedichten eignet sich die Literaturzeitschrift *Haiweng Taiyu Wenxue* (im Folgenden auch als *HWTYWX* abgekürzt) insbesondere aus zweierlei Gründen: Zum einen gehört diese zu einer der wenigen Literaturzeitschriften, die seit über 20 Jahren besteht und deren Publikation weiterhin fortgesetzt wird; zum anderen überragt *HWTYWX* in der literarischen Publikationsmenge die anderen einzelnen, noch verbliebenen Zeitschriften. Nachdem im Juli 1987 das Kriegsrecht in Taiwan aufgehoben worden war, schlug sich der aufgestaute (und unterdrückte) Drang zur Erhaltung und zum Wiederaufbau der taiwanischen Sprache in der Gründung von vielen Studentenvereinigungen und Zeitschriften nieder.[22] Einige der Zeitschriften stellten die Publikation aber nach wenigen Jahren wieder ein, so zum Beispiel im Juli 1996 *Fanshu Shikan* und *Qiedong Taiwen Yuekan* im April 1999; andere wiederum schlossen sich zusammen. So führen *Taiwen Tongxun* und *Tâi-bûn BONG Pò* seit Februar 2012 die Publikation gemeinsam unter dem Namen *Tâi-bûn Thong-sìn BONG Pò* 台文通訊BONG報 weiter.[23] Die Zeitschrift *Haiweng Taiyu Wenxue* wurde mit dem Jahr 2001 zwar etwas später gegründet, publiziert aber bis heute in nicht

---

19 Anz 2002, S. 144–145.
20 Beispielsweise haben Xiang Yang 向陽 (geb. 1955), Lu Hanxiu 路寒袖 (geb. 1958) und andere renommierte Autoren, die sich definitiv als Taiwaner identifizieren, auch Gedichte auf Mandarin verfasst. Siehe Xiang Yang 2023a, Lu Hanxiu 2014.
21 Khoo Hui-lu 2021, S. 56–58; Hsiau A-chin 2000, S. 7, 103, 143–144.
22 So wurden im Mai 1991 die Literaturzeitschrift *Fanshu Shikan* 蕃薯詩刊 (TSM *Han-tsî Si-khan*) und im Juli desselben Jahres *Taiwen Tongxun* 台文通訊 (TSM *Tâi-bûn Thong-sìn*), im Mai 1995 *Qiedong Taiwen Yuekan* 茄苳台文月刊 (TSM *Ka-tang Tâi-bûn Guėh-khan*), im Oktober 1996 *Tâi-bûn BONG Pò* 台文BONG報, im Februar 2001 *Haiweng Taiyu Wenxue*, im Dezember 2005 *Taiwen Zhanxian* 台文戰線 (TSM *Tâi-bûn Tsiàn-suànn*) und andere Zeitschriften gegründet.
23 Siehe die Erläuterungen auf der Webseite von *Taiwan Tongxun*: https://taibunthongsin.taigi.info/siaukai/ (Zugriff am 15. Oktober 2024).

unbedeutendem Umfang weiter.[24] Vor allem was die Gattung Lyrik betrifft, besteht ein großer quantitativer Unterschied zwischen *Taiwen Tongxun*, *Tâi-bûn BONG Pò* und dem späteren *Tâi-bûn Thong-sìn BONG Pò* auf der einen und *Haiweng Taiyu Wenxue* auf der anderen Seite.[25] Publikationszeitraum und -umfang sind daher die Gründe für die Wahl dieser Zeitschrift als Grundlage für das zu analysierende Textkorpus.

Umweltlyrik in Taiwan

In der Literatur Taiwans werden die Themen Umweltverschmutzung und -veränderung zum ersten Mal in der Spätphase der japanischen Kolonialzeit (1895–1945) angesprochen, und zwar in dem 1935 von dem Taiwaner Wu Xinrong 吳新榮 (1907–1967) auf Japanisch verfassten Gedicht *Entotsu* 煙突 (Schornsteine).[26] Hierin kritisiert Wu sowohl die kapitalistische Ausbeutung der (Rohrzucker-)Landwirte durch die Japaner als auch die industrielle Verschmutzung des sich in der Modernisierung befindlichen Taiwan. Aufgrund der Entwicklungen des Zweiten Weltkriegs und der verschärften Japanisierung (japanisch *kōminka* 皇民化) wurden von 1937 bis 1945 alle chinesischen Schulen (*sishu* 私塾, d. h. chinesische Privatschulen, in denen sinitische Sprachen unterrichtet wurde) geschlossen. Alle sinitischsprachigen Kolumnen in den Zeitungen wurden aufgelöst und der Gebrauch von

---

24 Seit der Erstausgabe von *HWTYWX* von Februar 2001 sind bis zum Januar 2024 insgesamt 265 Ausgaben erschienen, davon die ersten 12 Ausgaben im zweimonatlichen und danach ab der 13. Ausgabe (Januar 2003) im monatlichen Rhythmus. Inhaltlich reichen die in *HWTYWX* veröffentlichten Genres von moderner Lyrik und traditionellen Liedern sowie Kinderliedern über Essays, Romane, Theaterdrehbücher, Kindergeschichten bis hin zu Vortragsmanuskripten, außerdem werden dort mittels Kommentaren und wissenschaftliche(re)n Aufsätzen über taiwanischsprachige Literatur, das Schriftsystem oder andere Streitpunkte diskutiert. Siehe Huang Jinlian 2001b, S. 5. Bis auf manche Aufsätze, Diskussionen und Berichte, die auf Mandarin geschrieben sind, wird in *HWTYWX* allein Taiwanisch als Sprache benutzt. Für eine Inhaltsübersicht aller Ausgaben siehe http://tai.king-an.com.tw/ (Zugriff am 23. Februar 2024).

25 Vergleiche beispielsweise die digitalisierten Ausgaben von *Taiwen Tongxun* auf der Webseite https://taibunthongsin.taigi.info/ (Zugriff am 16. Februar 2024) und die Anzahl an Moderner Lyrik in *Tâi-bûn Thong-sìn BONG Pò* auf seiner Homepage: https://tsbp.tgb.org.tw/ (Zugriff am 16. Februar 2024). In Ausgaben von *Taiwen Tongxun* findet sich kaum Lyrik, in *Tâi-bûn Thong-sìn BONG Pò* ist die Anzahl an Gedichten in jeder Ausgabe auf fünf Werke begrenzt.

26 Xie Sanjin 2012, S. 2.

Taiwanisch in der Öffentlichkeit untersagt.²⁷ Dementsprechend konnten auch keine sinitischsprachigen literarischen Werke veröffentlicht werden. Dies änderte sich erst nach der Übernahme Taiwans durch die Republik China. Aufgrund der politischen Entwicklung und Atmosphäre („Zwischenfall vom 28. Februar [1948]", *ererba shijian* 二二八事件) war nur noch die Publikation chinesischsprachiger Literatur erlaubt und in den 1950er- und 1960er-Jahren gab die „Kampfliteratur und -kunst" (*zhandou wenyi* 戰鬥文藝) und „Nostalgieliteratur" (*huaixiang wenxue* 懷鄉文學) mit antikommunistischer Propaganda und Verklärung des chinesischen Vaterlandes den Ton an, gepaart mit einer auf das innere Wesen der Autoren gerichteten Literatur des Modernismus.²⁸

Lyrik auf Mandarin

Seit den 1960er-Jahren erschienen vereinzelt chinesische Gedichte, in denen Umweltverschmutzung thematisiert wird. Hierzu gehören beispielsweise *Dushi meiyou chuntian* 都市沒有春天 (In der Großstadt gibt es keinen Frühling) aus dem Jahr 1960 von Sha Bai 沙白 (geb. 1944), *Yijiuqiling nian de dongtian* 1970年的冬天 (Der Winter von 1970) von Lin Huanzhang 林煥彰 (geb. 1939) aus 1971 und *Meiyou yu de heliu* 沒有魚的河流 (Der Fluss ohne Fische) von Mo Yu 莫渝 (geb. 1948), das 1979 publiziert wurde.²⁹

Nachdem die Republik China aufgrund der Übergabe der Diaoyutai-Inseln (*Diaoyutai dao* 釣魚臺島) 1971 sowie des Verlusts seines Sitzes in der UN-Vollversammlung in demselben Jahr und mit dem Abbruch der offiziellen Beziehungen mit den Vereinigten Staaten 1972 außenpolitisch schwere Rückschläge erlitten hatte, entlud sich in der chinesischsprachigen Literatur die Enttäuschung über die Machtlosigkeit der Regierung. Diese Enttäuschung verband sich mit Imperialismus- und

---

27 Lin Ching-Hsiun 2013, S. 72.
28 Hsiau A-chin 2000, S. 65–67. Die Literaturströmung des „Modernismus" entwickelte sich in Taiwan im Laufe der 1960er-Jahre mit dem Ziel, die chinesische Literatur in Taiwan durch die Assimilation an moderne literarische Formen und Inhalte aus den USA und Europa zu modernisieren. Teilweise auch als *l'art pour l'art* beschrieben beziehungsweise kritisiert, zeichnet sich der Modernismus formal und inhaltlich durch folgende Merkmale aus: semantische Ambiguität, Gebrauch von westlichen Bildern und Syntax, Fokus auf die innere Gefühlswelt und das Unterbewusstsein im Sinne von Freuds Psychoanalyse und damit teilweise auch auf die Flucht vor der gegenwärtigen sozialen Realität. Siehe Baus 1982, S. 26–29; Hsiau A-chin 2000, S. 66–69.
29 Xie Sanjin 2012, S. 3–4. Falls nicht anders angegeben, stammen alle Übersetzungen vom Verfasser.

Kapitalismuskritik, warf einen kritischen Blick auf die Schattenseiten des taiwanischen Wirtschaftswunders und fand schließlich in Form der sogenannten „Heimatliteratur" (*xiangtu wenxue* 鄉土文學) ihren Ausdruck.[30] Diese war einerseits Gegenbewegung zum Modernismus, andererseits der Ausdruck der (Rück-)Besinnung auf die realen Verhältnisse in Taiwan und stellte damit ein Symbol für ein erstarkendes taiwanisches Bewusstsein dar.[31] Merkmale für die Heimatliteratur im Stil des *xieshi zhuyi* 寫實主義 (Realismus) sind die Formulierung von humanistischen Vorstellungen, die Abbildung des konkreten Lebens der Landbevölkerung oder Bewohner von Kleinstädten mit ihren ökonomischen Problemen und der häufigen Verwendung von Taiwanisch bzw. einer sinisierten Form dessen in Dialogform.[32] Die Heimatliteratur der 1970er-Jahre richtete ihr Hauptaugenmerk allerdings mehr auf die sozialen und politischen Verhältnisse und Missstände, weniger auf die ökologischen. Als Ausnahme wäre hier der Autor Wu Sheng 吳晟 (geb. 1944) zu nennen, der nicht wenige umweltkritische Gedichte publizierte.[33]

In den 1980er-Jahren entstanden zwei Gedichtreihen speziell in Bezug auf das Thema Ökologie und Umwelt: zum einen die Sonderkolumne *Shengtai – Ziran de huhuan* 生態·自然的呼喚 (Ökologie – Der Ruf der Natur) mit Gedichten von 13 verschiedenen Poeten;[34] zum anderen die Sonderkolumne *Shengtai shi – sheyingzhan* 生態詩·攝影展 (Ökolyrik – Fotoausstellung) mit Werken von 24 Schriftstellern.[35] Nach der Aufhebung des Kriegsrechts 1987 führte die Entwicklung zu schwer

---

30 Neben „Heimatliteratur" ist auch die Bezeichnung „nativistische Literatur" in Gebrauch, insbesondere im anglophonen Raum. Siehe zum Beispiel Chang, Yeh und Fan 2014, S. 16, 26, 284–288.

31 Hsiau A-chin 2000, S. 68–69. Wolf Baus beschreibt Heimatliteratur als eine, „die sich Problemen der eigenen taiwanesischen Wirklichkeit stellt und sich auch weiterhin nicht scheut, negative Aspekte der Industriegesellschaft zu thematisieren. Eine Literatur, die einheimische Politik nicht feiert, sondern kritisch beobachtet und dem wohlhabenden städtischen Mittelstand bewusst zu machen sucht, welcher Preis von wem für diesen Wohlstand zu entrichten ist." Siehe Baus 1982, S. 41.

32 Hsiau A-chin 2000, S. 69–70.

33 So zum Beispiel „Kasuarine" (*Mumahuang* 木麻黃), „Blaue Prunkwinde" (*Qianniuhua* 牽牛花) und „Bitteres Lächeln" (*Ku xiao* 苦笑) allein aus dem Jahr 1975.

34 Veröffentlicht in dem Beiblatt *Shixue Yuezhi* 詩學月誌 der Zeitung *Taiwan Shibao* 台灣時報 (*Taiwan Times*) unter Federführung der beiden Schriftsteller Xiao Xiao 蕭蕭 (geb. 1947) und Li Kuixian 李魁賢 (geb. 1937).

35 Von dem Schriftsteller Xiang Yang in der Zeitung *Independence Evening Post* (*Zili Wanbao* 自立晚報) initiiert. Siehe Xie Sanjin 2012, S. 5-6.

verschmutzten Industriestädten und die zunehmende Veränderung und Zerstörung des Lebensraumes auf dem Land zusammen mit dem allgemeinen – und nicht nur auf Nativisten beschränkten – Erwachen eines Umweltbewusstseins zu einem Anstieg von entsprechenden Gedichten. Unter den Autoren finden sich solche aus älteren und jüngeren Generationen, so zum Beispiel Wu Yongfu 巫永福 (1913–2008), Xiang Ming 向明 (geb. 1928), Cai Xiuju 蔡秀菊 (geb. 1953), Li Changxian 李昌憲 (geb. 1954), Liu Kexiang 劉克襄 (geb. 1957), Luo Ye 羅葉 (1965–2010), Xu Huizhi 許悔之 (geb. 1966) und andere Dichter. Thematisch sind diese sehr breit gefächert und sprechen zum Beispiel Probleme an wie Entwaldung, übermäßige Urbarisierung von Land und dadurch häufiger entstehende Murgänge, saurer Regen, industriell verschmutzte Ackerböden sowie Meeresverschmutzung.[36]

Lyrik auf Taiwanisch

Aufgrund von Taiwans historischer und politischer Vergangenheit ist die Entwicklung der taiwanischsprachigen Lyrik – insbesondere im Hinblick auf Kritik an Umweltveränderungen – eine ganz andere als die der chinesischsprachigen. Wie bereits erwähnt, war die Anzahl an publizierten Gedichten während der japanischen Kolonialzeit nur sehr gering, bis die Veröffentlichung schließlich ab 1937 ganz zum Erliegen kam. In der frühen Nachkriegszeit konnte die taiwanische Literatur aufgrund des Verbots von Topolekten (*fangyan* 方言)[37] im öffentlichen Raum in den ersten Jahrzehnten der Nationalregierung auf Taiwan nicht wiederaufleben.

Erst ab den 1960er-Jahren wagten einzelne Dichter den Versuch, taiwanische Gedichte zu schreiben, zunächst aus dem einfachen Grund, dass die Muttersprache für den natürlichen Ausdruck als am geeignetsten erschien:[38] 1965 veröffentlichte Lin Zongyuan 林宗源 (geb. 1935) *Bēnn--a, iū-koh bô-tsînn* 病了，又擱無錢 (Krank und blank), daraufhin folgte Xiang Yang 1976 mit *A-tia ê pn̄g-pau* 阿爹的飯包 (Die Lunchbox von Papa) und 1977 mit *Tshenn-mê ke tak bô thâng sueh* 青盲雞啄無蟲說 (Die Erzählung, dass ein blindes Huhn kein Insekt aufpickt).[39] Inhaltlich

---

36 Lü Yijing 2011, S. 36–37.
37 Die Schriftzeichen *fangyan* 方言 werden häufig irreführend als „Dialekt" übersetzt, was eigentlich untereinander verständliche Sprachvarietäten bezeichnet. Da eine solche Verständlichkeit im Falle der sinitischen Sprachen nicht vorhanden ist, wird hier der von Victor Mair eingeführte Fachbegriff „Topolect" verwendet. Daneben existiert auch der Begriff „Regiolekt". Siehe Mair 1991, S. 7–8.
38 Hsiau A-chin 2000, S. 136.
39 Song Zelai 2001, S. 8–9.

standen diese Gedichte im Stil des Realismus, womöglich beeinflusst von der oben genannten chinesischsprachigen „Heimatliteratur". In den 1980er- und 1990er-Jahren kamen dann mit der Demokratiebewegung insbesondere die politischen beziehungsweise historischen Themen „Demokratisierung", „Identifikation als Taiwaner", „Unabhängigkeit" und „Zwischenfall vom 28. Februar" in der Lyrik zur Sprache, aber auch Liebesgedichte wurden geschrieben.[40] Verbunden mit dem Publizieren in der eigenen Muttersprache[41] war die Formulierung von Gedanken zur Wiederbelebung der „ursprünglichen" taiwanischen Kultur und zur Schaffung einer kulturellen und nationalen Einheit, ebenso galt die Benutzung einer nichtchinesischen Sprache – vorwiegend Taiwanisch – als Widerstand gegen die GMD-Regierung und deren „Landessprachenagenda" (*guoyu zhengce* 國語政策).[42] Entsprechend erschienen in diesem Jahrzehnt dann vermehrt taiwanische Gedichte, neben Publikationen der erwähnten drei Autoren außerdem Publikationen von Huang Shugen 黃樹根 (geb. 1947), Huang Jinlian 黃勁連 (geb. 1947), Song Zelai 宋澤萊 (geb. 1952), Lin Yangmin 林央敏 (geb. 1955) und anderen. Ab den 1990er-Jahren vergrößerte sich der Kreis der aktiven Dichter noch weiter.[43]

Erst ab den 1990er-Jahren tauchten ökologie- oder umweltbezogene Gedichte auf, hier sind beispielsweise die Gedichte *Liân-só huán-ìng* 連鎖反應 (Kettenreaktion) und *Hô-tshuan kap tsióng-bûn* 河川佮掌紋 (Flüsse und Innenhandabdrücke) von Xie Antong 謝安通 (geb. 1948) aus den Jahren 1993 und 1994 zu nennen.[44] Angesichts der Bedeutung der sozialen und politischen Themen ist zu vermuten, dass Umweltprobleme zumindest für taiwanischsprachige Autoren noch nicht den Stellenwert besaßen, als dass sie in ihren Werken thematisiert worden wären.

Unter der Hypothese, dass die schrittweise Abschaffung der Zensur nach der Kriegsrechtsaufhebung gepaart mit intensiven Revitalisierungsanstrengungen für die lokalen Sprachen Taiwans während der Regierungszeit der DPP zwischen 2000 bis 2008 dazu führten, dass Literaten die gewonnene Freiheit zur Veröffentlichung ihrer Wahrnehmung und Kritik gegenüber Umweltveränderungen nutzten, soll nun im

---

40 Song Zelai 2001, S. 10.
41 Hiermit war anfangs speziell Taiwanisch gemeint, allerdings wurde das Spektrum später auf Hakka und die austronesischen Sprachen ausgeweitet. Siehe Hsiau A-chin 2000, S. 137, 141–142. Mittlerweile ist bei den meisten Autoren auch Mandarin inbegriffen, so zum Beispiel bei Xiang Yang 2014, S. 441; Lin Yangmin 2022, S. 10–11.
42 Hsiau A-chin 2000, S. 137–144.
43 Hsiau A-chin 2000, S. 136–137; Song Zelai 2001, S. 8–10; Lin Yangmin 2022, S. 17.
44 Song Zelai 2001, S. 34–36.

Folgenden anhand der umweltkritischen Lyrik, die im Zeitraum von Februar 2001 bis Mai 2008 in der Literaturzeitschrift *Haiweng Taiyu Wenxue* veröffentlicht wurde, die weitere Entwicklung dieser Art von Gedichten während der Regierungszeit der DPP diskutiert werden.

Umweltveränderungen in taiwanischsprachiger Lyrik zwischen 2001 und 2008

Das aus den 77 Ausgaben zusammengestellte Lyrikkorpus umfasst insgesamt 1118 Gedichte. Davon gehören 28 zu solchen, die Umweltveränderungen thematisieren, was einen Anteil von 2,5 Prozent am Gesamtkorpus ausmacht.[45] Es folgt zunächst eine Übersicht über die Eckdaten der ausgewählten Gedichte unter der Angabe der jeweiligen Ausgabe, in der das Gedicht erschienen ist, des Namens der Autorin beziehungsweise des Autors, des jeweiligen Gedichttitels und der darin angesprochenen Themen:

Ausgabe[46]	Autor	Gedichttitel	relevante Themen
2001.02	Chen Lei 陳雷	„Fluss" (*Khe* 溪)[47]	Verschmutzung und Austrocknung des *Zhuoshuixi* 濁水溪
2001.02	Lin Chenmo 林沉默	„Lied der Heimat" (*Kòo-hiong ê si* 故鄉的詩)[48]	Flussverschmutzung, Unfruchtbarkeit (Natur)
2001.02	Lin Jinxian 林錦賢	„Angeln" (*Tiò-hî* 釣魚)[49]	Flussverschmutzung
2001.02	Lin Jinxian 林錦賢	„Pestizide" (*Lông-io̍h* 農藥)[50]	Wasservergiftung (Gewässer und Meere)

---

45 Für den betrachteten Zeitraum wurden drei umweltkritische Gedichte ausgelassen, die laut Eigenkommentar der Autoren tatsächlich bereits früher verfasst oder veröffentlicht wurden. Hierzu gehören „Zhuoshuixi" (*Lô-tsuí-khe* 濁水溪) von Lin Zongyuan 林宗源 (2001.02), „Der Alte und der Fisch" (*Lāu-lâng kap hî* 老人kap魚) von Jiang Weiwen 蔣為文 (2007.03) und „Kurzlied über Formosa" (*Formosa té kua* 福爾摩莎短歌) von Fang Yaoqian 方耀乾 (2007.06). Siehe Lin Zongyuan 2001, S. 29; Jiang Weiwen 2007, S. 48–49; Fang Yaoqian 2007, S. 42.
46 Zeitangabe im Format jjjj.mm.
47 Chen Lei 2001, S. 42–43.
48 Lin Chenmo 2001, S. 48–49.
49 Lin Jinxian 2001a, S. 83.
50 Lin Jinxian 2001b, S. 83.

2001.04	Lin Jinxian 林錦賢	„Dunkler Himmel" (*Thinn oo-oo* 天烏烏)[51]	Umweltverschmutzung
2003.06	Hu Changsong 胡長松	„Auf der Brücke der Fünf Segnungen" (*Tī Ngóo-hok kiô tíng* 佇五福橋頂)[52]	Umweltveränderung (erhöhte Sauberkeit des *Ai He* 愛河)
2003.11	Lin Wenping 林文平	„Umweltschutzfestival" (*Khuân-pó uân-iû-huē* 環保園遊會)[53]	Umweltverschmutzung
2004.04	Fang Yaoqian 方耀乾	„Qigu-Lagune" (*Tshit-kóo sik-ôo* 七股潟湖)[54]	Umweltverschmutzung, Speziesvertreibung
2004.05	Wang Zongjie 王宗傑	„Bagger" (*Kuài-tshiú* 怪手)[55]	Umweltzerstörung
2004.09	Yu Wenqin 余文欽	„Wenn Geröll fließt" (*Thôo-tsioh nā lâu* 土石若流)[56]	Umweltzerstörung, Flussverschmutzung
2004.12	Chen Zhengxiong 陳正雄	„Lang verlassene Heimat" (*Kiú-piat ê kòo-hiong* 久別的故鄉)[57]	Umweltveränderung, Umweltzerstörung
2005.03	Yun Feng 雲鳳	„Schöne Fehler" (*Bí-lē ê tshò-gōo* 美麗ê錯誤)[58]	Umweltveränderung, Umweltzerstörung
2005.05	Huang Jinlian 黃勁連	„Was ist der Frühling so kalt" (*Tshun-thinn thah tsiah kuânn* 春天汰迹寒)[59]	Umweltveränderung, Klimaveränderung
2005.05	Lin Yangmin 林央敏	„Wenn die Wut der Erde das Meer zum Schluchzen treibt" (*Tē-nōo kik hái háu* 地怒激海吼)[60]	Umweltverschmutzung, Umweltzerstörung, Naturkatastrophe (Erdbeben, Tsunami)
2005.08	Yun Yinshan 雲吟山	„Innere Stimme der Erde" (*Hōo-thóo sim-siann* 后土心聲)[61]	Umweltverschmutzung

---

51 Lin Jinxian 2001c, S. 73.
52 Hu Changsong 2003, S. 38–42.
53 Lin Wenping 2003, S. 52–53.
54 Fang Yaoqian 2004, S. 52–53.
55 Wang Zongjie 2004, S. 52–53.
56 Yu Wenqin 2004, S. 26–29.
57 Chen Zhengxiong 2004, S. 34–35.
58 Yun Feng 2005a, S. 42–43.
59 Huang Jinlian 2005, S. 20–22.
60 Lin Yangmin 2005, S. 28–31.
61 Yun Yinshan 2005, S. 58–59.

2005.09	Wang Zongjie 王宗傑	„Legehennen" (Senn-nn̄g-ke 生卵雞)[62]	Umweltveränderung (Tierhaltung)
2005.10	Lin Donglin 林東霖	„Der Verschmutzungsvorfall von Taijian" (Tâi-kinn ù-jiám sū-kiānn 台鹼污染事件)[63]	Umweltverschmutzung, Wasserverschmutzung
2005.11	Zheng Jijun 鄭吉竣	„Innere Stimme des Flusswassers" (Khe-á-tsuí ê sim-siann 溪仔水的心聲)[64]	Flussverschmutzung
2005.12	Yun Feng 雲鳳	„Wasserelegie" (Tsuí siong 水殤)[65]	Naturkatastrophe (Überschwemmung)
2006.04	Chen Yingchen 陳映辰	„Jener Fluss" (Hit tiâu khe 彼條溪)[66]	Umwelt-, Flussverschmutzung
2006.12	Chen Mingren 陳明仁	„Flaschenkürbishelm und Kindersitz" (Pû-hia-khok kap í-tsē-á Pû-hia-khok kap 椅坐á)[67]	Naturkatastrophe (Taifun, Überschwemmung)
2007.03	Fu Rui 弗瑞	„Verbrannte Felder" (Sio tshân 燒田)[68]	Umweltveränderung (Urbanisierung), Umweltzerstörung (Speziesvertreibung)
2007.04	Fu'erkaku 福爾卡庫	„Für Chen Yufeng, eine Verfechterin für die Gleichberechtigung der Natur, die mit den Blutgefäßen des Landes innig verbunden ist" (Kap thóo-tē hueh-mėh khan-bán ê tsū-jiân pîng-khuân-tsú-gī-tsiá: Tân Giȯk-hong 佮土地血脈牽挽ê自然平權主義者：陳玉峰)[69]	Entwaldung, Respektlosigkeit gegenüber der Natur

---

62 Wang Zongjie 2005, S. 48–49.
63 Lin Donglin 2005, S. 32–37.
64 Zheng Jijun 2005, S. 42–43.
65 Yun Feng 2005b, S. 42–43.
66 Chen Yingchen 2006, S. 64–65.
67 Chen Mingren 2006, S. 30–33.
68 Fu Rui 2007, S. 60.
69 Fu'erkaku 2007, S. 26–28.

2007.09	Fu Rui 弗瑞	„Die Felder sind tot" (*Tshân sí* 田死)[70]	Umweltveränderung (Urbanisierung von Agrarfläche), Umweltzerstörung (Speziesvertreibung), Naturkatastrophe (Überschwemmung)
2007.10	Shakabulayang 沙卡布拉揚	„Zuckerrohrfelder" (*Kam-tsià-hn̂g* 甘蔗園)[71]	Umweltveränderung (Urbanisierung von Agrarfläche)
2007.12	Shakabulayang 沙卡布拉揚	„Der erste Schnee" (*Tshoo suat* 初雪)[72]	Umweltverschmutzung, Klimaveränderungen, Umweltveränderung (Lebensraum von Tieren und Pflanzen), Naturkatastrophen (Erdbeben, Tsunami)
2008.01	Mei Hong 美紅	„Brautkleid—Liebesserie zur Westküste" (*Sin-niû sann —Se-hái-huānn luân-tsîng hē-liàt* 新娘衫—西海岸戀情系列)[73]	Umweltzerstörung (taiwanische Westküste)
2008.04	Li Shuzhen 李淑貞	„Quellwasser des Lebens" (*Sènn-miā ê tsuânn-tsuí* 生命ê泉水)[74]	Umweltverschmutzung, übermäßige Ressourcennutzung

Tabelle 1: Themenrelevante Gedichte des Lyrikkorpus.

Die hier aufgelisteten 28 Gedichte sind das Ergebnis einer manuellen Durchsicht der genannten 1118 Gedichte. Auswahlkriterium ist jegliche Darstellung oder Kritik an Umweltveränderungen, sowohl negative als auch positive. Zur Identifikation umweltbezogener Themenfelder, wie zum Beispiel Umweltverschmutzung und -zerstörung, Verschmutzung und Vergiftung von Wasser und Meeren sowie Naturkatastrophen, wurde eine werkimmanente Deduktion und nicht computergestützte Textanalyse mit bereits festgelegten Begriffen angewandt. Grund dafür ist, dass ein wichtiges Merkmal von Literatur und insbesondere von Lyrik das Unausgesprochene und

---

70 Fu Rui 2007, S. 48–49.
71 Shakabulayang 2007a, S. 39.
72 Shakabulayang 2007b, S. 63–65.
73 Mei Hong 2008, S. 44–45.
74 Li Shuzhen 2008, S. 34–36.

Anspielungen sowie Allegorien, Metaphern, Vergleiche und andere sprachliche Mittel sind. Entsprechend werden unverblümte Begriffe, beispielsweise Zerstörung (*pohuai/phò-huāi* 破壞), Verschmutzung (*wuran/ù-jiám* 污染) oder Naturkatastrophe (*tianzai/thian-tsai* 天災), nur selten beziehungsweise gar nicht verwendet, wie aus den folgenden Gedichtübersetzungen deutlich werden wird.

Von der Menge der relevanten Gedichte her betrachtet, zeigt sich, dass das Thema Umwelt zumindest in der in *HWTYWX* akzeptierten und publizierten Lyrik weiterhin relativ wenig Beachtung findet, stattdessen dominieren Themen aus den Bereichen Politik, Geschichte, Liebe, Familie, Kultur und Alltagsleben. Hierbei muss jedoch bedacht werden, dass es eine Dunkelziffer von umweltrelevanten Gedichten gibt, die zwar bei *HWTYWX* eingereicht, aber nicht publiziert wurden, da sie den Bewertungskriterien nicht entsprachen oder auf andere Themen Rücksicht genommen wurde.[75]

Chronologisch gesehen wurden in fast jedem betrachteten Jahr relevante Gedichte veröffentlicht, mit Ausnahme von 2002. Dafür sticht das Jahr 2005 mit acht Gedichten besonders hervor, ebenso finden sich 2001, 2004 und 2007 jeweils vier bzw. fünf Werke mit Bezug zu Umweltthemen. In den restlichen drei Jahren wurden lediglich drei Gedichte publiziert, die für die vorliegende Analyse relevant sind. Inhaltlich betrachtet thematisieren die ausgewählten Gedichte häufig nicht nur Umweltaspekte allein, sondern sind durchaus mit Themen aus den Bereichen Politik oder Geschichte verwoben.[76] Bei den 28 ausgewählten Gedichten bildet das Thema Umweltverschmutzung bzw. -zerstörung mit 17 Gedichten den Schwerpunkt, gefolgt von den Themen Umweltveränderung mit neun und Flussverschmutzung mit acht Gedichten.[77] Das Problem der Umweltkatastrophen wird in vier Gedichten angesprochen. Bei diesen inhaltlichen Schwerpunkten fällt auf, dass die Themen „Fluss", „Agrargesell-

---

75 In der Erstausgabe sind die Ziele der Zeitschrift artikuliert: 1. Verbreitung und Stärkung des taiwanischsprachigen Schreibsystems und der Literatur; 2. Etablierung eines Fachs für taiwanischsprachige Literatur; 3. Finden und Errichten einer traditionellen Grundlage für taiwanischsprachige Literatur; 4. Erforschung und Förderung von moderner taiwanischsprachiger Literatur; 5. Austausch über internationale Literatur. Siehe Lin Yangmin 2001, S. 24.

76 Siehe beispielsweise Wang Zongjie 2004, S. 52–53; Fu'erkaku 2007, S. 26–28.

77 Von Hu Changsong wurde auch ein Gedicht zu positiven Umweltveränderungen publiziert, nämlich zur erhöhten Sauberkeit des Flusses *Ai He* 愛河 (Liebesfluss) in Gaoxiong 高雄. Siehe Hu Changsong 2003, S. 38–39. In den 1960er-Jahren war der *Ai He* aufgrund des Bevölkerungszuwachses und der gestiegenen Anzahl an Fabriken in Gaoxiong für seine Verschmutzung bekannt. Schließlich wurde ab 1979 mit mehreren mehrjährigen Projekten die Sanierung des Flusses durchgeführt und 2023 abgeschlossen. Siehe Lin und Lin 2014, S. 10–11; Hong Chenhong 2023.

schaft" sowie „Pflanzen und Tiere" sehr präsent sind. Aufgrund dieser Verteilung wird nachfolgend jeweils ein Gedicht aus den Bereichen Umweltverschmutzung/ -zerstörung, Flussverschmutzung und Umweltveränderung exemplarisch näher besprochen.

Beispiele von taiwanischsprachiger Lyrik zu Umweltveränderungen

Im weiteren Verlauf werden die Gedichte *Khe* von Chen Lei (geb. 1939), *Kiú-piàt ê kòo-hiong* von Chen Zhengxiong (geb. 1962) und *Senn-nn̄g-ke* von Wang Zongjie (geb. 1950) übersetzt und besprochen, um die Darstellung von und Kritik an Umweltveränderungen in taiwanischer Lyrik in *HWTYWX* in den Jahren 2001–2008 zu veranschaulichen.

Flussverschmutzung

Das Gedicht mit dem einfachen Namen „Fluss" stammt aus der Hand von Chen Lei. Chen Lei ist der Künstlername von Wu Jingyu 吳景裕 (TSM Ngôo Kíng-iȯk), der 1939 in Nanjing, China, geboren wurde, als seine taiwanischen Eltern dort arbeiteten. Nach dem Zweiten Weltkrieg zogen sie wieder nach Taiwan zurück und lebten zunächst in Taipei, zogen dann aber später nach Tainan. Chen studierte Medizin, nach dem Studium und anschließendem Wehrdienst arbeitete er in den Vereinigten Staaten als medizinischer Assistent. Danach zog er nach Kanada, promovierte dort und arbeitete dann als Hausarzt. Im weiteren Verlauf wurde er in der Bewegung für taiwanische Literatur sehr aktiv und begann 1987 auf Taiwanisch zu schreiben. Seine Werke zeigen Einflüsse sowohl aus seinem Leben in Tainan als auch aus seinen Erfahrungen im Ausland.[78]

Das Gedicht „Fluss" von Chen Lei handelt von der Flussverschmutzung und der Zerstörung des Flussbettes des *Zhuoshuixi* 濁水溪 (wörtlich „Trüber Fluss").[79] Die

---

[78] Siehe Chen Yaoling 2005, S. 8–17.

[79] Der *Zhuoshuixi* ist Taiwans längster Fluss und die Wasserquelle für den mittleren Teil Taiwans, der aufgrund seiner Fruchtbarkeit auch die Reiskammer Taiwans genannt wird. Der Fluss entspringt dem Zhongyang- (*Zhongyang Shanmai* 中央山脈) und Xueshan-Gebirge (*Xueshan Shanmai* 雪山山脈), wo er aus mehreren kleinen Flüssen gespeist wird. Sein Name Zhuoshuixi (TSM *Lô-tsuí-khe*) rührt daher, dass er viele Sedimente aus den Bergen mit sich führt und deshalb sehr trüb ist. Nach Erreichen der Tiefebene im Westen Taiwans sammeln sich diese Sedimente im Flussbett an. Zur Wasserregulierung und Elektrizitätsgewinnung wurden mehrere Staudämme und Wasserkraftwerke errichtet, beispielsweise *Wanda Shuiku* 萬大水庫, *Toushe Shuiku* 頭社水庫 und *Wushe Shuiku* 霧

deutsche Übersetzung, der taiwanische Originaltext und die taiwanische Transkription sind im Folgenden aufgeführt.[80]

Fluss

Früher schritten wir von hier hinüber,
Und nannten deinen Namen, „Trüber Fluss",
Das Wasser trübe und reichhaltig,
Fische gab es auch sehr viele.

Jetzt schreiten wir von hier hinüber,
Es gibt viel Sand und Steine,
Nur ein Wasserrinnsal ist noch übrig,
             Das fließt und tropft.[81]
Wie ein großer Fisch mit geplatztem Bauch,
Den Bauch nach oben gedreht kurz vor dem Sterben,
Das Blut rinnt und fließt,
Die letzten paar Tropfen.

Der breite Fluss trägt kein Wasser,
Wir schreiten von hier hinüber
Und nennen dich immer noch „Trüber Fluss".
Denn im Herzen erinnern wir uns noch,
Dass du früher reich an Wasser, reich an Fischen warst.

Warum?
Warum sind Flüsse wie Menschen,
Und können auch sterben,

社水庫. Daraufhin verringerte sich in hohem Ausmaß die geführte Wassermenge in den tieferen Ebenen.

80 Die deutschen Übersetzungen wurden vom Autor selbst erstellt. Der taiwanische Originaltext wurde angepasst: Die Tondiakritika der Umschrift werden einheitlich über dem Silbenvokal angegeben, anstatt Zahlen zu verwenden. Da außerdem eine vollständige Transkription angegeben wird, wurden in Klammern gefasste Leseangaben der Autoren entfernt und in den Text der Umschrift mitaufgenommen. Im Taiwanischen gibt es verschiedene Dialekte, die sich in der unterschiedlichen Aussprache desselben Wortes widerspiegeln können. Für die Transkription konnten die jeweiligen Aussprachen der Autoren nicht überprüft werden, deshalb orientiert sich der Verfasser an den Dialektaussprachen ihrer jeweiligen Herkunftsorte.

81 Dieser Einschub ist dem Originaltext nachempfunden.

Allmählich
Schmerzhaft sterben?

溪[82]

古早阮按chia過，
攏叫你ê名濁水溪，
水濁濁，水真chē，
魚mā真chē。

Chit-má阮按chia過，
砂真chē，石真chē，
Chhun一chōa溝á水，
　　　　teh流teh滴。
若破腹ê大尾魚，
Péng肚teh beh死，
血teh tin teh　流，
上尾a hit幾滴。

真闊ê溪無水，
阮ùi chia過，
mā是叫你濁水溪。
因為心肝內猶會記，
古早水真chē，魚真chē。

是按怎？
是按怎溪kap人仝款，
mā是會死，
liâu-liâu-a
chiah-nih艱苦死？

Khe

Kóo-tsá guán àn tsia kuè,
Lóng kiò lí ê miâ Lô-tsuí-khe,
Tsuí lô-lô, tsuí tsin tsē.

Tsit-má guán àn tsia kuè,
Sua tsin tsē, tsio̍h tsin tsē,

---

82 Chen Lei 2001, S. 42–43.

Tshun tsit tsuā kau-á-tsuí,
teh lâu teh tih.

Ná phuà-pak ê tuā bué hî,
Píng-tōo teh-beh sí,
            hueh teh tin teh lâu
siōng-bué-á hit kuí tih.

Tsin kuah ê khe bô tsuí,
Guán uì tsia kuè,
Mā sī kiò lí Lô-tsuí-khe.
In-uī sim-kuann lāi iáu ē-kì,
Kóo-tsá tsuí tsin tsē, hî tsin tsē.

Sī án-tsuánn?
Sī án-tsuánn khe kap lâng kāng-khuán,
Mā sī ē sí,
Liâu-liâu-á
Tsiah-nih kan-khóo sí?

Die ersten beiden Strophen in Chens Gedicht beschreiben den positiven Zustand des Flusses *Zhuoshuixi* in der Vergangenheit und den negativen in der Gegenwart, woraufhin in der dritten Strophe noch einmal die positiven Erinnerungen im Gegensatz zum ausgetrockneten Anblick hervorgehoben werden. Zum Schluss wirft das lyrische Ich die Frage auf, wieso die Lebensspanne eines natürlichen Wasserlaufes ebenso endlich ist wie die eines Menschenlebens, und bringt damit seine Perplexität gegenüber der Zerbrechlichkeit der Natur zum Ausdruck. In der zweiten Strophe wird der desolate Zustand des Flusses anhand der Metapher eines sterbenden Fisches bildlich vergegenwärtigt. Dieses metaphorische Bild sowie der Fluss als Symbol der Lebensader der Natur erscheinen auch in anderen Gedichten. [83] Durch die Verknüpfung des Flusses mit der Sterblichkeit und dem schmerzhaften Dahinsiechen des Menschen wird der Fluss personifiziert und dadurch dessen Leid – und das des lyrischen Ichs – dem Leser nahegebracht.

Verschmutzung und Zerstörung der Umwelt

Das Gedicht „Lang verlassene Heimat" stammt von Chen Zhengxiong. Chen wurde 1962 in Tainan geboren. Er studierte an der National Taiwan Normal University

---

83 Siehe „Der Verschmutzungsvorfall von Taijian", Lin Donglin 2005, S. 34.

Bürgererziehung (*gongmin xunyu* 公民訓育) und lehrte an der National Tainan First Senior High School. Chens Oeuvre besteht hauptsächlich aus Gedichten, die allesamt auf Taiwanisch verfasst sind; inhaltlich handeln diese von Landschaftsszenerien und Naturökologie, sowie von Familie, Verwandten und heimatlichen Geschichten. Entsprechend sind seine Gedichte sehr von Nativismus und Emotionen geprägt, versuchen aber auch zum Nachdenken über soziale Umstände anzuregen.[84] Diese Themen finden wir auch in seinem folgenden Gedicht „Lang verlassene Heimat" wieder:

Lang verlassene Heimat

Zurück in der lang verlassenen Heimat
Begegne ich einem Freund aus der Kindheit
Er[85] ist ein arbeitsloses Feld
Er sagt
„Landwirte werden Jahr für Jahr älter
Landwirtschaftliche Produkte werden Tag für Tag billiger
Ich kann nicht erkennen
Wo eine Perspektive ist"

Zurück in der lang verlassenen Heimat
Treffe ich zufällig einen Nachbarn von früher
Er ist ein einsames Feld
Er sagt
„Es gibt keine Tage mehr, an denen Grillen singen
Es gibt keine Nächte mehr, in denen Glühwürmchen tanzen
Nicht mehr lange
Dann finde ich niemanden mehr, mit dem ich zusammen sein kann"

Zurück in der lang verlassenen Heimat
Sehe ich einen Verwandten von einst
Er ist ein deprimiertes Feld
Er sagt
„Die Betonhäuser werden immer mehr
Die Asphaltstraßen werden immer dicker

---

84 Siehe https://db.nmtl.gov.tw/site4/s6/writerinfo?id=1514 (Zugriff am 30. Mai 2023).
85 Mit dem Personalpronomen *i* 伊 kann sowohl eine weibliche wie auch eine männliche Person gemeint sein.

Eines Tages
Erkenne ich mich selbst nicht wieder"

Zurück in der lang verlassenen Heimat
Besuche ich die betagten Eltern
Sie sind ein schwerkrankes Feld
Sie sagen
„Der übermäßig geschundene Körper
Der mit Überdosen von Medikamenten gespeiste Leib
Wir wissen nicht
Wie lange wir noch leben werden"

久別的故鄉[86]

轉去久別的故鄉
撞到細漢的朋友
伊是失業的田園
伊講
種田人一冬一冬老
農產品一日一日俗
看會出
前途佇佗位

轉去久別的故鄉
遇到以早的厝邊
伊是寂寞的田園
伊講
無蟋蟀仔唱歌的日時
無火金姑跳舞的暗暝
無偌久
揣無人做伴

轉去久別的故鄉
看到過去的親情
伊是鬱卒的田園
伊講
紅毛土厝愈來愈濟
打馬膠路愈來愈厚

---

86 Chen Zhengxiong 2004, S. 34–35.

有一工
認𣍐出家己

轉去久別的故鄉
見到年老的父母
伊是病重的田園
伊講
操勞過度的身體
食藥過量的身軀
毋知也
會擱活偌久

Kiú-piàt ê kòo-hiong

Tńg-khì kiú-piàt ê kòo-hiong
Tñg-tio̍h sè-hàn ê pîng-iú
I sī sit-gia̍p ê tshân-hn̂g
I kóng
Tsìng-tshân-lâng tsit-tang-tsit-tang lāu
Lông-sán-phín tsit-ji̍t-tsit-ji̍t sio̍k
Khuànn-bē-tshut
Tsiân-tôo tī tó-uī

Tńg-khì kiú-piàt ê kòo-hiong
Gū-tio̍h í-tsá ê tshù-pinn
I sī tsik-bo̍k ê tshân-hn̂g
I kóng
Bô sih-sut-á tshiùnn-kua ê jit--sî
Bô hué-kim-koo thiàu-bú ê àm-mê
Bô guā-kú
Tshuē-bô lâng tsò-phuānn

Tńg-khì kiú-piàt ê kòo-hiong
Khuànn-tio̍h kuè-khì ê tshin-tsiânn
I sī ut-tsut ê tshân-hn̂g
I kóng
Âng-mn̂g-thôo-tshù lú-lâi-lú tsē
Tám-á-ka-lōo lú-lâi-lú kāu
Ū-tsit-kang
Jīn-bē-tshut ka-kī

Tńg-khì kiú-piȧt ê kòo-hiong
Kìnn-tiȯh nî-lāu ê pē-bú
I sī pēnn-tāng ê tshân-hn̂g
I kóng
Tshau-lô kuè-tōo ê sin-thé
Tsiȧh-iȯh kuè-liōng ê sin-khu
M̄ tsai-iánn
Ē koh uȧh guā-kú

Chen Zhengxiong stellt im Gedicht „Lang verlassene Heimat" mit vier Strophen die Verwahrlosung, Verschmutzung und Zerstörung der Umwelt dar. Abgesehen davon wird gleichzeitig ein negatives Urteil über das menschliche Verhalten gefällt und somit auch Kritik an sozialökonomischen Missständen geäußert. Dies ist insbesondere in der ersten Strophe der Fall, wo Kritik an dem fehlenden Nachwuchs in der Landwirtschaft und dem Preisverfall von Agrarprodukten Kritik geübt wird. Mit jeder Strophe wird der Kreis der von den Veränderungen betroffenen Personen immer kleiner gezogen: von entfernteren Kindheitsfreunden über Nachbarn und Verwandte bis hin zu den eigenen Eltern. Auf diese Weise wird eine Omnipräsenz der Auswirkungen und deren direkte, unmittelbare Erfahrung durch das lyrische Ich spürbar. Allerdings wird durch die Verwendung des Begriffes „Feld" und dem sogleich darauffolgenden Personalpronomen „er/sie" eine semantische Polyvalenz erzeugt: Die Aussagen jeder Strophe können sowohl konkret auf lebende Personen bezogen als auch übertragen auf das Feld und somit die Natur verstanden werden. In der zweiten Strophe wird auf den ersten Blick das Verschwinden von Grillen und Glühwürmchen beklagt, wobei dies ein Resultat der Umweltverschmutzung ist, die den Lebensraum solcher Insektenarten ausdünnt. Gleichzeitig kann das Verschwinden der Insekten auch das Abwandern der jungen Landbevölkerung in die Städte andeuten. Im nächsten Schritt werden in der dritten Strophe der Wandel der Baustoffe und die Bodenversiegelung kritisiert, durch die die Erdoberfläche sichtbar verändert wird. Schließlich geht die letzte Strophe auf die Übernutzung der Erde ein. Die betagten und überarbeiteten Eltern stehen metaphorisch für die uns ernährende Erde, die aufgrund übermäßiger Ausnutzung und Zuführung von produktionssteigernden Stoffen am Ende ihrer Kräfte angelangt ist.

Umweltveränderung

Der Dichter Wang Zongjie wurde 1950 in Tainan geboren. Er studierte Chinesische Literatur an der National Taiwan Normal University und lehrte an der Seniorenbildungsstätte *Songpo Xueyuan* 松柏學苑 in Tainan. Wang widmet sich hauptsächlich der Lyrik, insbesondere schreibt er auf Taiwanisch über die heimatliche Kultur Taiwans. Aus diesem Grund sind seine Werke voller Bezüge zu nativistischen Gebräuchen und heimatlicher Szenerie. Neben poetischen Werken widmet er sich auch der Erforschung und Weiterentwicklung des Taiwanischen.[87] Im folgenden Gedicht geht Wang bewegend auf die heutigen Lebensumstände von Hühnern ein, die sich aufgrund der absoluten Ausbeutung durch den Menschen im Vergleich zu ihrem ursprünglichen Leben drastisch verändert haben.

Legehennen

Futter essen
Im Hühnerstall auf Eisengestellen[88]
Ein Käfig für ein Tier
Eine Lampe
Eine Arbeit
Die Existenz von Leben
Hat sich zur einfachsten Form gewandelt

Unwissend, was Insekten sind
Unwissend, was Adler sind
Ein Trog mit Futter
Ohne die Sorge, vom Regen durchnässt und vom Wind durchgerüttelt
Zu werden
Ein Leben ohne Sonne
Mit einer Lampe

Sobald das „Kapital" aufgebraucht ist
Und keine Eier mehr produziert werden
Werden die an den Straßenrand weggeworfenen Hühner
Etwa von den Leuten
In die Küchen gekarrt
Um beim Fastfood-Selbstbedienungsbüfett
Als Chicken Nuggets
Den letzten Beitrag zu leisten

---

87 Siehe https://db.nmtl.gov.tw/site4/s6/writerinfo?id=125 (Zugriff am 30. Mai 2023).
88 Wang Zongjie 2005, S. 49, kommentiert diesen Vers mit der Erläuterung „Ein großer Hühnerstall, der in Tianzhong Township mit Eisengestellen errichtet wurde." (*Tiân-tiong thih-kè tah-kiàn ê tuā-hîng ióng-ke-tiûnn* 田中鐵架搭建兮大型養雞場).

Das Schicksal von Legehennen liegt
Das ganze Leben lang
Nur dort
Ohne einmal vom Besitzer
Das Wort „Danke" gehört zu haben

生卵雞[89]

食飼料
鐵茨雞巢
一格一隻
一苃燈火
一種空課
性命兮存在
化做上簡單兮形態

唔知啥乜是蟲
唔知啥乜是獵鴞
飼料一槽
免煩惱雨淋風搖
無日頭兮生活
電火一苃

食了本
𣍐生卵
倒佇路邊兮雞
是唔是會互儂
摒去灶跤內
快餐自助餐
「炸雞塊」
做最後兮奉獻

生卵雞兮運命
一生一世
攏佇遐
唔捌聽過頭家
講一句感謝

---

89 Wang Zongjie 2005, S. 48–49.

Senn-nñg-ke

Tsiȧh tshī-liāu
Senn ke-nñg
Thih-tshù ke-tiâu
Tsit keh tsit tsiah
Tsit pha ting-hué
Tsit tsióng khang-khuè
Senn-miâ ê tsûn-tsāi
Huà-tsò siōng kán-tan ê hîng-thài

M̄ tsai siánn-mih sī thâng
M̄ tsai siánn-mih sī lȧh-hio̍h
Tshī-liāu tsit tsô
Bián huan-ló hōo lâm hong iô
Bô jit-thâu ê sing-uȧh
Tiān-hué tsit pha

Tsiȧh-liáu pún
Bē senn-nñg
Tò tī lōo-pinn ê ke
Sī m̄ sī ē hōo lâng
Piànn-khì tsàu-kha lāi
Khuài-tshan tsū-tsōo-tshan
„Zhájīkuài"⁹⁰
Tsò tsuè-āu ê hōng-hiàn

Senn-nñg-ke ê ūn-miā
It-sing it-sè
Lóng tī hia
M̄-bat thiann-kuè thâu-ke
Kóng tsit kù kám-siā

Das Gedicht „Legehennen" von Wang Zongjie übt harsche Kritik an den Lebensumständen von Legehennen. Ebenso wie die vorherigen beiden Gedichte gliedert es sich in vier Strophen und entspricht der traditionellen Gedichtstruktur *qi cheng zhuan he* 起承轉合 (wörtlich „Beginn, Fortführung, Wendung, Zusammenführung"). So wird in der ersten Strophe der großräumige Hühnerstall als Ort des Geschehens skizziert, in dem Legehennen ihr einfaches, einsames und monotones Leben fristen.

---

90 Dieses Wort ist im Originaltext in Klammern gesetzt und hat mit den vorliegenden Schriftzeichen keine taiwanische Lesung, deshalb ist es hier wahrscheinlich auf Mandarin zu lesen.

Durch diesen Beginn ist die Frage impliziert, wie das komplexe Leben eines Tieres auf solche Weise simplifiziert werden kann. Die zweite Strophe greift dieses Thema weiter auf, indem das sorgenfreie, von der Natur entrückte Leben ohne Hunger und Fressfeinde, aber auch ohne natürliche Umgebung und Sonnenlicht beschrieben wird. In der dritten Strophe findet dann ein inhaltlicher Wechsel statt und es wird auf das Lebensende der Hühner eingegangen. Sobald ihre Produktivität als Eierlegemaschine erschöpft ist, wird ihr Körper als Nahrungsmittel in der einfachen Gastronomie verwertet. Zum Ende wird in der vierten Strophe die Hauptaussage des Gedichtes zusammengefasst: Der Mensch macht sich Legehennen – hier als *pars pro toto* für die Gesamtheit der Natur – in allen ihren Lebensphasen verwertbar und sieht diese Ausbeutung darüber hinaus als selbstverständlich an, sodass er den Hennen und damit der Natur weder Dankbarkeit, Wertschätzung noch Respekt zollt.

Zusammenfassung

Blicken wir auf das lyrische Gesamtkorpus der Literaturzeitschrift *Whale of Taiwanese Literature* aus dem Zeitraum Februar 2001 bis Mai 2008, so machen Gedichte, die den Themenbereich Umwelt thematisieren, nur einen geringen Teil aus. Anhand dieser Gewichtung kann zumindest für diese Zeitschrift angenommen werden, dass sich das Gros der Schriftsteller auf lyrischer und damit emotionaler Ebene mit anderen Themen wie dem taiwanischen Selbstverständnis, dem Verhältnis zu China, familiären und ehelichen Beziehungen, der Schönheit Taiwans et cetera beschäftigt. Allerdings ist darauf hinzuweisen, dass das Problem der Umweltveränderungen und -zerstörung – wenn auch in geringem Umfang – durch einzelne Publikationen in *HWTYWX* trotzdem zur Sprache gebracht wird, es also nicht vollkommen irrelevant erscheint. Im Vergleich zur chinesischsprachigen Umweltlyrik mag der Umfang vielleicht marginal erscheinen, doch ist darauf hinzuweisen, dass chinesischsprachige Lyrik bereits seit der Heimatliteraturbewegung in den 1970er-Jahren Zeit hatte, sich zu entwickeln. Die taiwanische Literatur entbehrte nicht nur einer literarischen Tradition, sondern musste gleichzeitig grundlegende Probleme wie die Verschriftlichung des Taiwanischen lösen. Dementsprechend ist die inhaltlich breite Fächerung der taiwanischen Gedichte nachvollziehbar, um zunächst eine literarische Grundlage für alle Lebens- und Themenbereiche zu schaffen. Anhand der im Zeitraum 2001 bis 2008 publizierten umweltbezogenen Lyrik lassen sich drei verschiedene Themen identifizieren: 1. Umweltverschmutzung und -zerstörung, insbesondere mit dem Unterthema Flussverschmutzung; 2. Umweltveränderungen, größtenteils negative; 3. Umweltkatastrophen.

Betrachten wir nun die drei Gedichtbeispiele zu den genannten Hauptthemen, fällt stilistisch sogleich der starke Realismus auf, der auch ein Kennzeichen der Heimatliteratur ist: die konkrete Orientierung an nichtfiktionalen Missständen. In den analysierten Fällen bedeutet dies die Austrocknung des *Zhuoshuixi* und Zerstörung seines natürlichen Lebensraumes, die Umweltzerstörung in der Heimat und die radikale Ausbeutung von Legehennen. Diese Kritiken an Missständen sind in den beiden Beispielen von Chen Lei und Chen Zhengxiong verknüpft mit kontrastiven Gegenüberstellungen zwischen den individuellen Erinnerungen aus der Kindheit oder Vergangenheit und dem Ist-Zustand. Die angesprochenen Themen werden durch greifbare Beispiele lebensnah vermittelt. Das steinige, wasserarme Flussbett des *Zhuoshuixi* ist bei Reisen an der Westküste Taiwans zwischen Zhanghua und Yunlin County unübersehbar. Das demografische Problem der Überalterung bei den Landwirten sticht dem Betrachter bei Fahrten durch das Land ins Auge, ganz zu schweigen von der allgegenwärtigen und zunehmenden Bodenversiegelung. Hühnereier und -fleisch sind ein häufiger Eiweißlieferant in Bento- (*biandang* 便當) und Fast-Food-Küchen. Daneben rufen nicht nur emotionale Anknüpfungspunkte wie menschliche Beziehungen zur Familie sowie zu Verwandten und Bekannten, sondern auch bestimmte Metaphern sowie Symbole (Fische und Felder als Nahrungslieferant, Gewässer als Lebensader für ihre Umgebung) bei den Lesern Empathie hervor. In den Gedichten „Lang verlassene Heimat" und „Legehennen" wird durch die Kritik an der übermäßigen Ausbeutung der Natur allein des Profites wegen zudem Kapitalismuskritik deutlich, mit anderen Worten werden hier nicht nur ökologische, sondern auch gesellschaftliche Probleme thematisiert. Zum Schluss sei besonders erwähnt, dass der Fluss in der betrachteten Umweltlyrik eine besonders starke Lebenssymbolik besitzt.

Es bleibt zu überprüfen, ob zukünftige Untersuchungen zu relevanten Gedichten in späteren Zeiträumen und kleineren Zeitschriften andere Entwicklungen – in zahlenmäßiger, inhaltlicher und stilistischer Hinsicht – aufzeigen werden.

Literaturverzeichnis

Anz, Thomas. 2002. „Praktiken und Probleme psychoanalytischer Literaturinterpretation – am Beispiel von Kafkas Erzählung ‚Das Urteil'", in *Kafkas „Urteil" und die*

Literaturtheorie. Zehn Modellanalysen, hrsg. von Oliver Jahraus und Stefan Neuhaus. Stuttgart: Reclam, S. 126–151.

Armbruster, Karla, Kathleen R. Wallace (Hrsg.). 2001. *Beyond Nature Writing: Expanding the Boundaries of Ecocriticism*. Charlottesville und London: University Press of Virginia.

Bai Ling 白靈, Hsiao Hsiao 蕭蕭 und Luo Wenling 羅文玲 (Hrsg.). 2012. *Taiwan shengtai shi* 台灣生態詩. Taipei: Erya chubanshe.

Baus, Wolf. 1982. „Literatur und Literaturpolitik in Taiwan nach 1945", in *Blick übers Meer: Chinesische Erzählungen aus Taiwan*, hrsg. von Helmut Martin, Charlotte Dunsing und Wolf Baus. Frankfurt a. M.: Suhrkamp Verlag, S. 16–44.

Chang, Chia-ju, Scott Slovic (Hrsg.). 2016. *Ecocriticism in Taiwan: Identity, Environment, and the Arts*. Lanham etc.: Lexington Books.

Chang, Sung-sheng Yvonne, Michelle Yeh und Ming-ju Fan. 2014. *The Columbia Sourcebook of Literary Taiwan*. New York und Chichester, West Sussex: Columbia University Press.

Chen Lei 陳雷. 2001. „Khe" 溪, in *Haiweng Taiyu Wenxue* 海翁台語文學 2001.2 1, S. 42–43.

Chen Mingren 陳明仁. 2006. „Pû-hia-khok kap í-tsē-á Pû-hia-khok kap 椅坐á", in *Haiweng Taiyu Wenxue* 海翁台語文學 2006.12 60, S. 30–33.

Chen Yaoling 陳瑤玲. 2005. „Chen Lei zuopin yanjiu" 陳雷作品研究, Master's Thesis, National Taipei Teachers' College.

Chen Yingchen 陳映辰. 2006. „Hit tiâu khe" 彼條溪, in *Haiweng Taiyu Wenxue* 海翁台語文學 2006.4 52, S. 64–65.

Chen Zhengxiong 陳正雄. 2004. „Kiú-piat ê kòo-hiong" 久別的故鄉, in *Haiweng Taiyu Wenxue* 海翁台語文學 2004.12 36, S. 34–35.

Du Zhengsheng 杜正勝. 2001. „Jing de jingshen" 鯨的精神, in *Haiweng Taiyu Wenxue* 海翁台語文學 2001.2 1, S. 9.

Fang Yaoqian 方耀乾. 2004. „Tshit-kóo sik-ôo" 七股潟湖, in *Haiweng Taiyu Wenxue* 海翁台語文學 2004.4 28, S. 52–53.

——. 2007. „Formosa té kua" 福爾摩莎短歌, in *Haiweng Taiyu Wenxue* 海翁台語文學 2007.6 66, S. 42.

Fu'erkaku 福爾卡庫. 2007. „Kap thóo-tē hueh-meh khan-bán ê tsū-jiân pîng-khuân-tsú-gī-tsiá: Tân Gio̍k-hong" 佮土地血脈牽挽ê自然平權主義者：陳玉峰, in *Haiweng Taiyu Wenxue* 海翁台語文學 2007.4 64, S. 26–28.

Fu Rui 弗瑞. 2007a. „Sio tshân" 燒田, in *Haiweng Taiyu Wenxue* 海翁台語文學 2007.3 63, S. 60.

——. 2007b. „Tshân sí" 田死, in *Haiweng Taiyu Wenxue* 海翁台語文學 2007.9 69, S. 48–49.

Gaffric, Gwennaël. 2022. „History, Landscape, and Living Beings in the Work of Wu Ming-yi", in *Ecocriticism and Chinese Literature: Imagined Landscapes and Real Lived Spaces*, hrsg. von Riccardo Moratto, Nicoletta Pesaro, Di-kai Chao. London und New York: Routledge, S. 180–193.

Hegel, Georg Wilhelm Friedrich. 1971. *Vorlesungen über die Ästhetik. Dritter Teil: Die Poesie*, hrsg. von Rüdiger Bubner. Stuttgart: Reclam.

Hsiau, A-chin. 2000. *Contemporary Taiwanese Cultural Nationalism*. London und New York: Routledge.

——. 2021. *Politics and Cultural Nativism in 1970s Taiwan: Youth, Narrative, Nationalism*. New York und Chichester, West Sussex: Columbia University Press.

Hong Chenhong 洪臣宏. 2023. „Lijing 30 duo nian, Ai He zhengzhi 6 yue wangong" 歷經30多年 愛河整治6月完工, Liberty Times Net 自由時報電子報, https://news.ltn.com.tw/news/Kaohsiung/paper/1584591 (Zugriff am 1. März 2024).

Hu Changsong 胡長松. 2003. „Tī Ngóo-hok kiô tíng" 佇五福橋頂, in *Haiweng Taiyu Wenxue* 海翁台語文學 2003.6 18, S. 38–42.

Huang Jinlian 黃勁連. 2001a. „Hái-ang suan-giân" 海翁宣言, in *Haiweng Taiyu Wenxue* 海翁台語文學 2001.2 1, S. 4.

——. 2001b. „Tsong-tsí" 宗旨, in *Haiweng Taiyu Wenxue* 海翁台語文學 2001.2 1, S. 5.

——. 2005. „Tshun-thinn thah tsiah kuânn" 春天汰迹寒, in *Haiweng Taiyu Wenxue* 海翁台語文學 2005.5 41, S. 20–22.

Huang Xuanfan 黃宣範. 2008. *Yuyan, shehui yu zuqun yishi – Taiwan yuyan shehui xue de yanjiu* 語言、社會與族羣意識——台灣語言社會學的研究. Taipei: Wenhe chuban.

Huang Yusheng 黃昱升. 2013. „Dangdai Taiwan shengtai shi de siwei – yi ‚tianyuan lixiang' yu ‚shengtai xianshi' wei jiaodian" 當代台灣生態詩的思維—以「田園理想」與「生態現實」為焦點, in *Dangdai Shixue* 當代詩學 2013.2 8, S. 47–86.

Jiang Weiwen 蔣為文. 2007. „Lāu-lâng kap hî" 老人kap魚, in *Haiweng Taiyu Wenxue* 海翁台語文學 2007.3 63, S. 48–49.

Khoo Hui-Lu. 2021. „Emerging Taiwanese Identity, Endangered Taiwanese Language", in *Taiwan: Manipulation of Ideology and Struggle for Identity*, hrsg. von Chris Shei. London und New York: Routledge, S. 55–74.

Li Shuzhen 李淑貞. 2008. „Sènn-miā ê tsuânn-tsuí" 生命ê泉水, in *Haiweng Taiyu Wenxue* 海翁台語文學 2008.4 76, S. 34–36.

Li Yulin 李育霖. 2015. *Nizao xin diqiu: dangdai Taiwan ziran shuxie* 擬造新地球：當代台灣自然書寫. Taipei: Guoli Taiwan Daxue Chuban Zhongxin.

Lin Chenmo 林沉默. 2001. „Kòo-hiong ê si" 故鄉的詩, in *Haiweng Taiyu Wenxue* 海翁台語文學 2001.2 1, S. 48–49.

Lin Donglin 林東霖. 2005. „Tâi-kinn ù-jiám sū-kiānn" 台鹼污染事件, in *Haiweng Taiyu Wenxue* 海翁台語文學 2005.10 46, S. 32–37.

Lin Jinxian 林錦賢. 2001a. „Tiò-hî" 釣魚, in *Haiweng Taiyu Wenxue* 海翁台語文學 2001.2 1, S. 83.

——. 2001b. „Lông-io̍h" 農藥, in Haiweng Taiyu Wenxue 海翁台語文學 2001.2 1, S. 83.

——. 2001c. „Thinn oo-oo" 天烏烏, in *Haiweng Taiyu Wenxue* 海翁台語文學 2001.4 2, S. 73.

Lin Ching-Hsiun 林慶勳 (übers. von Raung-fu Chung 鍾榮富, hrsg. von Robert Fox). 2013. *Linguistic Aspects of Taiwanese Southern Min* 台灣閩南語概論. Taipei: Shulin chuban.

Lin Wenping 林文平. 2003. „Khuân-pó uân-iû-huē" 環保園遊會, in Haiweng Taiyu Wenxue 海翁台語文學 2003.11 23, S. 52–53.

Lin Yangmin 林央敏. 2001. „Tshiūnn tsit tsō khuànn-tsîng-kòo-āu ê lōo-kuan-pâi—Tâi-gí bûn-ha̍k tāi-hē tsóng-sū" 像一座看前顧後的路觀牌——台語文學大系總序, in *Haiweng Taiyu Wenxue* 海翁台語文學 2001.2 1, S. 20–26.

——. 2005. „Tē-nōo kik hái háu" 地怒激海吼, in *Haiweng Taiyu Wenxue* 海翁台語文學 2005.5 41, S. 28–31.

——. 2022. *Dianlun Taiyu wenxue* 典論台語文學. Taipei: Qianwei chubanshe.

Lin Zongyuan 林宗源. 2001. „Lô-tsuí-khe" 濁水溪, in *Haiweng Taiyu Wenxue* 海翁台語文學 2001.2 1, S. 29.

Lin Gangwei 林綱偉 und Lin Yixian 林怡先. 2014. „Guanguang fazhan zhengce xia de Ai He dijing zhutixing bianqian quanshi" 觀光發展政策下的愛河地景主體性變遷詮釋, in *Kaohsiung Historiography* 高雄文獻 2014.8 4.2, S.6–29.

Lu Hanxiu 路寒袖. 2014. *Na xie chen'ai luoxia de difang* 那些塵埃落下的地方. New Taipei: Yuanjing chubanshe.

Lü Yijing 呂怡菁. „Shengtai yuanjing yu shehui xitong de ‚zhengtixing' xingsi yu chonggou – 90 niandai yilai ziran shengtai shizuo de xiezuo tedian" 生態願景與社會系統的「整體性」省思與重構—九〇年代以來自然生態詩作的寫作特點, in *Xinzhu Jiaoyu Daxue Renwen Shehui Xuebao* 新竹教育大學人文社會學報 2011.09 4(2), S. 35–80.

Mair, Victor H. 1991. „What Is a Chinese ‚Dialect/Topolect'? Reflections on Some Key Sino-English Linguistic Terms", in *Sino-Platonic Papers* 29.

Mei Hong 美紅. 2008. „Sin-niû sann—Se-hâi-huānn luân-tsîng hē-liàt" 新娘衫——西海岸戀情系列, in *Haiweng Taiyu Wenxue* 海翁台語文學 2008.1 73, S. 44–45.

Ministry of Culture 文化部. „Guojia wenhua ziliauku" 國家文化資料庫. https://nrch.culture.tw/. (Zugriff am 31. Mai 2023).

Ministry of Education 教育部. „Chongbian Guoyu cidian xiudingben" 重編國語辭典修訂本. https://dict.revised.moe.edu.tw/index.jsp. (Zugriff am 31. Mai 2023).

Ministry of Education 教育部. „Taiwan Minnanyu changyongci cidian" 臺灣閩南語常用詞辭典. https://twblg.dict.edu.tw/holodict_new/. (Zugriff am 31. Mai 2023).

Møller-Olsen, Astrid. 2022. „Trees Keep Time: An Ecocritical Approach to Literary Temporality", in *Ecocriticism and Chinese Literature: Imagined Landscapes and Real Lived Spaces*, hrsg. von Riccardo Moratto, Nicoletta Pesaro, Di-kai Chao. London und New York: Routledge, S. 3–15.

National Museum of Taiwan Literature 國立臺灣文學館. „Taiwan Wenxueguan xianshang ziliau pingtai: Taiwan zuojia zuopin mulu ziliauku" 臺灣文學館線上資料平臺：台灣作家作品目錄資料庫. https://db.nmtl.gov.tw/site4/s6/index. (Zugriff am 31. Mai 2023).

Neuhaus, Stefan. 2017. *Grundriss der Literaturwissenschaft.* (5., durchgesehene Auflage. Tübingen: A. Franke Verlag).

Persatuan Bahasa Hokkien Pulau Pinang 庇能福建話協會. „Speak Hokkien". https://www.speakhokkien.org/english. (Zugriff am 31. Mai 2023).

Shakabulayang 沙卡布拉揚. 2007a. „Kam-tsià-hn̂g" 甘蔗園, in *Haiweng Taiyu Wenxue* 海翁台語文學 2007.10 70, S. 39.

——. 2007b. „Tshoo suat" 初雪, in *Haiweng Taiyu Wenxue* 海翁台語文學 2007.12 72, S. 63–65.

Song Zelai 宋澤萊. 2001. „Li Qin'an, Hu Minxiong, Zhuang Bolin, Lu Hanxiu, Lin Chenmo, Xie Antong, Chen Jinshun, Lan Shuzhen de Taiyu shi — jiu ling niandai Taiyu shi de yiban xianxiang" 李勤岸、胡民祥、莊柏林、路寒袖、林沈默、謝安通、陳金順、藍淑貞的台語詩——九〇年代台語詩的一般現象, in *Haiweng Taiyu Wenxue* 海翁台語文學 2001.4 2, S. 7–42.

Sterk, Darryl. 2022. „Responsible Primitivism: Wu Ming-yi's *The Man with the Compound Eyes* as Indigenous-Themed Environmental Literature", in *Taiwanese Literature as World Literature*, hrsg. von Lin Pei-yin und Li Wen-chi. New York: Bloomsbury Academic, S. 80–96.

Stiegler, Bernd. 2015. *Theorien der Literatur- und Kulturwissenschaften. Eine Einführung*. Paderborn: Ferdinand Schöningh.

Visser, Robin. 2023. *Questioning Borders: Ecoliteratures of China and Taiwan*. New York: Columbia University Press.

Wang Zongjie 王宗傑. 2004. „Kuài-tshiú" 怪手, in *Haiweng Taiyu Wenxue* 海翁台語文學 2004.5 29, S. 52–53.

——. 2005. „Senn-nn̄g-ke" 生卵雞, in *Haiweng Taiyu Wenxue* 海翁台語文學 2005.9 45, S. 48–49.

Wu Chia-rong 吳家榮 und Fan Ming-ju 范銘如 (Hrsg.). 2023. *Taiwan Literature in the 21st Century: A Critical Reader*. Singapore: Springer Singapore.

Wu Mingyi 吳明益. 2006. „Qie rang women tang shui guo he: xinggou Taiwan heliu shuxie / wenxue de kenengxing" 且讓我們蹚水過河：形構台灣河流書寫／文學的可能性, in *Dong Hwa Journal of Humanistic Studies* 東華人文學報 2006.7 9, S. 177–214.

——. 2012a. *Taiwan xiandai ziran shuxie de tansuo 1980-2002: Yi shuxie jiefang ziran BOOK 1* 臺灣現代自然書寫的探索 1980-2002：以書寫解放自然 BOOK 1. New Taipei City: Xiari chuban.

——. 2012b. *Taiwan ziran shuxie de zuojia lun 1980-2022: Yi shuxie jiefang ziran BOOK 2* 臺灣自然書寫的作家論 1980-2002：以書寫解放自然 BOOK 2. New Taipei City: Xiari chuban.

——. 2012c. *Ziran zhi xin — cong ziran shu xie dao shengtai piping: Yi shuxie jiefang ziran BOOK 3* 自然之心——從自然書寫到生態批評：以書寫解放自然 BOOK 3. New Taipei City: Xiari chuban.

Wu Shouli 吳守禮 (Hrsg.). 2010. *Guo Tai duizhao huoyong cidian* 國臺對照活用辭典. Taipei: Yuanliu chuban gongsi.

Xiang Yang 向陽 (übers. von Alex Huang). 2014. „The Brave New World of the Mother Tongue: Taiwanese-language Literature Under Construction", in *The Columbia Sourcebook of Literary Taiwan*, hrsg. von Sung-sheng Yvonne Chang, Michelle Yeh, Ming-ju Fan. New York und Chichester, West Sussex: Columbia University Press, S. 440–441.

Xiang Yang 向陽. 2023. *Xing lü* 行旅. Taipei: Jiuge chubanshe.

Xie Sanjin 謝三進. 2012. „Taiwan shengtai shi zhi chuqi zuopin yanjiu – yi ‚Zili Wanbao' fukan yi jiu ba si nian ‚Shengtai shi – sheying zhan' wei li" 台灣生態詩之初期作品研究—以《自立晚報》副刊一九八四年「生態詩‧攝影展」為例, Master's thesis, National Taiwan Normal University.

Xingzhengyuan 行政院. 2023. „Lüneng keji chanye chuangxin tuidong fang'an" 綠能科技產業創新推動方案, Xingzhengyuan zhongyao shizheng chengguo 行政院重要施政成果, https://www.ey.gov.tw/achievement/212C54ECAD28A29E (Zugriff am 31. Januar 2024).

——. National Council for Sustainable Development 行政院國家永續發展委員會, https://ncsd.ndc.gov.tw/Fore/en/Taiwansdg (Zugriff am 31. Januar 2024).

Yu Wenqin 余文欽. 2004. „Thôo-tsiòh nā lâu" 土石若流, in *Haiweng Taiyu Wenxue* 海翁台語文學 2004.9 33, S. 26–29.

Yu Wenyi 余文儀. 1993. *Taiwan lishi wenxian congkan: Xuxiu Taiwan fuzhi* 臺灣歷史文獻叢刊：續修臺灣府志. Nantou: Taiwan sheng wenxian weiyuanhui.

Yun Feng 雲鳳. 2005a. „Bí-lē ê tshò-gōo" 美麗ê錯誤, in *Haiweng Taiyu Wenxue* 海翁台語文學 2005.3 39, S. 42–43.

——. 2005b. „Tsuí siong" 水殤, in *Haiweng Taiyu Wenxue* 海翁台語文學 2005.12 48, S. 42–43.

Yun Yinshan 雲吟山. 2005. „Hōo-thóo sim-siann" 后土心聲, in *Haiweng Taiyu Wenxue* 海翁台語文學 2005.8 44, S. 58–59.

Zheng Jijun 鄭吉竣. 2005. „Khe-á-tsuí ê sim-siann" 溪仔水的心聲, in *Haiweng Taiyu Wenxue* 海翁台語文學 2005.11 47, S. 42–43.

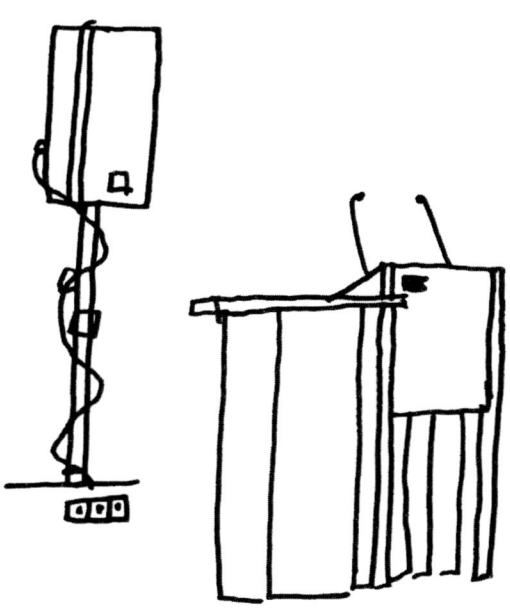

Nachhaltigkeit und Ökonomie in der chinesischen Forstwirtschaft: der Fall des chinesischen Talgbaumes

Patrick Aberle

The topic of sustainability in the environmental history of China is dominated by studies on the diametrical processes of deforestation and afforestation, with a focus on wood-producing trees cultivated on a large scale. In contrast, other economic trees (except for moriculture) received less attention. At the same time, sustainability does not play a significant role in research on the agricultural use of economic trees. This article traces the concept of sustainability in Chinese forestry through a case study of agricultural writings of the Chinese tallow tree (*wujiu* 烏臼) up to the late Ming Dynasty. Relevant to this inquiry is the peculiar nature of the entry on the Chinese tallow tree in Xu Guangqis 徐光啟 (1562–1633) *Nongzheng quanshu* 農政全書 (complete book on agricultural activities): In stark contrast to its records of other trees, its account of the tallow tree is by far the most original as it barely contains any references to earlier records. Since previous authors neglected this primary source in their research on tallow tree cultivation, this article demonstrates its significance for sustainable thought in the context of Chinese forestry in the Ming dynasty.

Einordnung in das Forschungsfeld

Ein grundlegendes Paradigma der chinesischen Umweltgeschichte ist das Anthropozän, das die Zeitperiode der Erdgeschichte bezeichnet, in welcher Veränderungen der Landschaft in zunehmend prägendem Maße vom Menschen induziert wurden.[1]
Im China der späten Kaiserzeit waren Agrikultur und Forstwirtschaft ein maßgeblicher Teil dieses Prozesses.[2] Das Thema der Nachhaltigkeit findet in der chinesischen Forstwirtschaftsgeschichte wiederum hauptsächlich in der Abholzungsdebatte Widerhall.

Als einer der ersten Umwelthistoriker, die den Anthropozentrismus diskutieren, beschreibt Mark Elvin anhand der Veränderung des Lebensgebietes von Elefanten den Rückgang des natürlichen Biotops in China durch den Prozess der Abholzung.[3] Sein Narrativ wurde von Ian Miller relativiert, der argumentiert, dass durch die Forstwirt-

---

[1] Marks 2012, S. 16; Lander 2021, S. 81; Li 2007, S. 18.
[2] Perdue 1987, S. 87.
[3] Elvin 2004, S. 11. Elvin 2004, S. 19.

schaft gleichermaßen anthropogene Wälder entstanden und in der Zeit von 1000–1600 ein Trend der Aufforstung vorherrschte.[4]

Eine ökonomische Annäherung an das Thema der Nachhaltigkeit in der Forstwirtschaftsgeschichte findet sich in einer Arbeit von Zhang Meng. Sie stellt fest, dass forstwirtschaftliche Geschäftspraktiken der Qing nicht nur dazu dienten, Holz als Ressource zu bewahren, sondern auch dazu, das institutionell gesicherte Verteilungsnetzwerk für Holz zu sichern.[5]

Insgesamt liegt der Schwerpunkt in der umweltgeschichtlichen Forschung zur chinesischen Forstwirtschaft bislang vor allem auf holzproduzierenden Bäumen. Mit Ausnahme der Forschung zur Morikultur,[6] werden Nutzbäume, die speziellere Produkte erbringen – insbesondere Ölbäume – weniger beachtet, wobei sie neben holzproduzierenden Bäumen auch einen Teil der Aufforstung ausmachen. Ferner wird die Frage nach der Nachhaltigkeit der chinesischen Forstwirtschaft außerhalb der Abholzungsdebatte kaum aufgeworfen.

Aus diesem Grund widmet sich vorliegender Beitrag dem Spannungsfeld zwischen Nachhaltigkeit und ökonomischer Nutzung in der chinesischen Forstwirtschaft. Anhand des chinesischen Talgbaumes[7] untersuche ich insbesondere, ob

---

4   Miller 2020, S. 9-11. Brian Lander argumentiert ferner, dass der Trend der ökologischen Transformation mit dem Bevölkerungswachstum korreliert. Lander 2019, S. 241. Dies entspricht der These von Menzies, der den entscheidenden Faktor für die Abholzung in der Umwandlung von Waldland zu agrikulturell genutztem Land aufgrund des Bevölkerungswachstums sieht. Menzies 1994, S. 2. Neben der landwirtschaftlichen Nutzung bewirkte vor allem der Bedarf an Brennholz die Abholzung. Marks 1998, S. 321.

5   Zhang 2020, S. 80–113.

6   Bray 1997, S. 34. Schäfer, Riello und Molà 2020, S. 6.

7   Der chinesische Talgbaum (*wujiu* 烏臼) bzw. *Sabium sebiferum* Roxburgh ist eine Pflanze, deren Öl seit frühester Zeit vor allem als Lampenöl oder Kerzenwachs Verwendung fand. Der chinesische Begriff für den chinesischen Talgbaum setzt sich aus zwei Zeichen zusammen, wobei das erste „Krähe" (*wu* 烏) und das zweite „Mörser" (*jiu* 臼) bedeutet. In seinem *Bencao gangmu* 本草綱目 (Kompendium der Heilkräuter) erklärt Li Shizhen 李時珍 (1518–1593) die Namensherkunft des Talgbaumes folgendermaßen: „Krähen (*wu* 烏) essen gerne seine Samen, daher hat man ihn danach benannt. Wenn dieser Baum alt wird, wird er unter der Wurzel schwarz und wenn er abstirbt, bildet sich eine Mörserform (*jiu* 臼), daher hat er diesen Namen erhalten." Diese Herleitung entnahm Li Shizhen dem *Tang bencao* 唐本草 (Materia Medica der Tang), welches im Jahr 659 verfasst wurde. Das *Kangxi cidian* 康熙詞典 besagt ebenfalls, dass der Talgbaum im *Tang bencao* als *wujiu* 烏臼 definiert wurde, auch wenn zuvor andere Zeichen verwendet wurden. So habe sich im Gebrauch das zweite Zeichen *jiu* 桕 (eine alternative Schreibweise von 臼) durchgesetzt. *Kangxi cidian* 1716, S. 526 [75:18].

und inwiefern chinesische Agrarwissenschaftler in ihren landwirtschaftlichen Schriften (*nongshu* 農書) zum Talgbaum bis zur späten Ming-Zeit Gedanken zur Nachhaltigkeit formulierten. Dabei stütze ich mich auf das unter anderem von der Enquete-Kommission des Deutschen Bundestages definierte[8] und zuvor von Christian Schwermann gewinnbringend auf sinologische Fragestellungen angewandte,[9] mehrdimensionale Nachhaltigkeitskonzept, das die drei Säulen Ökonomie, Ökologie und Soziales umfasst.

Forschungsstand

Im agrikulturhistorischen Bereich der Sinologie wurden bislang vor allem agrarwissenschaftliche Schriften als Quellenmaterial verwendet, um sich dem Talgbaum und dessen ökonomischer Bedeutung von einer historischen Perspektive aus anzunähern. Hao Maoli 韩茂莉 thematisiert in einem Artikel von 2016 die Geschichte der Ölgewächse in China und behandelt im speziellen Nahrungsölpflanzen. Sie unterscheidet drei Phasen des Ölpflanzenanbaus: Die Einführung von Sesam in der Han-Dynastie, die Einführung von winterhartem Raps in der Yuan-Dynastie (was den Sesam im Süden ersetzte) und die dritte Phase der Einführung von ausländischen Pflanzen wie der Erdnuss in Kombination mit den westlichen Ölpressen im 19. Jahrhundert. Im Kontext der Ölgewächse spricht sie auch die Geschichte des Talgbaumes an.[10] Jin Jiuning 金久宁, Huang Jingjing 黄晶晶 und Qian Xueshe 钱学射 befassen sich in einem ihrer Artikel mit der Pflanzkultur und dem ökonomischen Wert des Talgbaumes.[11] Der jüngste Beitrag zum Talgbaum stammt von Robert Batchelor. Sein Artikel widmet sich jedoch mehr der Verbreitung des Wissens über den Talgbaum und dessen Kultivierung im Westen[12] und weniger der Entwicklungsgeschichte in China selbst. In diesem Rahmen weist er nur auf einige wenige bedeutende Einträge in agrarwissenschaftlichen Schriften hin.

Im Folgenden werden die relevanten Forschungsergebnisse der bisherigen Literatur zum Talgbaum speziell in Bezug auf die ökonomische Nutzung zur Produktion von Kerzenwachs und Lampenöl dargelegt, wobei Aufzeichnungen in

---

8 Deutscher Bundestag 1998, S. 17.
9 Schwermann 2020, S. 86.
10 Hao Maoli 2016, S. 3–14.
11 Jin Jiuning, Huang Jingjing, und Qian Xueshe 2014, S. 32–36.
12 Batchelor 2017, S. 402–426.

Materia Medica (*bencao* 本草) sowie Gedichten nur beachtet werden, sofern diese für die Darstellung dieser ökonomischen Nutzung von Bedeutung sind.

Verwendete Primärquellen und Forschungsfragen

Obwohl die Schilderungen zum Talgbaum in der oben erwähnten Literatur weitestgehend vollständig zu sein scheinen, wurde der umfangreiche Beitrag von Xu Guangqis 徐光啟 (1562–1633) *Nongzheng Quanshu* 農政全書 (Komplettes Kompendium der Agrarmaßnahmen) zum Wissen um die Talgbäume nicht in diese historischen Darstellungen miteinbezogen. Daher soll dieser Beitrag die Bedeutung dieser vernachlässigten Primärquelle in diesem Kontext aufzeigen.

Das *Nongzheng Quanshu* hat eine besondere Bedeutung für die Erforschung des Talgbaumes in der chinesischen Forstwirtschaftsgeschichte. Es ist eine der ausführlichsten agrarwissenschaftlichen Schriften und eine der wenigen, die auch in das *Siku Quanshu* 四庫全書 (Vollständige Schriften in vier Schatzkammern) aufgenommen wurden. Das *Nongzheng Quanshu* besteht zum weitaus größten Teil aus einer Sammlung von annotierten und kritisierten Zitaten, die von Xu Guangqi zu einem zusammenhängenden Text verbunden wurden.[13]

Ergründet man die Zusammensetzung von Xu Guangqis agrarwissenschaftlichem Wissen und untersucht seine Einträge zu wirtschaftlich genutzten Bäumen und Baumprodukten, zeigt sich, dass die Beschreibungen der Nutzung dieser Bäume nahezu ausschließlich aus Zusammensetzungen *exakter* Kopien früherer Werke bestehen, mit Ausnahme der Einträge zum Talgbaum. Der bei weitem größte Teil von Xu Guangqis Text zum Talgbaum in seinem *Nongzheng Quanshu* ist nicht zitiert und damit der originellste Teil seiner Einträge zu ökonomischen Nutzbäumen. Das wirft die Frage auf, warum er an dieser Stelle keine anderen Werke zitierte, denn er durchbricht damit geradezu ein durchgängiges Muster.[14]

---

13 Bray und Métailié 2001, S. 336.
14 Francesca Bray und Georges Métailié werfen in einem Artikel die Frage auf, wer der eigentliche Autor des *Nongzheng Quanshu* gewesen sein könnte, siehe Bray und Métailié 2001, S. 322. Sie erklären, dass Xu Guangqi sein Werk nicht selbst veröffentlichte, sondern diese Aufgabe Chen Zilong 陳子龍 (1608–1647) überließ, der es vor seiner Veröffentlichung zusammen mit einer Gruppe von Gelehrten maßgeblich bearbeitete. Eigenen Angaben zufolge habe er in etwa dreißig Prozent herausgeschnitten und zwanzig Prozent hinzugefügt. Bray and Métailié 2001, S. 335. Dieser Umstand könnte eine mögliche Erklärung für diese Inkonsistenz sein.

Theoretisch wäre es denkbar, dass er zwar andere agrarwissenschaftliche Schriften zum Talgbaum für das Verfassen seines Werkes konsultierte, diese aber nicht als Quellen aufführte. Um diesen Umstand auszuschließen und die Originalität seiner Ausführungen zum Talgbaum zu untersuchen, werden im Folgenden die früheren landwirtschaftlichen Schriften zum Talgbaum betrachtet. Falls es sich herausstellen sollte, dass er dieses Wissen tatsächlich erstmalig dokumentierte, wäre das ein Zeitpunkt einer entscheidenden Innovation für den Anbau des Talgbaumes. In diesem Fall stellt sich wiederum die Frage, ob er *nur* in Bezug auf die wirtschaftliche Nutzung neues Wissen dokumentierte, oder ob er im Hinblick auf die Nachhaltigkeit ebenso innovativ war.

Um dieser Frage nachzugehen, untersuche ich im Folgenden die Einträge der agrikulturellen Schriften zum Talgbaum, die Xu Guangqi vorausgingen, insbesondere im Zusammenhang mit dessen ökonomischer und gegebenenfalls nachhaltiger Nutzung. Dabei bringe ich zum Vorschein, in welchen Schritten die Entwicklung des Wissens zur Nutzung des Talgbaumes in der chinesischen Geschichte bis in die späte Ming-Zeit – also in dem Zeitraum, über den sich die zitierten Werke des *Nongzheng Quanshu* erstrecken – verlief.

Konzeptionen zur wirtschaftlichen Nutzung des chinesischen Talgbaumes in der chinesischen Geschichte

Laut Robert Batchelor entstand die Agrikultur des Talgbaumes im siebten Jahrhundert in der Region des Yangzi-Deltas und entwickelte sich vor allem im Gebiet der heutigen Provinz Zhejiang.[15] Der Talgbaum wurde erstmals im *Qimin Yaoshu* 齊民要術 (Wichtige Techniken zur allgemeinen Wohlfahrt des Volkes) erwähnt, das von Jia Sixie 贾思勰 (?–?) aus Shandong im sechsten Jahrhundert verfasst wurde.

> Die „Aufzeichnungen des Xuanzhong" besagen, dass es in Jing und Yang Talgbäume gibt. Ihre Früchte ähneln der Fuchsnuss.[16] Wenn man sie wie Sesamsamen presst, so ähnelt der Geschmack ihres Saftes dem des Schweineschmalzes.

---

15 Batchelor 2017, S. 403–404.
16 Diese Stelle bezieht sich auf die erste Definition der Fuchsnuss (芡：雞頭也) *Qimin Yaoshu* 544, S. 27–29 [10:13]. An dieser Stelle zitiert das *Qimin Yaoshu* wiederum das vermutlich im Jahr 122 erschienene *Shuowen Jiezi* 說文解字.

玄中記云荊陽有烏臼，其實如雞頭，迮之如胡麻子，其汁味如豬脂。[17]

Er beschrieb zwar, dass Öl aus den Samen des Talgbaums gepresst werden kann, jedoch erwähnte er weder die Weiterverarbeitung des Rohstoffes zur Kerzenherstellung aus dem Öl des weißen Talges noch zum Lampenöl. Dennoch vermutet Robert Batchelor, dass der Talgbaum in Sui- (581–618) und Tang- (618–907) Dynastie zur Produktion von zeremoniellen Kerzen für den Buddhismus populär wurde.[18]

Im Jahre 1116 beschrieb Kou Zhongshi 寇宗奭 (?–?) in seinem *Bencao Yanyi* 本草衍義 (Erweiterte Grundlagen der Heilkräuter) die physischen Charakteristika der Frucht des Talgbaumes und erklärte erstmals, dass das Öl der Samen als Lampenöl verwendet werden kann.

> Die Blätter sind wie kleine Aprikosenblätter, aber spärlicher, und ihr Grün unterscheidet sich in dessen Helligkeit. Die Samen werden im achten oder neunten Monat reif, zu Beginn sind sie grün und später werden sie schwarz; sie sind in drei Segmente aufgeteilt. Presst man Öl aus den Samen, so können damit Lampen angezündet und Haare gefärbt werden.

> 葉如小杏葉，但微薄而綠色差淡。子，八、九月熟，初青后黑，分為三瓣。[19] 取子出油燃燈及染髮。[20]

Weiterhin beschrieb Zhuang Chuo 莊綽 (1078–?) aus der nördlichen Song-Dynastie im Jahr 1120 in seinem *Jilei bian* 雞肋編 (Kompilation des Vernachlässigten) erstmalig, dass mit den Samen des Talgbaumes als Grundmaterial Kerzen produziert werden können.

> Das Öl der Samen des Talgbaumes ist wie Schmalz, man kann daraus Kerzen gießen. In Guangnan verwendet es jeder; in den Präfekturen Chu und Wu kommt es auch vor.

> 烏臼子油如脂，可灌燭，廣南皆用，處、婺州亦有。[21]

Im Jahr 1189 erwähnte Wang Zhi 王質 (1001–1045) den Talgbaum in einem Text zu verschiedenen Ölen, dem *Shao tao lu* 紹陶錄 (Aufzeichnungen der fortgeführten Kultivierung).

---

17 Jin Jiuning et al. 2014, S. 33.
18 Batchelor 2017, S. 404.
19 Jin Jiuning et al. 2014, S. 33.
20 Jin Jiuning et al. 2014, S. 35.
21 Han Maoli 2016, S. 7.

Talgbaumöl ist geeignet zur Verwendung in Lampen.

燈宜用烏臼油。²²

Ein Eintrag zum Talgbaum findet sich auch in Cheng Dachangs 程大昌 (1123–1195) 1195 erschienenen *Yan fanlu xuji* 演繁露續集.

Aus dem Öl des Talgbaumes kann man Kerzen herstellen.

烏臼油可作燭。²³

In der Ming-Dynastie erwähnte Tian Yiheng 田藝衡 (1524–?) aus Hangzhou in seinem 1573 veröffentlichten *Liuqing rizha* 留青日札 (Alltägliche Notizen zum Bewahren der Jugend) ebenfalls den Talgbaum.

Aus Talgöl können ausschließlich Kerzen gegossen werden.

臼油，止可澆燭。²⁴

Li Shizhen 李時珍 (1518–1593), erklärte 1596 in seinem *Bencao gangmu* 本草綱目 (Kompendium der Heilkräuter) die Herkunft des Namens des Talgbaumes. Er beschrieb die Herstellung des Kerzenwachses durch das Kochen der Früchte erstmals genauer und differenzierte zudem, dass der weiße Talg der Samenhülle wertvoller ist als die Kerne.

> Der Talgbaum: Krähen (*wu* 烏) essen gerne seine Samen, daher hat man ihn [den Talgbaum] danach benannt. Wenn dieser Baum alt wird, wird er unter der Wurzel schwarz und wenn er abstirbt, bildet sich eine Mörserform (*jiu* 臼), daher hat er diesen Namen erhalten. [...] Die Bewohner Jiangxis pflanzen ihn an. Sie pflücken ihre Samen und kochen sie, um das Öl zu gewinnen und Kerzen daraus zu gießen, so werden sie zur Handelswahre Der Talg um die Samen ist besser als der Kern.

烏臼：烏喜食其子，因以名之。[...] 其木老則根下黑爛成臼，故得此名 [...] 今江西人種植，采子蒸煮，取脂澆燭貨之，子上皮脂，勝於仁也。²⁵

Li Shizhen's Einschätzung, dass der Talg höherwertiger sei als die Kerne, steht in Einklang mit Song Yingxing 宋應星 (1587–1666) aus Jiangxi, in dessen *Tiangong kaiwu* 天工開物 (Die Nutzung der natürlichen Vorkommen, 1637) sich eine Abhandlung zu Ölpflanzen und Ölprodukten befindet. Darin beschrieb er, dass die

---

22 Han Maoli 2016, S. 7.
23 Han Maoli 2016, S. 7.
24 Han Maoli 2016, S. 10.
25 Jin Jiuning et al. 2014, S. 33.

Kerne der Talgsamen einen niedrigeren Öl-Ertrag als andere Ölgewächse haben. Allerdings sei das Öl hervorragend zum Brennen in Lampen geeignet, da es im Vergleich zu anderen Lampenölen am wenigsten Rauch produziere. Deshalb schlussfolgert Song Yixing, dass es unter den Lampenölen das Hochwertigste sei. Ebenso ist er der Auffassung, dass für die Produktion von Kerzenwachs der Talg des Talgbaumes der geeignetste Rohstoff sei.

> Was das Anzünden von Lampen betrifft, so ist das flüssige Öl aus dem inneren des Talgbaumsamens am besten (…). Für das Erstellen von Kerzen ist das Öl der Hülse des Talgbaumes am besten.

燃燈則臼仁（…）油為上（…）造燭則臼皮油為上（…）[26]

Schließlich verfasste Fang Yizhi 方以智 (1611–1671) in seinem Werk *Wuli xiaozhi* 物理小識 (Wissensfragmente des Prinzips der Dinge, 1643) noch eine detaillierte Erklärung zur Extraktion des Wachses des Talgsamens.

> Es ist vorteilhaft, vom Talgbaum die Koagulierung der zum Schmelzen gekochten Membran außerhalb der Samen zu erhalten, welche zu Kerzenmaterial verarbeitet wird.

烏臼宜接其子外白膜蒸熔之凝為燭材。[27]

An dieser Stelle lässt sich festhalten, dass all diese Aufzeichnungen – welche gleichzeitig potenzielle Quellen des *Nongzheng Quanshu* sind – vom Talgbaum ausschließlich im Kontext der Ressourcennutzung sprechen. Jedoch wurden an keiner Stelle Gedanken zur Nachhaltigkeit dieser Ressourcenextraktion formuliert.

Xu Guangqis Beitrag

Xu Guangqi zum wirtschaftlichen Nutzen des Talgbaumes

Im Rahmen seines *Nongzheng Quanshu* schrieb Xu Guangqi ein Kapitel über verschiedene wirtschaftliche Nutzbäume, welches auch eine Abhandlung zum Talgbaum enthält. Während frühere Darstellungen hauptsächlich von der Extraktion des Öls handelten, widmete sich Xu Guangqi ebenfalls den Methoden der Anpflanzung des Baumes. Zudem ist seine Darstellung der verschiedenen Anwen-

---

26 Jin Jiuning et al. 2014, S. 36.
27 *Wuli xiaoshi* 1643, S. 104–105 [9:5].

dungsgebiete des Baumes vollständiger. Xu Guangqi erkannte wie diejenigen, die vor ihm zum Talgbaum schrieben, ebenfalls dessen primäre Vorteile: Das Extrahieren der Rohmaterialen für Kerzenwachs und Laternenöl. Im Vergleich zu früheren Schriften ist seine Beschreibung des wirtschaftlichen Nutzens des Talgbaumes allerdings weitaus detaillierter, so quantifizierte er etwa die zu erwartenden Erträge in Relation zur Landfläche.

> Die Samen des Talgbaumes zu sammeln, um ihr Öl zu gewinnen, ist von großem Vorteil für die Bevölkerung. Seine Früchte sind immer gut und im Hinblick auf ihren Nutzen, um der Bevölkerung zu helfen, gibt es nichts, was dem Talgbaum überlegen ist. Diejenigen aus Jiangnan und Zhejiang, die ihn anpflanzen, sind sehr zahlreich. Man kann vielleicht 120–180 kg an Samen von einem großen Baum ernten. Außerhalb des Samens ist ein weißes Fleisch, wenn es gepresst wird, kann man [daraus als] weißes Öl gewinnen, aus dem Kerzen hergestellt werden. Aus dem Kern inmitten der Frucht kann man ein reines Öl erhalten, mit welchem Lampen sehr hell brennen. Reibt man es in die Haare, werden sie schwarz. Es kann auch in Lack Anwendung finden, um Papier herzustellen. Für jede 60 kg (*dan* 石)[28] an Samen kann man 10 Pfund an weißem Öl und 20 Pfund an reinem Öl erhalten.

> 烏臼樹,收子取油,甚為民利。他果實總佳, 論濟人實用, 無勝此者。江浙人種者極多。樹大或收子二三石。子外白穰, 壓取白油, 造蠟燭; 子中仁, 壓取清油, 然燈極明。塗髮變黑, 又可入漆, 可造紙用。每收子一石, 可得白油十斤, 清油二十斤。[29]

Zudem befürwortete er den Anbau des Talgbaumes gegenüber der vorherrschenden Präferenz für Weiden- oder Pappelkultur wegen seines weitaus höheren Ertrages.

> Immer wenn Haushalte der Gegend Jiangsu, Zhejiang und Shanghai (*san wu* 三吳) einen freien Platz haben, wird er mit Pappeln, Weiden und mehr bepflanzt. Es kann vorkommen, dass Leute, die man zum Anbau von Talgbäumen ermuntert, indem man sie ihre Pappeln herausnehmen lässt, eine verdrossene Miene aufsetzen. All das, was von der Pappel gewonnen wird, sind als Ertrag nur die Zweige, die als Feuerholz Verwendung finden; Diejenigen, die die Talgbaumsamen sammeln, müssen die Zweige einen nach dem anderen abernten, wie kann man da nicht auch Feuerholz gewinnen? […] Die Gewinnung von weißem Öl und reinem Öl [aus dem Talgbaum] und der Anbau von Liguster zur Gewinnung von weißem Wachs sind in Bezug auf ihren Nutzen für den Lebensunterhalt der Bevölkerung anderen Bäumen hundertfach überlegen. Seit

---

28 Mathews 1956, S. 817.
29 *Nongzheng Quanshu*, S. 93–94 [38:26].

antiken Zeiten gab es nicht eine Person, die das ausdrücklich erwähnt hat. Als Jia Sixie 贾思勰 (?–?) der Nördlichen Wei-Dynastie das *Qimin yaoshu* 齊民要術 (Die wichtigsten Techniken für die allgemeine Wohlfahrt des Volkes) erstellte, hat er den Liguster nicht angesprochen und es gab nur einen Punkt zum Talgbaum, deshalb wurde er der Rubrik der seltsamen Raritäten eingefügt. Chen Zangqi 陳藏器 (681–757) der Tang und Ri Huazi 日華子 (?–?) der fünf Dynastien erklärten beide, dass man Talgbaumöl verwenden kann, um Haare zu färben. Aber sie beschränken sich auf das reine Öl und kommen nicht auf das weiße Öl zu sprechen.[30]

吾三吳人家，凡有隙地即種楊柳餘。逢人即勸，令之拔楊種臼，則有難色。凡所利於楊者，歲取枝條作薪耳；取臼子者，須連枝條剝之，亦何嘗不得薪也。[31] [...] 取白油、清油；種女貞樹，取白蠟，其利濟人百倍他樹。古來遂無人曉此。北魏賈思勰，撰《齊民要術》既不著女貞，獨有烏臼一則，乃雜入殊方異物中。陳藏器，唐人也；日華子，五代人也。各言烏臼油可染髮。亦止是清油，不及白油。[32]

Nachhaltigkeitsdimensionen in Xu Guangqis Einträgen zum Talgbaum

Es folgt eine Darstellung darüber, wie der Anbau des Talgbaumes, so wie ihn sich Xu Guangqi vorstellte, im Hinblick auf ein mehrdimensionales Nachhaltigkeitsverständnis im Sinne der Trias Ökologie, Ökonomie und Soziales einzuschätzen ist. Im Speziellen gehe ich der Frage nach, ob sich diese drei Dimensionen in seinen Einträgen zum Talgbaum wiederfinden lassen.

Soziale Dimension

Xu Guangqi präsentierte mit Blick auf Anbaumethoden bislang unbekanntes Wissen und betonte die Bedeutung von Experimenten auch für die Anpflanzungsmethoden in der Landwirtschaft. Die von ihm vorgeschlagenen, neuen Anbaumethoden würden bei ihrer Anwendung für den gleichen Ertrag an Samen bzw. Öl eine geringere Arbeitsintensität sorgen. Seine Beschreibungen verdeutlichen, dass er mit diesen neuen Methoden nicht darauf abzielte, den Ertrag im wirtschaftlichen Sinne zu

---

30 Das weiße „Öl", von dem Xu Guangqi an dieser Stelle spricht, wurde akkurater von Fang Yizhi als Koagulat beschrieben, das der Kerzenproduktion dient.
31 *Nongzheng Quanshu*, S. 95 [38:27a].
32 *Nongzheng Quanshu*, S. 99 [38:29a].

maximieren. Vielmehr erwog Xu Guangqi hier, wie auch diejenigen, die aufgrund der Qualität ihrer Samen oder der Abgelegenheit ihrer Felder wirtschaftlich schlechter gestellt waren, vom Talgbaum profitieren können. Die relativ einfache Methode, die er beschrieb, könnte gleichzeitig auch denjenigen ohne fortgeschrittene Kenntnisse in der Baumwirtschaft Zugang zur Kultivierung des profitablen Talgbaumes ermöglichen. In beiderlei Hinsicht wären Xu Guangqis Methoden also der sozialen Nachhaltigkeit zuträglich.

> Ebenfalls wurde [...] gesagt, dass der Talgbaum nicht veredelt werden muss, aber man in der Frühlingszeit dessen Äste nimmt und sie einen nach dem anderen dreht, um das Innere aufzubrechen, ohne die Rinde zu beschädigen. Wenn ihre Samen entstehen, sind sie ebenso zahlreich wie die gepfropften.[33] Es ist vorteilhaft, dies auszuprobieren. Wenn das Land abgelegen ist und man keine guten Samen bekommen konnte, kann man diese Methode verwenden. Diese Methode wurde in den agronomischen Büchern nicht aufgezeichnet und Landwirte haben noch nicht davon gehört. Vermutlich ist es mit anderen Bäumen genauso, man sollte sie einen nach dem anderen testen.[34]

> 又聞山中老圃云:臼樹不須接博,但於春間將樹枝一一捩轉,碎其心無傷其膚,即生子,與接博者同餘。試之良然。若地遠無從取佳種者,宜用此法。此法農書未載, 農家未聞, 恐他樹木亦然, 宜逐一試之。[35]

Des Weiteren formulierte Xu Guangqi Gedanken zu den sozialen und gesellschaftspolitischen Konsequenzen der Nutzung des Talgbaumanbaus, indem er auf die Besteuerung einging, denn er unterschied „erschlossene Felder" (*shu tian* 熟田) von „nicht-erschlossenen Feldern" (*sheng tian* 生田) anhand der zu erwartenden Steuerlast. Da die Erträge des Talgbaumes ausreichten, um die geforderten Steuern zu entrichten, wurden die landwirtschaftreibenden Familien so besteuert, dass sie keine Beiträge aus den Erträgen von Grundnahrungsmitteln entrichten mussten. So sollte der Talgbaumanbau einerseits Steuereinnahmen sichern und andererseits zu sozialer

---

33 Xu Guangqi beschreibt hier, dass der Ertrag des Talgbaumes in diesem Spezialfall nicht unbedingt von der Arbeitsintensität oder dem Entwicklungsgrad der Anbaumethoden abhängt.

34 Der experimentelle Ansatz Xu Guangqis wird auch in Chen Zilongs Einleitung zum *Nongzheng Quanshu* beschrieben und umfasst das Testen von landwirtschaftlichen Geräten und der Genießbarkeit von Pflanzen sowie die Annahme geographisch limitierter Pflanzen und die Rekonfiguration traditioneller Kategorien von Pflanzen. Bray und Métailié 2001, S. 344–345. An dieser Textstelle ist ersichtlich, dass seine Experimente darüber hinaus auch den Methoden des Anpflanzens gewidmet waren.

35 *Nongzheng Quanshu*, S. 96–97 [38:27b–28a].

Stabilität beitragen. Der Nutzen dieser Strategie ist im Hinblick auf die chinesische Bauerngeschichte offensichtlich, denn viele Bauernaufstände ereigneten sich in Jahren schlechter Ernte, in welchen die landwirtschaftstreibenden Familien trotz der Ernteausfälle dennoch Abgaben an Großgrundbesitzer und Großgrundbesitzerinnen oder den Staat entrichten mussten[36] – man denke etwa an den Aufstand der Gelben Turbane.[37]

> Zur Erntezeit sammellt der Besitzer der Felder die Samen des Talgbaumes und kann damit die Getreidesteuer entrichten. Wenn dem so ist, so ist die Pachtsumme auch gering und die Pächter nehmen gerne die Last des Anpflanzens auf sich. Dies wird als erschlossenes Feld bezeichnet. Falls es diesen Baum nicht gibt, so muss die Getreidesteuer vom Feld entrichtet werden und die Pachtsumme wird notwendigerweise hoch sein. Dies wird als nicht-erschlossenes Feld bezeichnet.
>
> 其田主歲收臼子，便可完糧。如是者租額亦輕，佃戶樂於承種，謂之熟田。若無此樹，要當於田收完糧，租額必重，謂之生田。[38]

Ökonomische Dimension

In Bezug auf die wirtschaftlichen Vorteile des Talgbaumes nahm Xu Guangqi an zwei Textstellen eine langfristige Perspektive ein und beschrieb, dass die Erträge des Talgbaumes über einen langen Zeitraum abgeschöpft werden können. Dieser Umstand ist der Beschaffenheit der Pflanze selbst geschuldet, denn der Anbau von fruchttragenden Bäumen[39] scheint dem Menschen dazu verholfen haben, mit einer langfristigen Perspektive zu wirtschaften.[40] Dennoch ist anzumerken, dass sich unter den Einträgen zum Talgbaumanbau bei Xu Guangqi zum ersten Mal Erwägungen zur langfristigen Nutzung des Talgbaumes finden. Er versprach *lebenslange* Ölerträge bei einer kleinen Investition von Landfläche, was für eine effizientere Landnutzung

---

36 Franke 1954, S. 150.
37 Chesneaux 1973, S. 14.
38 *Nongzheng Quanshu*, S. 94 [38:26b].
39 Für dieses Argument werden Beispiele fruchttragender Bäume zitiert, die der Ernährung des Menschen dienen, siehe Radkau 2008, S. 58. Aber im weiteren Sinne unterliegen auch wirtschaftliche Bäume wie der Talgbaum, die nicht der Produktion von Nahrungsmitteln dienen, derselben Logik, denn auch dessen Erträge sind zu Beginn gering und erst nach vielen Jahren nennenswert.
40 Radkau 2008, S. 58.

spricht und den Ertrag pro Hektar (an Landfläche) gegenüber anderen Nutzpflanzen erhöht.

> Diejenigen mit einem Feld von einem Fünfzehntel eines Hektars, die aber in Besitz von einigen Bäumen sind, haben genug zur Verwendung für ihre gesamte Lebenszeit und brauchen kein Öl mehr zu kaufen.
>
> 彼中一畝之宮，但有樹數株者，生平足用，不復市膏油也。[41]

Zudem bemerkte Xu Guangqi, dass der Talgbaum sehr lange nicht eingehe und ertragreich bleibe. Somit können die Bäume den Ertrag für mehrere Generationen von Kindern und Enkelkindern sicherstellen.

> Außerdem verfällt dieser Baum für eine sehr lange Zeit nicht, bis man ihn mit den Armen umschließen kann und darüber hinaus kann man mehr und mehr Samen davon sammeln. Deshalb ergibt er einmal gepflanzt einen Ertrag für Generationen von Kindern und Enkelkindern.
>
> 且樹久不壞，至合抱以上，收子愈多。故一種即為子孫數世之利。[42]

Ökologische Dimension

Es ist fraglich, inwiefern Xu Guangqi in seinen Einträgen zum Talgbaumanbau auch Aspekte zum reinen Schutz der Umwelt bedachte. Im Folgenden werden einige Abschnitte kritisch auf diesen Aspekt hin untersucht.

In Xu Guangqis Vorstellung sollten Talgbäume auf den Feldrändern oder anderen Landflächen, die üblicherweise nicht für den Anbau von Lebensmitteln genutzt werden, kultiviert werden. Aus einer modernen Perspektive betrachtet würde diese Form des Anbaus die heutzutage allseits bekannten Nachteile von groß angelegten Monokulturen vermeiden. Es ist allerdings fraglich, ob Xu Guangqi zu seiner Zeit über dieses Wissen verfügte. Deshalb ist es naheliegender, dass er in diesem Punkt beabsichtigte, die wirtschaftlichen Erträge der Landwirtschaft zu diversifizieren, um in Perioden, in welchen einzelne Pflanzen ausfallen könnten, noch immer einen gewissen (womöglich lebenserhaltender) Ertrag zu erzielen zu können. Auch die Vorstellung des Anbaus des Talgbaumes an Flussufern wird höchstwahrscheinlich nicht zum Ziel gehabt haben, etwaigen Überschwemmungen vorzubeugen, sondern wird in erster Linie der Ertragsmaximierung gedient haben, denn der Talgbaumanbau ermöglichte auch die Nutzung dieser andernfalls landwirtschaftlich kaum brauch-

---

41 *Nongzheng Quanshu*, S. 94 [38:26b].
42 *Nongzheng Quanshu*, S. 95 [38:27a].

baren Landfläche. In Bezug auf die Verwendung der Zweige zum Düngen der Felder ist es möglich, dass es Xu Guangqi um die Sicherstellung der langfristigen Ertragskapazität des Bodens ging. Insgesamt ist es allerdings schwierig, in Xu Guangqis Einträgen ökologische Aspekte der Nachhaltigkeit wiederzufinden, die rein auf die Erhaltung der Umwelt und nicht auf die langfristige Erhaltung des ökonomischen Nutzens des Talgbaumes abzielen.

> In der Region Lin'an hat jedes Feld größer als zwei Drittel eines Hektars bestimmt einige Talgbäume an den Rändern der Felder. Die Bewohner der beiden Provinzen profitieren bereits von dessen Erträgen und unter allen großen Bergen und weiten Straßen, auf den Ufern von Flussarmen und den Seiten von Wohnsitzen gibt es keinen Ort, wo er nicht gepflanzt wird, wo es nicht diejenigen gibt, die ihn anpflanzen und den vollen Nutzen aus den entwickelten Feldern ziehen. [...] Außerhalb der Nutzung des Öls können seine Zweige (*cha* 查) auch verwendet werden, um Felder zu düngen (*yong* 壅), um den Kochofen zu heizen und Feuer für die Nacht zu machen. Mit seinen Blättern kann man Dinge in schwarz färben und sein Holz kann dazu verwendet werden, Holzblöcke für den Buchdruck oder Werkzeuge zu schnitzen.

> 臨安郡中, 每田十數畝, 田畔必種臼數株, [...] 兩省之人, 既食其利, 凡高山大道溪邊宅畔無不種之, 亦有全用熟田種者。[43] [...] 用油之外, 其查仍可壅田, 可燎爨, 可宿火。其葉可染皂, 其木可刻書及雕造器物。[44]

Resümee: Xu Guangqis Intentionen

Xu Guangqi kannte zwar das moderne Nachhaltigkeitskonzept (der Trias Ökonomie, Ökologie und Soziales) noch nicht, dennoch bedachte er in seinen Aufzeichnungen zum Anbau des Talgbaumes erstmals soziale, ökonomische und (wenn auch wie oben ausgeführt eventuell nicht durch ein ökologisches, sondern eher durch ein ökonomisches Bewusstsein motivierte) ökologische Aspekte, die durchaus der langfristigen Sicherung des Ertrages des Talgbaumes, auch für künftige Generationen, zuträglich waren. Aus seinen Schilderungen können wir die folgenden Schlüsse ziehen: Zunächst lässt sich festhalten, dass Xu Guangqi weniger das Wohlergehen der Natur an sich als vielmehr den Wohlstand des Menschen im Blick hatte. Aus moderner Sicht würde man argumentieren, dass die von Xu Guangqi konzipierte

---

43 *Nongzheng Quanshu*, S. 94 [38:26b].
44 *Nongzheng Quanshu*, S. 95 [38:27a].

Landwirtschaft, die dezidiert nicht einer Monokultur entspricht, sondern von den Landwirtschaftstreibenden einfordert, auf ihren Feldern mehrere Nutzpflanzen zusammen zu bewirtschaften, dahingehend nachhaltig ist, dass sie die Risiken einer Monokultur vermeidet. Allerdings ist zu bezweifeln, dass Xu Guangqi damals bereits Kenntnisse über die heute bekannten Nachteile einer Monokultur hatte. Stattdessen ging es ihm in diesem Punkt vermutlich hauptsächlich um eine ökonomische Nachhaltigkeit im Sinne einer Diversifikation der Quellen von Nahrung und Steuereinnahmen, sodass auch in solchen Jahren, in welchen beispielsweise die Reisernte oder die Ernte einer anderen Nutzpflanze ausfiel, die Steuereinnahmen gesichert waren. Das zeugt zumindest von einem gewissen Umweltbewusstsein und war insofern ein innovatives Nachhaltigkeitskonzept, als dass das Wissen um wechselnde Umweltfaktoren und die Empfindlichkeit gewisser Pflanzen dazu genutzt wurde, wirtschaftliche Erträge zu sichern. In Bezug auf die soziale Nachhaltigkeitsdimension ist zu fragen, ob es Xu Guangqi um das wirtschaftliche Wohl der Landwirtschaftstreibenden oder eher um die Stabilität des Staates ging. Betrachtet man jedoch die Umstände, die zu den meisten Bauernaufständen führten, so trug seine ertragssichernde Politik, wie oben geschildert, mitnichten zu einer stabileren Gesellschaft bei. In Bezug auf den ökonomischen Nachhaltigkeitsaspekt ist besonders seine Rhetorik hervorzuheben, denn anstatt die Ertragsbeständigkeit des Talgbaumes konkret in Jahren zu spezifizieren, spricht er von mehreren Generationen von Kindern und Enkelkindern. Insofern entspricht sein Verständnis von Nachhaltigkeit im ökonomischen Kontext der Idee, eine intergenerationale Win-Win-Situation zu erschaffen, denn durch den Anbau des Talgbaumes wurde einerseits der eigene Vorteil verfolgt und gleichzeitig zukünftigen Generationen die Teilhabe an den Erträgen des Talgbaumes ermöglicht.

Literaturverzeichnis

Batchelor, Robert. 2017. „John Bradby Blake, the Chinese tallow tree and the infrastructure of botanical experimentation", in *Curtis's Botanical Magazine* 17/4, S. 402–426.

Bray, Francesca. 1997. *Technology and Gender: Fabrics of Power in Late Imperial China*. Berkeley: University of California Press.

Bray, Francesca, und Georges Métailié. 2001. „Who Was the Author of the Nongzheng Quanshu?", in *Statecraft and Intellectual Renewal in Late Ming China*.

The Cultural Synthesis of Xu Guangqi (1562–1633), hrsg. von Catherine Jami, Peter M. Engelfriet und Gregory Blue. Sinica Leidensia, Leiden: Brill, S. 322–359.

Chesneaux, Jean. 1973. *Peasant Revolts in China 1840–1949*. London: Thames and Hudson.

Deutscher Bundestag. 1998. *Abschlußbericht der Enquete-Kommission „Schutz des Menschen und der Umwelt – Ziele und Rahmenbedingungen einer nachhaltig zukunftsverträglichen Entwicklung*. Bundestag Server: https://dserver.bundestag.de/btd/13/112/1311200.pdf (Zugriff am 23. Januar 2024).

Elvin, Mark. 2004. *The Retreat of the Elephants: An Environmental History of China*. New Haven und London: Yale University Press.

Fang Yizhi 方以智. 1643. *Wuli xiaoshi* 物理小識. Siku Quanshu Edition. Chinese Text Project: https://ctext.org/wiki.pl?if=gb&res=722035 (Zugriff am 20. Mai 2023).

Franke, Wolfgang. 1954. „Die Stufen der Revolution in China", in *Vierteljahrshefte für Zeitgeschichte* 2, S. 149-176.

Han Maoli 韩茂莉. 2016. *Lishi shiqi youliao zuowu de chuanbo yu shanti* 历史时期油料作物的传播与嬗替. *Zhongguo nongshi* 中国农史 35, S. 3–14.

Jin Jiuning 金久宁, Huang Jingjing 黄晶晶, und Qian Xueshe 钱学射. 2014. "Wujiu de zhiwu wenhua yu jingji jiazhi" 乌桕的植物文化与经济价值, in *Beijing linye daxue xuebao (shehui kexue ban)* 北京林业大学学报 (社会科学版) 13, S. 32–36.

Lander, Brian. 2019. „The Retreat of the Forests - The Advance of the Tree Plantations." *China Review International* 26, S. 242–251.

——— 2021. *The King's Harvest: A Political Ecology of China from the First Farmers to the First Empire*. New Haven: Yale University Press.

Li, Lillian M. 2007. *Fighting Famine in North China*. Stanford: Stanford University Press.

Mathews, Robert Henry. 1956. *Mathews' Chinese-English Dictionary*. Cambridge, Massachusetts: Harvard University Press.

Marks, Robert B. 1998. *Tigers, Rice, Silk, and Silt. Environment and Economy in Late Imperial South China*. Cambridge: Cambridge University Press.

———2012. *China: Its Environment and History*. Lanham, Maryland: Rowman and Littlefield.

Menzies, Nicholas K. 1994. *Forest and Land Management in Imperial China.* Basingstoke Hampshire: Macmillan.

Miller, Ian M. 2020. *Fir and Empire: The Transformation of Forests in Early Modern China.* Seattle: University of Washington Press.

Perdue, Peter C. 1987. *Exhausting the Earth: State and Peasant in Hunan, 1500-1850.* Cambridge, Massachusetts: Harvard University Press.

Radkau, Joachim. 2008. *Nature and Power. A Global History of the Environment.* Cambridge: Cambridge University Press.

Schäfer, Dagmar, Giorgio Riello, und Luca Molà (Hrsg.). 2020. *Seri-Technics: Historical Silk Technologies.* Edition Open Access, 43.

Schwermann, Christian. 2020. „Von der Sparsamkeit zur Nachhaltigkeit. Zukunftsdenken in der antiken chinesischen Wirtschaftstheorie", in *Bochumer Jahrbuch zur Ostasienforschung* 18, S. 60–98.

Xu Guangqi 徐光啟 und Chen Zilong 陳子龍. 1639. *Nongzheng quanshu* 農政全書. Siku Quanshu Edition. Chinese Text Project: https://ctext.org/wiki.pl?if=gb&res=85829 (Zugriff am 20. Mai 2023).

Zhang Meng. 2021. *Timber and Forestry in Qing China: Sustaining the Market.* Seattle: University of Washington Press.

Zhang Yushu 張玉書 und Chen Tingjing 陳廷敬. 1716. *Kangxi cidian* 康熙詞典. Siku Quanshu Edition. Chinese Text Project: htttps://ctext.org/library.pl?if=en&file=77415 (Zugriff am 20. Januar 2025).

Menzius und Einblicke in „nachhaltiges Denken" im Konfuzianismus der mittleren und späten Kaiserzeit

Christian Soffel

In the contemporary debate about sustainability it is often claimed, implicitly or explicitly, that traditional Chinese thought – in particular Confucianism – is based on a holistic view on nature, which entails a responsible use of natural resources in Chinese society throughout history. A central key passage can be found in the book *Mengzi*, where the author of this classical text expresses his ideas of the "beginning of kingly government", encompassing practical steps to avoid overfishing and deforestation. In spite of these statements, there can be no doubt that Mencius considers the needs of the human beings to be more relevant than environmental protection. Furthermore, it is crucial to ponder the question, whether this proposal by Mencius should be considered as imperative guiding principle or just as a preliminary measure. The latter question became the subject of controversial debates among Confucian literati in the Song, Yuan and Ming dynasties, which show a strong tendency to value the human necessities higher than ecological concerns. This puts the impact of any pre-Qin Chinese "sustainable thinking" into question.

Einführung: Nachhaltigkeit in aktuellen Debatten um die chinesische Kulturtradition

In allen Teilen der Welt beschäftigt die Frage der „Nachhaltigkeit" derzeit die Gemüter sehr. Angesichts des in den letzten Jahrzehnten erfolgten enormen Wirtschaftswachstums spielen dabei die politischen Maßnahmen und intellektuellen Debatten in der Volksrepublik China auch global eine wichtige Rolle, wobei diese sich im Spannungsfeld zwischen internationalen Übereinkünften und nationalen Eigeninteressen bewegen.[1] Nicht selten werden in der Diskussion auch historische Perspektiven thematisiert. Auch westliche Autoren betonen beispielsweise die „nachhaltigen Traditionen", die Chinas Landwirtschaft über mehrere Jahrtausende

---

1 Gåsemyr und Heggelund 2020, S. 4.

hinweg bewahrt habe,² und stellen heraus, dass im Konfuzianismus und Taoismus – im Gegensatz zur „radikalen Transzendenz" in den Westlichen Traditionen – eine organische Kosmologie vorherrschte, die eine harmonisches Miteinander zwischen den Menschen und der Natur impliziere.³

Wenig überraschend ist, dass dieser Aspekt in Quellen, die offiziellen Stellen aus der Volksrepublik China nahestehen, noch wesentlich stärker betont und darüber hinaus in Verbindung zu politischen Richtlinien der Kommunistischen Partei gebracht wird, wie etwa in der folgenden Belegstelle:

> President Xi's vision of eco-civilization is rooted in traditional wisdom of China and role of thoughts of elders of China. He is putting efforts to integrate traditional Chinese knowledge and the elements of modern development and modernity.⁴

In diesem Kontext findet sich häufig die Behauptung, dass ein nachhaltiger Umgang mit den Naturressourcen direkt aus konfuzianischen Kernvorstellungen, wie „Einheit von Himmel und Erde" (*tian ren he yi* 天人合一), „die Zehntausend Dinge sind ein Ganzes" (*wanwu yi ti* 萬物一體) oder „Empathie zu den Menschen und Liebe zu den Lebewesen" (*ren min ai wu* 仁民愛物) abgeleitet werden könne.⁵

Autoren wie Henry Rosemont Jr. und Roger Ames betonen in ihren Einlassungen regelmäßig die großen Herausforderungen, zu deren Lösung das traditionelle chinesische Denken, archetypisch repräsentiert durch eine relationistische, konfuzianische „Rollenethik" („role ethics") einen essentiellen Beitrag leisten könne und müsse, als Gegenpol zu einer „universalistischen" Ethik, die meistens nur dazu missbraucht werde, „westliche Hegemonie, Imperialismus oder andere grässliche Konzepte, die für Versuche stehen, den Rest der Welt in einem kapitalistischen System zu dominieren, zu kontrollieren und auszubeuten," durchzusetzen.⁶ Eine derartige Aussage suggeriert im Subtext, dass die westliche Moderne, wenn nicht gar das „westliche Denken" letztendlich auch für die derzeit grassierende Ausbeutung der natürlichen Ressourcen verantwortlich sei. Diese Sichtweise korrespondiert mit zeitgenössischen chinesischen Quellen, in denen die Naturbewahrung gar als Archetyp „chinesischen" Denkens im Gegensatz zum „westlichen" Denken dargestellt wird:

---

2 Cook und Buckley 2015, S. 1.
3 Tucker und Grim 1998, S. xxvii.
4 Ramay 2020, S. 10.
5 Wang Jie 2020, S. 7. Zur Übersetzung des Begriffs *ren* 仁 siehe weiter unten.
6 Rosemont Jr. 2014, S. 11; vgl. auch Ames 2019, S. 7–8.

Inbegriffen im Gedankensystem des Konfuzianismus, mit seinen umfassenden Kenntnissen und tiefen Gedanken, ist ein reichhaltiges umweltethisches Denken und ein Wissenshintergrund in den Bereichen Ökologie und Umweltwissenschaft. Bei ihrem Blick auf die Natur haben Konfuzianer seit jeher die harmonische Vereinigung zwischen Mensch und Natur wertgeschätzt und waren der Ansicht, dass der Mensch ein Teil der Naturwelt ist, dass eine Verbindung zwischen Himmel und Mensch besteht. Sie propagierten die Theorie einer „Einheit von Himmel und Mensch" (*tian ren he yi* 天人合一) oder „Ganzheit der Zehntausend Dinge mit uns selbst" (*wanwu yu wo yi ti* 万物与我一体), [der zufolge] man die natürliche Umwelt, die die Lebensgrundlage der Menschen darstellt, nicht zerstöre, sondern bewahre. Diese Idee ist ein wichtiger Inhalt der konfuzianischen Ethik und steht in klarem Gegensatz zur westlichen Kultur, die die Vorstellung der Eroberung der Natur und den Antagonismus von Mensch und Natur betont.

在儒学博大精深的思想体系里,蕴含着丰富的生态伦理思想及生态学和环境学的知识背景。在自然观上，儒家历来重视人与自然的和谐统一，认为人是自然界的一部分，天人是相通的，倡「天人合一」、「万物与我一体」之说，不破坏并注意保护人类赖以生存的自然环境 。 这一思想成为儒家伦理的重要内容，而与西方文化强调征服自然 、 人与自然对立二分的观念形成鲜明的对照 。[7]

Beispiele für eine solche Abgrenzung der chinesischen von der westlichen Kultur häufen sich in letzter Zeit merklich[8] und mögen ein Symptom sein für eine allmähliche Distanzierung von „westlichen Ideen" in der Volksrepublik China, die seit etwa 2010 Fahrt aufnahm. Abgesehen von der klischeehaft-pauschalisierenden Verwendung der Begriffe „chinesisch" und „westlich", die die Komplexität und die historisch gewachsene Variabilität dieser Kulturräume völlig ausblendet, stellt sich noch zusätzlich die Frage, ob die unter dem Schlagwort *tian ren he yi* griffig vereinten Ideen aus der chinesischen Tradition wirklich im Sinne eines bewussten Umgangs mit der Natur und ihren Ressourcen zu verstehen sind.

Um ein wenig Licht in diesen Fragenkomplex zu bringen, beschäftige ich mich in diesem Aufsatz mit der Frage, inwieweit ein nachhaltiger Umgang mit Naturressourcen tatsächlich im vormodernen chinesischen Denken verwurzelt war, und wie stark die einschlägigen Zitate aus der konfuzianischen Überlieferung in der Kaiserzeit – konkret in der Übergangsphase von der Song- bis zur Ming-Dynastie – tatsächlich wirkten.

---

7 Dieses Zitat erscheint wörtlich so gut wie identisch gleich bei zwei Autoren: Chen Rongzhao 2012, S. 17, sowie Cai Fanglu 2013, S. 52.
8 Vgl. auch Chen Hongbing 2022, S. 57; Ma Shengli 2016, S. 6–8.

Heutige Autoren scheinen manchmal davon auszugehen, dass das chinesische Denken der „klassischen Zeit" (c. 5.–3. Jh. v. Chr.) besonders repräsentativ und authentisch das Denken der chinesischen Tradition abzubilden vermag. Im Hinblick auf die Nachwirkungen der chinesischen Tradition auf die Moderne ist aus meiner Sicht aber ein Blick in die mittlere und spätere Kaiserzeit viel aufschlussreicher: Zum einen sind die Primärquellen aus dieser Zeit zahlreich genug, um die damaligen Debatten in all ihrer Komplexität nachzuzeichnen. Zum anderen bestehen im Umgang mit den kanonischen konfuzianischen Texten meiner Erfahrung nach große Kontinuitäten beim Übergang der Vormoderne in die heutige Zeit; mithin ist die mittlere und späte Kaiserzeit nach wie vor maßgeblich für den Zugang zu den entsprechenden Quellen in der breiten Gesellschaft des gegenwärtigen chinesischen Kulturraums.

Menzius und die Jungfische

Im einleitend genannten Zusammenhang maßgeblich ist unter anderem die folgende, bekannte Passage aus dem Buch *Mengzi* 孟子 1.3, die im Rahmen der heutigen Debatte immer wieder zitiert wird und mithin als Ausgangspunkt unserer weiteren Untersuchungen dienen soll:

> Werden die für Ackerbau geeigneten Zeiten nicht [durch Verpflichtung der Bauern zu Frondiensten] missachtet, so steht mehr Getreide zur Verfügung, als verzehrt werden kann. Werden engmaschige Fischernetze nicht in die Teiche eingeführt, so stehen mehr Fische und Schildkröten zur Verfügung, als verzehrt werden können. Werden Äxte [nur] zur rechten Zeit in die Wälder eingeführt, so steht mehr Holz zur Verfügung, als verbraucht werden kann. ... Hierdurch wird die Bevölkerung in die Lage versetzt, ohne innere Zwänge die Lebenden zu versorgen (*yang sheng* 養生)[9] und die Toten zu bestatten. [... Dies ist wiederum] der Anbeginn (*shi* 始) des Weges des rechten Königs.
>
> 不違農時，穀不可勝食也；數罟不入洿池，魚鱉不可勝食也；斧斤以時入山林，材木不可勝用也。...是使民養生喪死無憾也。...王道之始也。[10]

Diese Aussage kann auf den ersten Blick gesehen werden als Beleg dafür, dass nachhaltiges Wirtschaften in der klassischen konfuzianischen Philosophie eine zentrale Rolle spielte. In der Tat überzeugen die von Menzius (*c*. 372 – *c*. 289) vorgeschlagenen Regeln ganz unmittelbar: Ein auf Nachhaltigkeit bedachter Herrscher

---

9 Hier ist *yàng* 養 im fallenden Ton zu lesen. Vgl. hierzu auch *Mengzi* 8.13/41/30: dort wird durch den Kontext nahegelegt, dass es bei der Versorgung der Lebenden und Bestattung der Toten in erster Linie um die Eltern geht.

10 *Mengzi* 1.3/1/30–1.3/2/1.

sollte tunlichst verhindern, dass seine Untertanen mit zu engmaschigen Netzen alle Jungfische einfangen, um so den Nachwuchs zu schonen; und ebenso wenig sollten Bäume in der produktivsten Wachstumsphase gefällt werden.

Besonderes Augenmerk in diesem Abschnitt möchte ich auf eine meist übersehene zweideutige Formulierung legen: Die von Menzius konkret beschriebenen Maßnahmen zum Schutz des Fischbestandes und der Gehölze gelten als „Anbeginn des Weges des rechten Königs" (*wang dao zhi shi* 王道之始). Das Zeichen *shi* 始 bedeutet generisch zunächst einmal „Beginn", ist jedoch auf der semantischen Ebene mehrdeutig: Zum einen lässt sich diese Aussage kausal verstehen als ethisches oder verwaltungstechnisches Grundprinzip der Königsherrschaft, eine Vorschrift also, die als moralischer oder faktueller Grundsatz dient, als Leitlinie zur Entwicklung von detaillierteren Vorschriften zur Reglementierung menschlichen Verhaltens, gerade auch in Beziehung zur Natur. Zum anderen könnte Menzius mit dem Wort *shi* 始 aber auch einen zeitlichen Ablauf bei der Etablierung einer Wirtschaftsordnung im Blick gehabt haben; die aufgeführten Anweisungen wären dann zu verstehen als ein Katalog von vorläufigen Maßnahmen gedacht für die Anfangsphase der durch die Politik eines tugendhaften Königs neu etablierten Gesellschaftsform, die später bei Bedarf angepasst, gegebenenfalls sogar wieder aufgehoben werden können, sobald eine den jeweiligen tatsächlichen Erfordernissen entsprechende, komplexere Stufe der Staatsordnung erreicht ist.[11]

Selbstverständlich schließt der eine Interpretationsansatz den anderen nicht aus, und diese Mehrdeutigkeit mag auf den ersten Blick unwesentlich scheinen. Aber es handelt sich hier bei dieser Ambiguität nicht allein um ein bloßes philologisches Detail, denn sie bedingt zwei sehr unterschiedliche Interpretationsansätze. Ein kausaler und prinzipieller Zusammenhang zwischen nachhaltigem Wirtschaften und späteren Maßnahmen präjudiziert, dass auch in späteren Zeiten – nach Etablierung der Königsherrschaft – daran festzuhalten wäre, wohingegen ein temporaler Ablauf bedeutet, dass die von Menzius empfohlenen Regeln eher einen symbolischen Wert besitzen und in späteren Zeiten nicht weiter berücksichtigt werden müssen.

Obgleich diese Unschärfe im *Mengzi*-Text in keinem mir bekannten westlichen Werk über Menzius explizit thematisiert wird, schlagen sich die beiden unterschiedlichen Interpretationsmöglichkeiten auch in westlichsprachigen Übersetzungen nieder: James Legge betont eher den zeitlichen Ablauf der Maßnahmen, wenn er

---

11 Unerheblich ist an dieser Stelle, ob sie eine frühe oder spätere Phase des Menzianischen Denkens repräsentiert. Vgl. Brooks und Brooks 2022, insbesondere S. 259.

übersetzt: „the first step of royal government"[12]. Ähnlich gehen auch D.C. Lau („the first step along the Kingly way"[13]), Jörg Schumacher („Anfang des königlichen Wegs"[14]), Heinrich Mootz („die erste Aufgabe für die königliche Regierung"[15]) oder Zhao Zhentao, Zhang Wenting und Zhou Dingzhi („first step of the benevolent government"[16]) vor. Eher als abstrakten Leitgedanken oder Grundprinzip für ökonomisches Handeln verstehen die Passage W.A.C.H. Dobson („first principle of Princely Government"[17]) und Henrik Jäger „Beginn des dao des wahren Königseins"[18]. Andere Übersetzungen bleiben – wie das *Mengzi*-Original – eher im Unklaren, wie etwa Irene Bloom („beginning of kingly government"[19]) oder Bryan van Norden („beginning of the Kingly Way"[20]). Betont werden sollte, dass keine der hier angeführten Übersetzungen „richtig" oder „falsch" ist, denn das chinesische Original eröffnet hier einen großen Interpretationsspielraum.

Relevant ist im oben zitierten Abschnitt aus dem Buch *Mengzi* noch ein weiterer Gesichtspunkt: Unabhängig von der Interpretation des Zeichens *shi* 始 weist die Forderung nach Zurückhaltung beim Zwang zu Frondiensten, sofern dies die Bauern von einer Bestellung der Felder abhält, nämlich bereits darauf hin, dass es nicht allein um eine nachhaltige Schonung der Umweltressourcen geht, sondern dass menschliche Bedürfnisse eine wesentliche Rolle für Menzius spielen.

Dass der Mensch im Zweifelsfall wichtiger ist als die Natur, belegt noch eine andere *Mengzi*-Passage:

> Beim Umgang mit den Dingen wertschätzt (*ai* 愛) der Edle sie, empfindet aber keine mitmenschliche [Empathie] (*ren* 仁) zu ihnen. Beim Umgang mit dem Volk leistet er mitmenschliche [Empathie], fühlt aber keine verwandtschaftliche Nähe. Verhält er sich gegenüber den Verwandten so, wie es sich gehört, dann wird er auch mitmenschliche [Empathie] zum Volk besitzen; zeigt jemand mitmenschliche [Empathie] zum Volk, so wird er auch Wertschätzung gegenüber den Dingen besitzen.

---

12 Legge 1994, S. 131.
13 Lau 1970, S. 51.
14 Schumacher 1993, S. 311.
15 Mootz 1912, S. 37.
16 Zhao Zhentao, Zhang Wenting und Zhou Dingzhi 2003, S. 7.
17 Dobson 1963, S. 28.
18 Jäger 2018, S. 240.
19 Bloom 2009, S. 3.
20 Van Norden 2009, S. 4.

君子之於物也，愛之而弗仁；於民也，仁之而弗親。親親而仁民，仁民而愛物。[21]

Es zeigt sich hier also eine klare Abstufung: Am wichtigsten sind die engen Verwandten (bzw. Eltern), dann die Menschheit, und dann erst die übrigen Dinge, einschließlich Tiere und Pflanzen. Selbst der in der konfuzianischen Tradition immer wieder hoch geschätzte Begriff *ren* 仁, hier übersetzt als „(mitmenschliche) Empathie" – ist hier der verwandtschaftlichen Nähe (*qin qin* 親親) untergeordnet.

Diskussionen in der Song-Dynastie und spätere Reaktionen

Grundlegendes Verhältnis zwischen Mensch und Natur

Zhang Zai: Westinschrift

Ein viel beachteter Schlüsseltext zur Thematik der Einbettung des Menschen in die natürliche Umwelt im Song-zeitlichen Konfuzianismus ist die „Westinschrift" (*Ximing* 西銘) von Zhang Zai 張載 (1020–1077). Sie beginnt mit einer kompakt formulierten Passage, die ich hier möglichst wörtlich wiederzugeben versuche:

> *Qian* [, die Urkraft des reinen *yang*,] nennen wir [unseren] Vater; *Kun* [, die Urkraft des reinen *yin*,] nennen wir [unsere] Mutter. Wir sind [im Verhältnis] zu ihnen wie junge Sprösslinge, die unstet zwischen ihnen verweilen. Was [den Raum zwischen] Himmel und Erde ausfüllt, ist mein Körper; [das Dao, welches] Himmel und Erde anleitet, ist meine Natur. Das Volk sind meine Geschwister; zu den Dingen stehe ich in einer Verbindung (*yu* 與).

> 乾稱父，坤稱母；予茲藐焉，乃混然中處。故天地之塞，吾其體；天地之帥，吾其性。民，吾同胞；物，吾與也。[22]

Diese Sätze haben großen Einfluss in der späteren chinesischen Geistesgeschichte. Tu Weiming beschreibt diese Zeilen als „core Neo-Confucian text in articulating the anthropocosmic vision of the unity of Heaven, Earth, and Humanity".[23]

---

21 *Mengzi* 13.45/72/28–29.
22 Zhang Zai 1978, 17:62–63.
23 Tu Weiming 2010, S. 384.

Auffällig ist hier die eindringlich beschriebene metaphysische Gesamtschau, die dem Universum eine Familienstruktur zuweist, in die die Menschen integriert sind. Die sich hieraus ergebende inhärente Korrespondenz von Mensch und Umwelt resultiert auf der argumentativen Ebene aber nicht zwangsläufig in einem nachhaltigen Umgang mit den Naturressourcen: zum einen steht Zhang Zais ganzheitlicher Ansatz in einem holistisch-metaphysischen Kontext, ist also nicht notwendigerweise auf den alltäglichen Umgang mit der materiellen Umwelt anzuwenden; Zhang Zai bereitet den Boden für einen eher esoterischen Zugang zur Welt, der keine konkreten Maßnahmen zur Wahrung der Natur zur Folge haben muss. Und zum anderen findet sich auch hier wieder eine Abstufung, die den Menschenwesen (*min* 民) ganz klar mehr Gewicht zuordnet als den übrigen Dingen beziehungsweise Lebewesen (*wu* 物). Es besteht zwar auf der abstrakten Ebene eine geradezu körperlich anmutende Einheit des menschlichen Individuums (*wu* 吾) mit allen Dingen in der Welt, aber doch eine deutliche Priorisierung: *min* 民 steht über *wu* 物.

Die Cheng-Brüder

Das bei Menzius diskutierte Verhältnis zwischen der Wertschätzung der Dinge (*ai wu* 愛物) und den zwischenmenschlichen Beziehungen wird bei den Cheng-Brüdern im *Er Cheng yishu* 二程遺書 wieder aufgegriffen, in einer Passage, die nach traditioneller Lesart dem jüngeren Bruder Cheng Yi 程頤 (1033–1107) zuzuschreiben ist:[24]

> Frage: „Wie wäre es, mitmenschliches Verhalten von der Fürsorge zu den Dingen herzuleiten?" Antwort: „Wenn jemand seine Eltern nicht respektvoll behandelt, wohl aber andere Menschen, dann nennt man das Verstoß gegen die Riten. Wenn jemand seine Eltern nicht fürsorglich behandelt, wohl aber andere Menschen, dann nennt man das Zuwiderhandlung gegen die Tugend. Deswegen gilt [der Satz von Menzius]: ‚Verhält sich ein Edler gegenüber den Verwandten so, wie es sich gehört, dann wird er auch mitmenschliche [Empathie] zum Volk besitzen; zeigt jemand mitmenschliche [Empathie] zum Volk, so wird er auch Wertschätzung gegenüber den Dingen besitzen.' Wie könnte jemand, der sich gegenüber den Verwandten so zu verhalten vermag, wie es sich gehört, keine mitmenschliche [Empathie] zum Volk besitzen? Wie könnte jemand, der mitmenschliche [Empathie] zum Volk zu zeigen vermag, keine Wertschätzung gegenüber den Dingen besitzen? Wenn man die Liebe zu den Angehörigen aus

---

24 Cheng Hao und Cheng Yi 2006 [1981], 23:305.

der Fürsorge für die Dinge ableitet, so ist das [sektiererisches Denken wie bei] Mozi.

問：「為仁先從愛物上推來，如何？」曰：「不敬其親而敬他人者，謂之悖禮；不愛其親而愛他人者，謂之悖德。故『君子親親而仁民，仁民而愛物。』能親親豈不仁民？能仁民豈不愛物？若以愛物之心推而親親，却是墨子也。」[25]

Der Fragesteller ist offenbar der Ansicht, die Menschen empfänden eine angeborene Wertschätzung der Lebewesen und Ressourcen des natürlichen Umfelds, die so intuitiv und gewichtig ist, dass aus ihr eine Grundlage zur Propagierung des zentralen konfuzianischen Grundwerts *ren* 仁 („mitmenschliche Empathie") generiert werden könne. Cheng Yi weist dies jedoch zurück und beruft sich hierbei auf Menzius. Neben einer Erweiterung des philosophischen Vokabulars durch den für Cheng Yi charakteristischen Begriff des „Respekts" (*jing* 敬) erfolgt hier eine noch stärkere Betonung der Kausalbeziehung, dass nämlich umgekehrt die ethischen Werte der Menschen an oberster Stelle stehen. Cheng Yi betont die Priorisierung der Menschen vor den Dingen und lehnt mit Nachdruck eine höhere Einstufung der Natur ab, verweist eine derartige Argumentationsweise gar in den Bereich des häretischen Denkens, das Menzius' intellektuellem Gegenpol Mozi 墨子 (5./4. Jh. v. Chr.) zu eigen war. Dadurch entfernt er sich von einer Interpretation des *Mengzi*-Textes im Sinne eines prioritär auf Nachhaltigkeit abzielenden Denkansatzes.

Gewiss lässt sich anhand der vorliegenden Aussage von Cheng Yi ein sorgsamer Umgang mit Naturressourcen aus konfuzianischen ethischen Grundwerten ableiten. Sobald sich aber ein Dilemma ergibt, ein Sohn beispielsweise mit Ressourcenknappheit konfrontiert ist und eine Entscheidung treffen muss, ob er lieber die Naturressourcen schont oder seine Pietätspflichten erfüllt, so liegt nach Cheng Yi die Priorität eindeutig auf den Familienbelangen.

Interpretation der Passage von Menzius

Zhu Xi

In seinem weithin bekannten und – damals wie heute – sehr einflussreichen Kommentar *Sishu zhangju jizhu* 四書章句集注 zeichnet sich Zhu Xi 朱熹 (1130–1200) generell durch eine didaktische Herangehensweise aus, weshalb er dazu tendiert, bei Ambivalenzen im Originaltext eine klare Position zu beziehen. Das

---

25 Cheng Hao und Cheng Yi 2006 [1981], 23:310.

betrifft insbesondere auch die oben diskutierte Frage, ob die bei Menzius als „Anbeginn des Weges des rechten Königs" beschriebenen Richtlinien temporal als erste Schritte in einer zeitlichen Abfolge oder kausal als grundlegende Richtschnur zu verstehen seien.

Zhu Xi kommentiert Menzius wie folgt:

> Dies alles betrifft die Anfangsphase der Regierung, den Zustand also, bei dem Gesetze und Ordnungsstrukturen noch nicht vollständig eingerichtet sind und man gemäß den natürlichen Gegebenheiten (li 利) zwischen Himmel und Erde Sparsamkeit und Fürsorge walten lässt. Nahrungsmittel und Behausungen dienen zur Versorgung der Lebenden, Ahnenrituale und Särge zum Abschied von den Toten beim letzten Geleit, – allesamt dringende und unverzichtbare Bedürfnisse der Bevölkerung. Wenn dies alles zur Verfügung gestellt wird, so haben die Menschen keinen Anlass zu Ärgernis.
>
> 此皆爲治之初，法制未備，且因天地自然之利，而撙節愛養之事也。然飲食宮室所以養生，祭祀棺槨所以送死，皆民所急而不可無者。今皆有以資之，則人無所恨矣。[26]

Zhu Xi betont hier nachdrücklich, dass die von Menzius angeführten Maßnahmen zeitlich beschränkt für die Anfangszeit der Herrschaft vorgesehen seien, für die Phase, in der der tugendhafte König die zur Organisation des Staates erforderlichen Gesetze und Strukturen noch nicht vollständig aufgebaut hat.

Aus einem Briefwechsel können wir ferner ersehen, dass Zhu Xi sich explizit gegen eine Interpretation dieser Stelle als ethisches Leitmotiv für politisches Handeln verwahrte. In Zhu Xi's Antwortbrief an Wu Bida 吳必大 (?–?) heißt es:

> [Zitat aus dem Brief von Wu Bida]: Beim dritten Absatz des ersten Abschnitts von „Liang Huiwang" [= *Mengzi* 1.3] behauptet Yang [Shi], dass es ... lediglich um Intentionsbekundungen [im Geiste] der mitmenschlichen Empathie geht und noch keine tatsächlichen politischen Maßnahmen beschrieben werden. Insofern seien sie der Anbeginn des Weges des rechten Königs. [Ich, Wu] Bida meine, dafür zu sorgen, dass das Volk keine inneren Zwänge hat, kann von jemandem, der zwar [gute] Intentionen besitzt, aber noch keine politischen Maßnahmen ergriffen hat, keinesfalls erreicht werden. Vermutlich ist [Menzius] deshalb so zu interpretieren, wie im [*Sishu zhangju*] *jizhu* beschrieben, die „Anfangsphase der Regierung, der Zustand, bei dem Gesetze und Ordnungsstrukturen noch nicht vollständig eingerichtet sind".
>
> [Antwort von Zhu Xi:] Diese Auslegung ist korrekt.

---

26 Zhu Xi 2004b, 1:249.

梁惠王上第三章，楊氏謂…仁心仁聞而已，未及爲政，故爲王道之始。必大謂使民無憾，決非但有其心、無其政者之所能致也。恐當如《集註》云「爲治之初，法制未備」耳。

此説是。²⁷

Laut Yang Shi 楊時 (1053–1135), einem Schüler von Cheng Yi und Lehrer von Li Tong 李侗 (1093–1163, seinerseits Lehrer von Zhu Xi), ist der Maßnahmenkatalog in *Mengzi* 1.3 ein sichtbarer Ausdruck von mitmenschlicher Empathie, also vor allem dazu da, die ethische Grundhaltung des Herrschers in der Bevölkerung kundzutun, keine realpolitische Maßnahme also, sondern eine Demonstration der Intentionen als Vorbereitung für die Durchführung der ersten Schritte des königlichen Weges.

Wu Bida und Zhu Xi argumentieren nun, dass Bekundungen ethischer Vorbedingungen alleine nicht ausreichen, die Bedürfnisse der Bevölkerung zu stillen. Vielmehr seien zur Erreichung des Gewünschten politische Maßnahmen nötig. Wu Bida und Zhu Xi sehen die Anweisungen von Menzius aber als zu primitiv und nicht weitreichend genug an, um das Wohlergehen der Menschen sicherzustellen. Daher schlussfolgern sie, es handle sich um einfache Maßnahmen aus der Anfangszeit, als noch kein ausgefeiltes Regelwerk zur Organisation des Gesellschafts- und Wirtschaftssystems existierte.

Zhu Xi betont in seinem Kommentar zu *Mengzi* immerhin noch die „Sparsamkeit und Fürsorglichkeit" (*zunjie aiyang* 撙節愛養), was in gewisser Weise als ressourcenschonendes Wirtschaften interpretiert werden könnte. Was ist im *Sishu zhangju jizhu* aber konkret mit dem Begriff *aiyang* gemeint? Geht es Zhu Xi um die Fürsorge gegenüber den Menschen oder vielmehr um die Bewahrung der Natur (ähnlich wie beim Begriff *ai wu* 愛物 bei Menzius und Cheng Yi)? Diese Frage lässt sich leicht beantworten, indem wir systematisch die Semantik der Verbalverbindung *aiyang* 愛養 in Zhu Xis Werken untersuchen.

Es finden sich in Zhu Xis Werken etliche Formulierungen, die das Verbalsyntagma *aiyang* um ein Objekt ergänzen. Hierbei thematisiert Zhu Xi aber in allen Fällen die Fürsorge zum Volk, wie Volkskraft (*aiyang minli* 愛養民力)²⁸, Volksmassen (*aiyang yuanyuan* 愛養元元)²⁹, das „ermattete Volk" (*aiyang pi min*

---

27 „Da Wu Bofeng" 答吳伯豐. Zhu Xi 2004a, 52:2443–2454, hier 2444.
28 „Wushen fengshi" 戊申封事. Zhu Xi 2004a, 11:589–614, hier 590 und 604.
29 „Cimian zhi Nankang jun zhuang" 辭免知南康軍狀. Zhu Xi 2004a, 22:984-985, hier 985; „Zhi Nankang bangwen" 知南康榜文. Zhu Xi 2004a, 99:4579–4581, hier 4580; „Quan nong wen" 勸農文. Zhu Xi 2004a, 99: 4588–4589, hier 4589.

愛養疲民)³⁰, oder die „finanziellen Kräfte des Volkes" (aiyang sheng ling zhi cai li 愛養生靈之財力).³¹ Als Fazit können wir deshalb festhalten, dass es Zhu Xi nicht vorrangig um die Natur geht, sondern um den Erhalt der physischen Kräfte der Menschen.

Spätere Diskussionen

Der Gelehrte Chen Tianxiang 陳天祥 (1230–1316) gilt als einer der schärfsten Kritiker von Zhu Xi aus der Yuan-Zeit. In seinem Werk *Sishu bian yi* 四書辨疑 lässt er keine Gelegenheit verstreichen, problematische Auslegungen in Zhu Xis Kommentaren zu den *Vier Büchern* anzuprangern. Konkret schreibt er zu *Mengzi* 1.3:

> Der Kommentar [von Zhu Xi] ist hier unklar, und man kann ihm nicht vollständig Vertrauen schenken. Die Idee von Menzius ist [folgende]: Das Verbot von engmaschigen Fischernetzen und Äxten, um Verschwendung zu vermeiden, und die Einschränkung von Frondiensten, um die Bauern nicht von der rechtzeitigen Feldarbeit abzuhalten, sind im Kontext der Regierung eines rechten Königs gesehen unabänderliche Regeln für alle Generationen. Wenn [Zhu Xi] dies nun alles als „Anfangsphase der Regierung" bezeichnet und meint, man vollführe dies „gemäß den natürlichen Gegebenheiten zwischen Himmel und Erde", so würde das bedeuten, dass man nach der [Etablierung] der Regierung diese [Maßnahmen] nach und nach nicht mehr praktizieren müsse. Ich fürchte, das macht keinen Sinn.
>
> 註文不明，似有不肯盡信。孟子之意，夫禁數罟斧斤不爲暴殄，戒傜役不奪農時，以王政言之，蓋萬世不易之常法。今皆以爲「爲治之初」，且因天地自然之利而爲之，則既治之後，當遂不可用邪？恐無此理。³²

Chen Tianxiang übt deutliche Kritik an Zhu Xi. Die Maßnahmen von Menzius seien ein „unabänderliches Gesetz für zehntausend Generationen", und damit durchaus noch in der (Yuan-zeitlichen) Gegenwart relevant.

Diese Passage ist aus zwei Gründen bemerkenswert: Erstens werden die von Menzius vorgeschlagenen Regelungen auch bei Chen Tianxiang nach wie vor als eine politische Maßnahme eines rechten Königs angesehen (was Menzius freilich selbst bereits nahelegt) und nicht etwa als ein von Herrschaftsethik losgelöstes Plädoyer für

---

30 „Zou jiu huang huayi shijian zhuang" 奏救荒畫一事件狀. Zhu Xi 2004a, 17:789–794, hier 793.
31 „(Wushen) yan he zouzha wu" (戊申)延和奏劄五. Zhu Xi 2004a, 14:661–665, hier 662; vgl. auch Kommentar 4 auf S. 688.
32 Chen Tianxiang 1999, 9:3b–4a.

nachhaltigen Umweltschutz. Zweitens kann das hier geforderte unbedingte Festhalten an den konkreten *Mengzi*-Vorschriften, die unmittelbar den Alltag der bäuerlichen Gesellschaft betreffen, gelesen werden als Hinweis auf andere Rahmenbedingungen in der Yuan-Dynastie, Zeiten also, in denen die Versorgungssicherheit der Bevölkerung vielleicht stärker gefährdet war als noch in der zweiten Hälfte des 12. Jahrhunderts.

Aber auch später ebbten kritische Positionen zu Zhu Xis Interpretation nicht ab. In der frühen Ming-Zeit merkt der Kommentator Cai Qing 蔡清 (1453–1508) an:

> Hätte sich König Hui [von Liang 梁] seinerzeit tatsächlich an die Worte von Menzius gehalten und sie sichtbar in die Tat umgesetzt, so hätte er zunächst seine Kornspeicher öffnen und Hilfe leisten müssen, um die akuten Nöte [der Bevölkerung] zu lindern; als nächstes hätte er die grundlegenden Dinge der Königsherrschaft (*wang dao zhi shi* 王道之始) in die Tat umsetzen müssen, und danach erst die abschließenden Dinge der Königsherrschaft (*wang dao zhi zhong* 王道之終). Manche verstanden das nicht und sprachen nur über die Anfangsschritte, etwa dass man die rechten Zeiten für den Ackerbau nicht missachten solle, dass engmaschige Fischernetze nicht in die Gewässer eindringen sollten und Äxte nur zur rechten Zeit in Berge und Wälder. Sie dachten nicht darüber nach, wie man in der Situation, da Leichen von Verhungerten auf der Straße liegen, Hilfe leisten könnte, sondern [argumentierten] umgekehrt abschweifend und realitätsfern. Außerdem ändern sich die Zeitumstände, und es kann [situativ] durchaus in Ordnung sein, dem Volk zu gestatten, mit engmaschigen Netzen zu fischen und die Äxte zu einer ungünstigen Zeit in Berge und Wälder zu tragen.

> 當時惠王若遂用孟子之言而見之施行，必先發倉廩而賑貸以舒目前之急，次行王道之始事，而後及王道之終事耳。或者不察，只謂劈初頭，便是不違農時、數罟不入洿池、斧斤以時入山林，不知塗有餓莩如何濟得，反是迂遠而濶於事情。且是時通變宜，民雖使數罟入洿池，斧斤不以時入山林，亦可也。[33]

Cai Qing fordert, den Fokus nicht zu sehr auf moralische Grundprinzipien zu legen, sondern pragmatisch vorzugehen, ja er betont diese Empfehlung zusätzlich noch dadurch, dass er sie als „abschließende Dinge der Königsherrschaft" (*wang dao zhi zhong*) charakterisiert: In schwierigen Zeiten solle der Herrscher vor allem die Speicher öffnen und die akute Hungersnot lindern. Die von Menzius vorgeschlagenen Maßnahmen seien allenfalls einige exemplarische erste Schritte; die Perfektion der Königsherrschaft zeige sich erst durch eine kontinuierliche Beseitigung von Notsitu-

---

33 Cai Qing 1999, 9:13b.

ationen durch Maßnahmen, die an die jeweiligen Gegebenheiten angepasst sind. Deshalb können nach Cai Qing die Regeln von Menzius flexibel angewandt, und je nach den Umständen sogar ausgesetzt werden, nicht nur bei einer Hungersnot, sondern einfach nur deshalb, weil es die Zeitumstände nicht mehr erforderlich scheinen lassen.

Fazit

Aus Platzgründen ist meine Untersuchung nur exemplarisch geblieben. Dennoch zeigt sich, dass manche von Konfuzius oder Menzius aufgeworfene Frage, die heute eine vergleichsweise schlichte Deutung evoziert, von den zahlreichen vormodernen Kommentatoren durchaus unterschiedlich aufgefasst worden ist. Anhand der Rezeption von klassischen konfuzianischen Texten in der mittleren und späteren Kaiserzeit lässt sich dabei ein klarer Trend feststellen: Es besteht einerseits ein enger Zusammenhang zwischen Mensch und Natur, der durch Konzepte wie „die Zehntausend Dinge sind ein Ganzes" (*wanwu yi ti*) repräsentiert werden kann, aber andererseits genießt der Mensch zweifelsfrei eine höhere Stellung als die „Zehntausend Dinge" in der Welt, weshalb die Bedürfnisse der Menschen letztlich vorrangig zu bewerten sind. Nachhaltiges Denken ist im vormodernen China daher nicht als grundlegendes Streben nach der Bewahrung der Natur zu verstehen, sondern dient – sofern es überhaupt thematisiert wird – dazu, die physischen und moralischen Bedürfnisse der Menschheit langfristig zu sichern.

Die vorgebrachten Beispiele haben auch gezeigt, dass man das Buch *Mengzi* in der Song-, Yuan- und Ming-Dynastie nicht allein als philosophisch-theoretisches Werk verstand, sondern die praktische Umsetzung der von Menzius in Abschnitt 1.3 vorgeschlagenen wirtschaftspolitischen Maßnahmen debattierte. Das zeigt sich nicht nur an den oben zitierten Textbeispielen, sondern auch an einer von Su Che 蘇轍 (1039–1112) aufgezeichneten Prüfungsfrage, die die juristische Durchsetzbarkeit der *Mengzi*-Vorschrift thematisiert:

> Menzius sagte: „[…] Werden engmaschige Fischernetze nicht in die Teiche eingeführt, so stehen mehr Fische und Schildkröten zur Verfügung, als verzehrt werden können. Werden Äxte [nur] zur rechten Zeit in die Wälder eingeführt, so steht mehr Holz zur Verfügung, als verbraucht werden kann." Dies sind wahrhaftige Worte! Nichtsdestotrotz, wie könnte Mengzi dies in die Tat umsetzen? Würde er etwa Gesetze und Verbote erlassen, um [das Volk] dazu zu drängen? Wenn Gesetze und Verbote erlassen werden, aber keine Strafen zu

erwarten sind, dann würde eine solche Anordnung nicht durchgeführt werden; wenn aber Strafen zu erwarten sind, welche Straftat läge dann vor? Erläutern Sie, wie Menzius dies in die Tat umsetzen könnte.

孟子言「...數罟不入洿池，則魚鼈不可勝食；斧斤以時入山林，則材木不可勝用」，誠哉是言也！雖然，孟子將何以行之？豈將立法設禁以驅之歟？夫立法設禁而無刑以待之，則令而不行；有刑以待之，則彼亦何罪？請言孟子將何以行此。[34]

Wieder zurück zur eigentlichen Frage: Besondere Beachtung verdient der Umstand, dass *Mengzi* 1.3 mehrdeutig ist: Die Maßnahmen können als maßgebliche Richtschnur oder als Interimslösung verstanden werden. Dieser Punkt wurde in der mittleren und späten Kaiserzeit sehr kontrovers diskutiert. Ein überraschendes Ergebnis meiner Untersuchung ist die Beobachtung, dass Zhu Xi bei seiner Auslegung der fraglichen Mengzi-Passage sich nicht mit Diskussionen über ethische Grundwerte aufhielt, sondern die Regelungen für die Landwirtschaft aus Sicht der Verwaltungspraxis in den Blick nahm. Er verstand die von Mengzi vorgeschlagenen Maßnahmen zur nachhaltigen Bewahrung der Naturressourcen nicht als abstrakte Leitlinie, sondern als konkrete Bausteine einer primitiven staatlichen Ordnung und ging wegen ihrer Unvollständigkeit sogar so weit, ihren Anwendungsbereich auf die Anfangsphase der Königsherrschaft zu begrenzen. Auch spätere Übersetzer wie James Legge sind vermutlich von Zhu Xis Auslegung beeinflusst worden.

Liest man das Buch *Mengzi* in erster Linie als moralisch-ethischen Text – wie es heute in der Mehrheit der Fälle geschieht –, so spielt die Frage nach der praktischen Umsetzbarkeit von Maßnahmen eher eine randständige Rolle. Aber auch wenn man diese Perspektive einnimmt, bleibt es nach wie vor schwierig, aus Mengzi 1.3 ableiten zu wollen, dass das traditionelle chinesische Denken sich *per se* besonders der Nachhaltigkeit verschrieben hätte.

---

34 Su Che 1999, 12:4a–4b.

Literaturverzeichnis

Ames, Roger. 2019. „Against Individualism, For Individuality: The Emersonian Henry Rosemont, Jr.", in *Philosophy East and West* 69.2019.1, S. 7–20.

Bloom, Irene (Übers.). 2009. *Mencius*. New York etc.: Columbia University Press.

Brooks, E. Bruce, und A. Taeko Brooks. 2002. „The Nature and Historical Context of the *Mencius*", in *Mencius: Contexts and Interpretations*, hrsg. von Alan K. L. Chan. Honolulu: University of Hawai'i Press, S. 242–281.

Cai Fanglu 蔡方鹿. 2013. „Ruxue dui xiandai shengtai wenming jianshe de qishi" 儒学对现代生态文明建设的启示, in *Jiang Han luntan* 江汉论坛 2013.10, S. 52–55.

Cai Qing 蔡清. 1999. *Sishu meng yin* 四書蒙引, in *Wenyuan ge siku quanshu dianzi ban* 文淵閣四庫全書電子版. Hongkong: Dizhi wenhua.

Chen Hongbing 陈红兵. 2022. „Shi lun rujia shengtai sixiang ji shijian" 试论儒家生态思想及实践, in *Guanzi xuekan* 管子学刊 2022.1, S. 42–58.

Chen Rongzhao 陈荣照. 2012. „Rujia pushi lunli yu xiandai shehui" 儒家普世伦理与现代社会, in *Kongzi yanjiu* 孔子研究 2012.6, S. 9–17.

Chen Tianxiang 陳天祥. 1999. *Sishu bian yi* 四書辨疑, in *Wenyuan ge siku quanshu dianzi ban* 文淵閣四庫全書電子版. Hongkong: Dizhi wenhua.

Cheng Hao 程顥 und Cheng Yi 程頤. 2006 [1981]. *Er Cheng yishu* 二程貴書, in *Er Cheng ji* 二程集. Beijing: Zhonghua shuju.

Cook, Seth, und Lila Buckley. 2015: „Sustainable agriculture in China: Traditions, policies and challenges for feeding the world's most populated country", in *International Institute for Environment and Development* April 1, 2015.

Dobson, W.A.C.H. (Übers.). 1963. *Mencius – A new translation arranged and annotated for the general reader*. Toronto: University of Toronto Press.

Gåsemyr, Hans Jørgen, und Heggelund Gørild. 2020. „China in the Sustainable Development Agenda: Key environmental issues and responses", in *Norwegian Institute of International Affairs (NUPI) Policy Brief* 04/2020.

Jäger, Henrik (Übers. und Hrsg.). 2018. *Den Menschen gerecht: ein Lesebuch – Menzius*. Berlin: Matthes & Seitz.

Lau, D. C. (Übers.). 1970. *Mencius*. London: Penguin Books.

Legge, James (Übers.). 1994. *The Chinese Classics, vol. 2: The Works of Mencius*. Taipei: SMC Publishing, Reprint.

Ma Shengli 麻省理. 2016. „Zhonghua youxiu chuantong wenhua ji chuantong jiazhiguan de chuancheng he fazhan —— fang Qinghua daxue guoxue yanjiuyuan yuanzhang Chen Lai jiaoshou" 中华优秀传统文化及传统价值观的传承和发展———访清华大学国学研究院院长陈来教授, in *Gao xiao Makesizhuyi lilun yanjiu* 高校马克思主义理论研究 2016.4, S. 5–13.

Mengzi 孟子. 1995. *A Concordance to the Mengzi*, The ICS Ancient Chinese Texts Concordance Series, hrsg. von Lau, D. C., Chen Fong Ching. Hongkong: Hongkong Commercial Press.

Mootz, Heinrich. 1912. *Die chinesische Weltanschauung: Dargestellt auf Grund der ethischen Staatslehre des Philosophen Mong dse*. Straßburg: Trübner.

Ramay, Shakeel Ahmad. 2020. „Eco-Civilization and China", in *Eco-Civilization: The Chinese Vision of Prosperity*, hrsg. von Shakeel Ahmad Ramay. Islamabad: Sustainable Development Policy Institute, S. 9–14.

Rosemont Jr., Henry. 2014. „The Internationalization of Confucianism in the 21st Century", in *New Directions in Chinese Philosophy*, hrsg. von Cheng Chung-yi. Hong Kong: New Asia College, S. 3–18.

Schumacher, Jörg. 1993. *Über den Begriff des Nützlichen bei Mengzi*. Bern etc.: Lang.

Su Che 蘇轍. 1999. „Henan fu jinshi cewen san shou" 河南府進士策問三首, *Luancheng ji* 欒城集, in *Wenyuan ge siku quanshu dianzi ban* 文淵閣四庫全書電子版. Hongkong: Dizhi wenhua.

Tu Weiming. 2010. „The Ecological Turn in New Confucian Humanism: Implications for China and the World", in *The Global Significance of Concrete Humanity: Essays on the Confucian Discourse in Cultural China*, hrsg. von Tu Weiming. New Delhi: Centre for Studies in Civilizations.

Tucker, Mary Evelyn, und John Grim. 1998. „Series Foreword", in *Confucianism and Ecology: The Interrelation of Heaven, Earth, and Humans*, hrsg. von Mary Evelyn Tucker und John Berthrong. Cambridge, Massachusetts: Harvard University Press.

Van Norden, Bryan W. (Übers.). 2009. *The Essential Mengzi: Selected Passages with Traditional Commentary*. Indianapolis etc.: Hackett, 2009.

Wang Jie 王傑. 2020. „Renmin ai wu, min bao wu yu" 仁民愛物 民胞物與, in *Zhongguo jijian jiancha bao* 中國紀檢監察報 2020-11-19, S. 7, https://jjjcb.ccdi.gov.cn/epaper/index.html?guid=1408259894783508483 (Zugriff am 30. Mai 2023).

Zhang Zai 張載. 1978. *Zhang Zai ji* 張載集. Beijing: Zhonghua shuju.

Zhao Zhentao, Zhang Wenting, und Zhou Dingzhi (Übers.). 2003. *Mencius*. Changsha: Hunan renmin chubanshe.

Zhu Xi 朱熹. 2004. *Hui'an xiansheng Zhu Wengong wenji* 晦庵先生朱文公文集 in *Zhuzi quanshu* 朱子全書, Zhu Xi 朱熹, hrsg. von Zhu Jieren 朱傑人, Yan

Zuozhi 嚴佐之 und Liu Yongxiang 劉永翔. Bd. 20–24. Shanghai, Hefei: Shanghai guji chubanshe, Anhui jiaoyu chubanshe.

Zhu Xi 朱熹. 2004. *Si shu zhangju jizhu* 四書章句集注, in *Zhuzi quanshu* 朱子全書, Zhu Xi 朱熹, hrsg. von Zhu Jieren 朱傑人, Yan Zuozhi 嚴佐之 und Liu Yongxiang 劉永翔. Bd. 6. Shanghai, Hefei: Shanghai guji chubanshe, Anhui jiaoyu chubanshe.

Klimawandel als Chance: Innovative Ansätze zur Energiegewinnung in China und Taiwan

Josie-Marie Perkuhn und Tania Becker[1]

The challenge of climate change offers innovative opportunities for sustainable energy supply in China and Taiwan. The importance of renewable energy technologies, such as wind, water, and solar power is increasing as societies worldwide are all affected by climate change. China's aim to achieve climate neutrality by 2060, along with its substantial per capita energy production, highlights the significance of transitioning to emissions-free solutions. Taiwan, too, focuses on efficient technologies and wind power to reduce consumption and ensure a sustainable energy mix. This article explores the role of renewable energies and artificial intelligence in addressing the challenges of climate change in China and Taiwan. It examines existing and emerging innovative approaches in energy supply in these regions.

Einleitung

Die Herausforderung des Klimawandels stellt eine Chance für innovative Ansätze zur Energiegewinnung dar. Von dem globalen Megatrend der Klimaveränderungen sind in unterschiedlicher Weise zwar, jedoch alle Gesellschaften im 21. Jahrhundert betroffen. Das Zeitfenster wird enger, um mit menschenmöglichen Methoden auf die Veränderungen durch den menschengemachten Klimawandel einzugreifen. Global werden Forderungen nach Gegenmaßnahmen lauter, zu denen die grüne Energiewende, der Ausbau erneuerbarer Energiequellen und die Erforschung und Entwick-

---

1 Anmerkung: Entwachsen ist die Forschungsthematik aus der gemeinsamen *chinnotopia* Online-Feature-Reihe (2020–2022) zur utopischen und dystopischen Innovationslandschaft Chinas mit der Erweiterung auf Taiwans Rolle als Pionier für innovationstechnologische Entwicklungen. Die Online Feature-Reihe wurde gefördert durch das China Center an der TU Berlin, das Chinazentrum der CAU Kiel, und das Projekt „Taiwan als Pionier" (Laufzeit Februar 2022–Januar 2026).
Anmerkung zu Schriftzeichen: Im vorliegenden Artikel werden Kurzzeichen für die Namen und Begriffe aus China und Langzeichen für diejenigen aus Taiwan verwendet.
Anmerkung zur einheitlichen Angabe von Eigennamen: Die Umschriften wurden hier entsprechend der auf dem Festland üblichen Schreibweise des vorangestellten Nachnamens und nachfolgenden Vornamens auf Wunsch der Editorinnen übernommen. Das entspricht keiner politischen Aussage zur freien Denomination der zitierten Wissenschaftlerinnen und Wissenschaftler Taiwans.

lung neuer technologischer Lösungen gehören. Auch in China und Taiwan sind Maßnahmen zur Abmilderung der Klimakrise ohne eine neugestaltete, nachhaltige Energieversorgung nicht zu denken. Der wachsende Energiehunger bedingt in beiden politischen Systemen die Suche nach innovativen Ansätzen, da nachhaltige Lösungen zwingend erforderlich sind. Ganz im Sinne der grünen Energiewende gelten die Urkräfte der Natur als die Energiequellen der Zukunft.[2] Für Produktion, Speicherung und Transport bedarf es allerdings entsprechender Technologien und einer Modernisierung der Infrastrukturen.

In diesem Beitrag möchten wir die Hoffnungsträger der erneuerbaren Energiegewinnung auf den Prüfstand stellen. Dazu gehen wir der Frage nach, welche Ansätze zu erneuerbarer Energie und Innovationstechnologien in China und Taiwan bezüglich Wind-, Wasser- und Sonnenenergie verfolgt werden. Der Fokus liegt daher weniger auf den gesellschaftlichen oder politischen Debatten zur Implementierung der Innovationstechnologien als auf der Vielfältigkeit der technischen Ansätze zur erneuerbaren Energiegewinnung. Dieser Überblick beschreibt die allgemeine Energieversorgungssituation, die Rolle von Wind-, Wasser- und Sonnenenergie zur Senkung der CO_2-Bilanz und an welchen Technologien und Verbesserungen geforscht wird.

Im Frühjahr 2021 tagte der Volkskongress der Volksrepublik China und gab wegweisende Signale in Richtung Klimaneutralität: Bis 2060 soll China emissionsfrei und klimaneutral werden. Im gleichen Jahr produzierte China nach *Our World in Data* 5,858 Kilowattstunden (kWh) pro Kopf und Taiwan über 12,235 kWh. Während Chinas Pro-Kopf-Verbrauch im Vorjahr noch um 2,41 Prozent stieg, setzt die Inselbevölkerung auf Reduktion: Der Verbrauch sank um 1,7 Prozent. Während die Ausgangslage variiert, stehen China und Taiwan jedoch vor ähnlichen Problemen zukunftstechnologisch orientierter Gesellschaften. Zwar gibt es auch dort noch keine tragfähigen Konzepte zur Speicherung erneuerbarer Energien, allerdings verspricht das aktuelle Konjunkturpaket in China viele Investitionen in diesem Sektor.[3]

---

2 Holler 2022.

3 Die Datenplattform *Our World in Data* ist ein Projekt der non-profit Organisation Global Change Data Lab (GCDL) mit Sitz im Vereinigtem Königreich. Die hier zitierten Daten stammen von der aus mehreren Quellen zusammengetragenen interaktiven Karte „Per capita electricity generation, 2021", 20.06.2024, https://ourworldindata.org/grapher/per-capita-electricity-generation?time=2021, (Zugriff am 15. November 2024). Für den Vergleich wurden auch die Einträge mit den gelisteten Beiträgen zu China bzw. Taiwan konsultiert.

Auch Taiwan setzt verstärkt neben einem sparsamen Verbrauch auf effizientere Technologien und erneuerbare Energiequellen.[4] Ein grüner Energiemix soll eine nachhaltige Energieversorgung sicherstellen, und so benennt der Exekutiv-Yuan (*Xingzheng yuan* 行政院) die *nengyuan zhuanxing* 能源轉型 („Grüne Energiewende") zu den wichtigen politischen Aufgaben.[5]

Unabhängig von der auseinanderdriftenden Entwicklung der politischen Systeme zeichnen sich China wie Taiwan durch den wachsenden Energiehunger bei geringerer Verfügbarkeit von Ressourcen aus. In beiden Gesellschaften besteht zudem eine wachsende Wirtschaft, die auf die Energieversorgung angewiesen ist, sowie ein notwendiges politisches und/oder gesellschaftliches Problembewusstsein, das den Einsatz von Innovationstechnologien begünstigt.

Ausgehend von den ähnlichen Entwicklungspfaden zur politischen Innovationsförderung[6] untersuchen wir mittels einer vergleichenden Gegenüberstellung den Zustand und Fortschritt hin zur grünen Energiewende. Dazu skizzieren wir zunächst die Ausgangslage sowie die ergriffenen Maßnahmen zur Förderung einer nachhaltigen Energiegewinnung. Anschließend untersuchen wir anhand von Fachliteratur, Medienberichten und Selbstauskünften der Betreiber entlang der Sektoren erneuerbarer Energiequellen, welche Technologien zum Einsatz kommen und welche Herausforderungen sich für eine „grüne Energiewende" stellen, um daran anschließend zu diskutieren, wie sich die Ansätze in ihren nachhaltigen Lösungsstrategien unterscheiden. Im Analysefokus stehen die drei Anwendungsgebiete Wind, Wasser und Sonne als primäre Quellen erneuerbarer Energie. Dabei umfasst die Windenergie „Onshore"- (*lushang fengneng* 陸上風能) und „Offshore-" (*li an fenglifadian* 離岸風力發電) Anlagen. Während sich Onshore-Anlagen an Land befinden, werden die wesentlich effektiveren Offshore-Anlagen meist im küstennahen Meer als großflächige Windparks errichtet. Die Gewinnung von Elektrizität durch Wasserkraft umfasst

---

4 Chang und Lee 2016. Für weitere Informationen siehe unter anderem auch die Auflistung der verabschiedeten Maßnahmen *Zai sheng nengyuan* 再生能源, bereitgestellt von dem Energiebüro des Wirtschaftsministeriums *Jingjibu nengyuanju* 經濟部能源局 unter https://www.moeaboe.gov.tw/ECW/populace/Law/LawsList.aspx?kind=6&menu_id=3302 (Zugriff am 12. Mai 2023).

5 Siehe dazu die politische Direktive *Nengyuan zhuanxing, dazao lü neng keji dao — lü neng keji chanye chuangxin tuidong fang'an* 能源轉型，打造綠能科技島—綠能科技產業創新推動方案 (Energiewende, Etablierung einer grünen Technologie-Insel – Innovationsförderplan für die grüne Technologiebranche), vom 13. August 2018/107-08-13, Exekutiv-Yuan 2018.

6 Siehe Perkuhn 2022.

Meeresenergie (*haiyang neng* 海洋能), Wasserkraftwerke (*shuili fadian* 水力發電) und Geothermie (*dire neng* 地熱能). Mit Sonnenenergie (*taiyang neng* 太陽能) sind Solarpaneele bzw. Photovoltaikanlagen gemeint.

VR China

Ist-Zustand

Manche von uns erinnern sich daran, dass die Straßen in China um das Jahr 2015 aufgrund des starken Smogs genauso leer waren wie einige Jahre später während des harten Lockdowns in der COVID-19-Pandemie. Damals rief China die höchste Alarmstufe für Smog in der Hauptstadt Peking aus.[7] Um die Bedeutung solcher Luftverschmutzung zu verdeutlichen, entschied sich der chinesische Künstler Nut Brother dazu, den eingesaugten Smog 100 Tage lang zu sammeln und in einen Ziegel zu pressen. Er beendete seine Aktion, als der Grenzwert für Feinstaub Anfang Dezember in Peking um das 35-fache überschritten wurde. Schulen und Büros wurden geschlossen und über 2000 Fabriken legten die Arbeit nieder. Staatspräsident Xi Jinping kehrte zwei Tage nach der Klimakonferenz in Paris nach Peking zurück, wo er versprach, „Taten" zur Bekämpfung der Umweltverschmutzung im Land folgen zu lassen.[8]

Seit der Klimakonferenz in Paris im Jahr 2015 hat sich global betrachtet nicht genug verändert, um die Ziele des Abkommens zu erreichen. Die Emissionen in Ländern mit mittlerem Einkommen einschließlich Chinas sind gestiegen. Obwohl die Pandemie zwischen 2020 und 2022 zu einer Reduzierung der weltweiten Emissionen um 7 Prozent führte, ist dieser Rückgang im Vergleich zum erforderlichen Maß nicht ausreichend. Nach der Pandemie hat die Nutzung fossiler Infrastrukturen erneut stark zugenommen.

Im Jahr 2021 hat die chinesische Regierung ihr „Dual Carbon"-Ziel national sowie international verstärkt kommuniziert. Dieses Ziel umfasst zwei Hauptaspekte: Erstens sollen die CO_2-Emissionen bis zum Jahr 2030 ihren Höhepunkt erreichen und zweitens soll China bis zum Jahr 2060 klimaneutral werden, also keine Netto-CO_2-

---

7   Dorloff 2015.
8   Locker 2015.

Emmissionen mehr verursachen. Die Regierung strebt eine grüne Erholung an, indem sie Industrie und Arbeitskräfte auf eine digitale Wirtschaft ausrichtet.

Chinas Energiepolitik steht im Widerspruch zum Pariser Abkommen. Das Land investiert sowohl in erneuerbare Energien als auch immer noch in die Kohleindustrie. 2020 brachte China fast 20 Gigawatt (GW) neue Kohlekraftkapazität ans Netz und verfügt heute noch über die Hälfte der weltweiten Kohlekapazitäten (etwa 1.000 GW). Die Stromerzeugung aus Kernkraftwerken stieg im Jahr 2020 damit um 10 Prozent.[9] Bis Mitte 2020 wurden mehr neue Kohlekraftwerkskapazitäten genehmigt als in den Jahren 2018 und 2019 zusammen.[10] China müsste eigentlich bis 2040 vollständig aus der Kohle aussteigen. Um das Ziel der Klimaneutralität bis 2060 zu erreichen, sollen sämtliche Investitionen in Kohlekraftwerke eingestellt werden. Dazu ist ein grundlegender Umbau der Wirtschaft nötig.

Das Konjunkturpaket für das Jahr 2021 in China umfasst nicht nur den Ausbau erneuerbarer Energien, sondern auch Investitionen in Elektromobilitätsprojekte, einschließlich der Ladeinfrastruktur und des öffentlichen Nahverkehrs sowie in den nationalen Hochgeschwindigkeitsbahnbau. Die chinesische Regierung hat ihr Engagement für die Elektromobilität bekundet und strebt an, den Marktanteil von Fahrzeugen mit erneuerbarer Energie bis zum Jahr 2025 auf 20 Prozent zu steigern. Sie hat Pläne zur Errichtung von „Neo-Infrastruktur" angekündigt, die sich auf digitale Transformation, künstliche Intelligenz, öffentlichen Verkehr und Elektrofahrzeuge konzentriert. Obwohl es noch keine spezifischen Vorgaben aus Peking zur Finanzierung bestimmter Projekte in den Provinzen gibt, besteht eine Verzögerung zwischen der Regierung in Peking und den Provinzregierungen.

Insgesamt erreichten die erneuerbaren Energien im vergangenen Jahr 28 Prozent der chinesischen Stromerzeugung. Allerdings wurde der Großteil der übrigen Stromerzeugung von thermischen Kraftwerken bereitgestellt, wobei die Stromerzeugung aus Kohle- und Gaskraftwerken um 9 Prozent gestiegen ist. Der Energiebedarf ist also so stark gestiegen, dass auch das starke Wachstum der Erneuerbaren ihn nicht abdecken konnte.[11]

---

9 Müller 2021.
10 Janson 2022.
11 Zimmermann 2023.

Wind, Wasser und Sonne: VR China

1. Windenergie

Die meisten Onshore-Anlagen in China befinden sich im Norden und Nordwesten des Landes, insbesondere in den Provinzen Xinjiang, Gansu, Ningxia und Hebei. Diese Regionen verfügen über günstige Windbedingungen und sind relativ dünn besiedelt, was den Bau von Windkraftanlagen erleichtert.[12]

Offshore-Windenergieanlagen sind vor allem im Gelben Meer, im Ostchinesischen Meer und im Südchinesischen Meer zu finden. Die ausgedehnte Küstenlinie und das Potenzial der Meere als ergiebige Energiequelle begünstigen ihre Platzierung an diesen Standorten. Zudem bieten die Windverhältnisse entlang der Küste ideale Bedingungen, was den Bau dieser Anlagen wirtschaftlich vorteilhaft gestaltet. In den letzten Jahren hat der Ausbau der Anlagen stark zugenommen, wobei im Jahr 2021 mehr als die Hälfte aller weltweit installierten Offshore-Windenergieanlagen in chinesischen Gewässern errichtet wurde.[13]

Auch in den Jahren zuvor war ein starkes Wachstum der Onshore-Windenergie zu verzeichnen. So stellte das Jahr 2020 mit über 54 GW installierter Windkapazität ein Rekordjahr dar, wobei 49,2 GW aus Onshore-Projekten stammten – vor allem bedingt durch das Auslaufen der Einspeisetarife (Feed-in-Tariff, FiT) für Onshore-Windkraftanlagen. Feed-in-Tariff (FiT) bezeichnet einen Mechanismus, bei dem erneuerbare Energieproduzenten eine garantierte Einspeisevergütung erhalten, die in der Regel

---

12 Tian Baoqiang 2021.
13 Die International Energy Agency (IEA) veröffentlicht jährlich den „World Energy Outlook" Bericht, der unter anderem auch einen umfassenden Überblick über den Energiemarkt in China gibt, einschließlich erneuerbarer Energien wie Windenergie. Der Bericht enthält Daten und Analysen zu den Trends und Entwicklungen im Bereich der Onshore- und Offshore-Windenergieanlagen in China: International Energy Agency (IEA) (https://www.iea.org/); World Energy Outlook 2022 (https://www.iea.org/reports/world-energy-outlook-2022). Die chinesische Regierung veröffentlicht regelmäßig Berichte und Strategiepapiere zum Ausbau der erneuerbaren Energien in China, einschließlich Windenergie. Diese Dokumente enthalten detaillierte Informationen zu den politischen Maßnahmen, Investitionsplänen und technologischen Entwicklungen im Bereich der Onshore- und Offshore-Windenergieanlagen in China. S. Nationale Energieverwaltung 2023; China Renewable Energy Development Report 2021. Auch die chinesischen Unternehmen, die im Bereich der Windenergie tätig sind, veröffentlichen regelmäßig Geschäftsberichte und Pressemitteilungen, die Einblicke in ihre Aktivitäten und Entwicklungen geben. Zu den führenden Unternehmen gehören Goldwind, Ming Yang Smart Energy und China Energy Investment.

höher ist als der Marktpreis für Strom. In China gibt es verschiedene FiT-Programme, die von der Regierung auf Bundes- und Provinzebene aufgelegt wurden. Das Erneuerbare-Energien-Gesetz trat im Jahr 2006 in Kraft und führte einen ersten Einspeisetarifmechanismus für erneuerbare Energie in China ein. China schaffte attraktive Tarife für neue Onshore-Windkraftanlagen, um Projektbetreibern in finanziellen Schwierigkeiten zu helfen. Die Staatliche Kommission für Entwicklung und Reform (*Guojia fazhan he gaige weiyuanhui* 国家发展和改革委员会), die Wirtschaftsplanungsbehörde des Landes, kündigte nun vier Kategorien von Onshore-Windprojekten an, die je nach Region für besondere Tarife in Frage kommen werden. Gebiete mit besseren Windressourcen werden niedrigere Tarife haben, während diejenigen mit geringerer Leistung großzügigere Tarife nutzen können. Obwohl sich das Wachstum der Onshore-Windenergie nach dem Jahr 2021 verlangsamt hat, weist China in diesem Sektor dennoch eine starke Dynamik auf. Nach Angaben der National Energy Administration (NEA) wurden im Jahr 2021 47,5 GW an Windkapazität ans Netz gebracht, was das zweitbeste Jahr in der Geschichte des Landes darstellt.[14]

Diese Tatsachen unterstreichen die wirtschaftliche Wettbewerbsfähigkeit der Windenergie innerhalb der chinesischen „2030–2060-Klimaziele". Ein wichtiger Faktor für das starke Wachstum der Windenergie in China ist die Politik der Regierung, die den Ausbau erneuerbarer Energien vorantreibt. Im Rahmen des 14. Fünfjahresplans (2021–2025) hat China das Ziel festgelegt, bis 2025 eine Windenergiekapazität von insgesamt 400 GW zu erreichen. Dabei sollen 50 GW auf Offshore-Windenergie entfallen.[15]

Insbesondere die Offshore-Windenergie ist weltweit auf dem Vormarsch, hier hat China eine Vorreiterrolle übernommen. Ende 2021 hatte China etwa 26 GW Offshore-Windenergie installiert. Dies bedeutete einen erheblichen Anstieg gegenüber dem Vorjahr, in dem sich die installierte Kapazität nahezu verfünffachte. Im selben Jahr erreichte Chinas gesamte kumulierte installierte Windenergiekapazität etwa 328 GW. Bis Ende des Jahres befand sich bereits die Hälfte aller weltweit installierten Offshore-Windenergieanlagen vor der Küste Chinas. Besonders beeindruckend ist die Technologieentwicklung im Offshore-Bereich, die es ermöglicht, auch in tiefen Gewässern Windenergie zu erzeugen. Die Investitionen in diesen

---

14 Global wind report 2022, S. 119–123.
15 Zhou Feng 2022.

Bereich werden auch in Zukunft weiter steigen, da hier noch großes Potenzial für eine nachhaltige Energieversorgung besteht.[16]

Ein Beispiel für die fortschreitende Technologieentwicklung im Bereich der Windenergie ist das größte Offshore-Windprojekt der Welt, das im Jahr 2022 vor der Küste Chinas in Betrieb genommen wurde. Die Anlage hat eine Kapazität von 1,5 GW und besteht aus 212 Turbinen. Das Wachstum der erneuerbaren Energien wurde somit maßgeblich durch die Windkraft ermöglicht, da die Erzeugung aus Wasserkraft aufgrund klimatischer Bedingungen, wie weniger Niederschlägen und daraus resultierendem Rückgang der Wasserkraft, zurückging.[17]

Auch Floating-Offshore-Windenergieanlagen gelten als vielversprechende Technologie für den Ausbau der Offshore-Windenergie, besonders in Regionen mit großer Wassertiefe. In China wird diese Technologie bereits intensiv erforscht und weiterentwickelt. Eine der größten schwimmenden Offshore-Windkraftanlagen Chinas ist die des *Xinghuawan*-Projekts.[18], das sich vor der Küste der Provinz Fujian befindet. Die Anlage besteht aus Windturbinen, die auf schwimmenden Plattformen montiert sind. Die Plattformen werden durch drei Anker am Meeresboden befestigt. Die Bucht beherbergt 59 Windturbinen mit einer Gesamtleistung von über 357,4 MW und einer jährlichen Stromerzeugung von 1,4 Milliarden kWh.[19]

China fördert zahlreiche Forschungs- und Entwicklungsprojekte für Floating-Offshore-Windenergieanlagen. Zum Beispiel plant das Unternehmen *Mingyang Smart Energy*[20] den Bau einer Anlage mit einer Kapazität von 10 Megawatt, die auf einer schwimmenden Plattform montiert wird und mit einem schwimmenden Kran gebaut werden soll.

Auch die schon seit längerer Zeit in der Entwicklung begriffene Tension-Leg-Plattform-Technologie (TLP) wird massiv gefördert. Bei dieser Technologie werden die Turbinen auf schwimmenden Plattformen montiert, die durch die TLP-Technologie stabilisiert werden. Die Anker der Plattformen sind durch Spannsysteme im Meeresboden befestigt. Der größte Vorteil eines TLP-Fundaments liegt in der Stabilität, dadurch sind die Anforderungen an Windkraftanlagen in Bezug auf die Plattformbewegungen im Vergleich zu anderen Systemen wesentlich geringer. Die

---

16 Statista 2021a.
17 Wood Mackenzie 2021.
18 Fujian Fuqing Xinghuawan Experimental Offshore wind farm (*Fu qingxing hua wan haishang feng dian shiyanchang yi qi* 福清兴化湾海上风电试验场一期).
19 Wang Ruoting 2022; Xinhua 2021.
20 *Ming Yang zhihui nengyuan jituan gufen gongsi* 明阳智慧能源集团股份公司.

Stabilität eines TLP-Systems wird durch eine Kombination verschiedener Kräfte, wie vorgespannter Verankerungen und Auftriebskörper, erreicht. Ergänzende Systeme zur Stabilisierung, beispielsweise aktive Ballastwassersysteme, sind dadurch nicht erforderlich. Darüber hinaus besitzt die TLP-Technologie für Windenergieanlagen gleicher Größe eine deutlich geringere Masse im Vergleich zu anderen schwimmenden Offshore-Fundamentlösungen, wie z. B. Halbtaucher-Fundamenten.[21]

Des Weiteren arbeiten chinesische Forschungsinstitute und Unternehmen verstärkt an der Entwicklung von neuen Materialien und Technologien für die schwimmenden Plattformen, um die Kosten für den Bau und Betrieb der Anlagen zu senken.

In China gibt es ein umfassendes Kontrollsystem für die Windenergieerzeugung und -Übertragung (Smart Grid), das sowohl Onshore- als auch Offshore-Windenergieanlagen umfasst. Die Überwachung erfolgt durch staatliche Einrichtungen wie die *State Grid Corporation of China* (SGCC) und das *China National Renewable Energy Centre* (CNREC). Die SGCC betreibt das nationale Stromnetz in China und ist für den Betrieb und die Wartung des Übertragungsnetzes verantwortlich. Das Unternehmen ist auch für die Überwachung des Stromflusses in Echtzeit zuständig, um eine stabile Stromversorgung zu gewährleisten. In Bezug auf die Windenergieübertragung ist die SGCC für die Verbindung der Windenergieanlagen mit dem Stromnetz und die Überwachung des Stromflusses zuständig. Das CNREC ist ein staatliches Forschungsinstitut, das sich auf erneuerbare Energien spezialisiert hat. Das Institut überwacht und analysiert die Entwicklung der Windenergie in China und gibt Empfehlungen für die Politik und die Industrie ab. Zusätzlich zur Überwachung gibt es in China auch Maßnahmen zur Förderung der Integration erneuerbarer Energien in das Stromnetz, wie z. B. die Einführung von Einspeisevergütungen und Anreize für die Errichtung von Energiespeichern. Dies soll dazu beitragen, Schwankungen im Stromnetz auszugleichen und die Integration erneuerbarer Energien in das Stromnetz zu erleichtern.[22]

Im Jahr 2021 lieferte Windkraft 7,8 Prozent des in China produzierten Stroms und 28,2 Prozent des produzierten Stroms aus erneuerbaren Quellen. Wenn man annimmt, dass die Windenergieerzeugung und die gesamte Stromerzeugung im Jahr 2022 mit derselben Rate wie im Jahr 2021 wachsen, kann man den Anteil der Windenergie-

---

21 Wu Zhongyou und Li Yaoyu 2020, S. 712.
22 Hove 2020, S. 59–62.

erzeugung an der gesamten chinesischen Stromerzeugung im Jahr 2022 auf etwa 10 Prozent schätzen.[23]

Die Windenergie hat sich in China in den letzten Jahren zu einem wichtigen Bestandteil der Energieversorgung entwickelt. Die chinesische Regierung hat große Investitionen in den Ausbau der Windenergie getätigt und setzt sich ehrgeizige Ziele für die Zukunft. Trotz einiger Herausforderungen, wie der begrenzten Netzkapazität und unzureichenden Stromspeichermöglichkeiten, hat die Windenergie in China viel Potenzial und wird voraussichtlich weiterwachsen.

2. Wasserenergie

China ist auch im Bereich des Ausbaus von Wasserkraftanlagen führend: Es ist der größte Produzent von Wasserkraft weltweit und besitzt über ein Drittel der weltweit installierten Kapazität für Wasserkraftanlagen. Die installierte Leistung von Wasserkraftanlagen in China betrug 2021 über 390 GW, was etwa einem Drittel der gesamten installierten Leistung der Welt entspricht.[24] Die meisten Wasserkraftanlagen in China sind in den westlichen und südwestlichen Regionen des Landes aufgebaut, dort, wo sich auch die meisten Flüsse und Gebirge befinden. Allein der Drei-Schluchten-Staudamm am Jangtse-Fluss, eine der größten Wasserkraftanlagen der Welt, hat eine installierte Leistung von über 22 GW. Es gibt auch andere Flüsse in China, die für den Bau von Wasserkraftanlagen genutzt werden, wie z. B. der Mekong und der Gelbe Fluss.[25]

Eine der größten und neueren Wasserkraftprojekte in China ist die Baihetan-Talsperre (*Baihetan daba* 白鹤滩大坝) am Oberlauf des Jangtse im Südwesten des Landes. Die ersten Vorarbeiten für die Talsperre fanden schon 2010 statt. Sie wurde nach Plan zwölf Jahre später, Ende 2022, fertiggestellt. Die installierte Gesamtleistung des Wasserkraftwerks beträgt ca. 16 GW, die mit 16 Generatoren zu je 1 GW erzeugt werden. Sie wird 62.000 GWh Stromleistung pro Jahr bieten können. Damit wird Baihetan das zweitgrößte Wasserkraftwerk der Erde nach dem Drei-Schluchten-Damm.[26]

Ein anderes gigantisches und sehr umstrittenes Projekt ist der Yarlung Tsangbo-Staudamm, ein 160 Meter hoher Damm, der den höchstgelegenen Fluss der Erde, den

---

23 China Energy Portal 2021.
24 Hydropower Status Report 2022, S. 10.
25 Statista 2021b.
26 Hydroreview 2022.

tibetischen Yarlung Tsangpo (Brahmaputra), aufstauen wird. China hat bereits mehrere kleinere Dämme am Yarlung Tsangpo-Fluss gebaut, dieser neue wird mit den vorgesehenen 26 Turbinen der größte der Welt werden. Von seinem Ursprung am Angsi-Gletscher fließt der Brahmaputra, der im Gebirge noch Yarlung Tsangpo („der Reinigende") heißt, zunächst hunderte Kilometer nach Osten. Der vorgesehene Bau birgt ein erhebliches Konfliktpotenzial mit den südöstlich gelegenen Anrainerstaaten, vor allem Indien. Wenn er einmal fertig wird, wird er doppelt so viel Strom erzeugen wie der Drei-Schluchten-Damm des Jangtse. Es handelt sich bei den großen Wasserkraftwerken um Prestige- und Langzeitprojekte zur Erreichung der Kohlenstoffneutralität 2060.[27]

Darüber hinaus plant China, weitere Wasserkraftanlagen in Gebieten mit hohem Potenzial zu errichten, hauptsächlich in den Bergregionen wie Tibet, Sichuan, Yunnan und Guizhou. Somit verfügt China über das weltweit größte ungenutzte, profitable Wasserkraftpotenzial, das, wenn es entwickelt wird, 30 Prozent des Strombedarfs Chinas decken könnte.[28]

Im September 2021 hat *Chinas Nationale Energieverwaltung* (NEA) eine mittelfristige und langfristige Planung für Pumpspeicherkraftwerke in den Jahren 2021 bis 2035 veröffentlicht. Nach diesem Plan wird die installierte Leistung von Pumpspeicherwasserkraft im Jahr 2025 mindestens 62 GW betragen und bis 2030 auf rund 120 GW steigen – das entspricht 75 Prozent der weltweit installierten Pumpspeicherkapazität heute. Als Beispiel für diese Effizienz kann das Pumpspeicherwerk Fengning, Hebei, dienen: Mit der Errichtung des Kraftwerks wurde im Mai 2013 begonnen. Die Anlage ging im Dezember 2021 mit zwei der insgesamt zwölf Generatoren in Betrieb. Seit ihrer vollständigen Inbetriebnahme im Jahr 2023 ist sie mit einer Kapazität von 3.600 MW das größte Pumpspeicherkraftwerk der Welt und liefert jährlich über 6.600 GWh Strom, wodurch das Netz der erneuerbaren Energien in China nachhaltig stabilisiert wird.[29] Zur weiteren Effizienz-steigerung der Pumpspeicherkraftwerke werden auch in China spezielle *reversible pump turbines* entwickelt, die als Turbine zur Stromerzeugung und als Pumpe zur Speicherung von Wasserenergie genutzt werden können. Diese Technologie ermöglicht eine höhere Effizienz bei der Energiespeicherung und -nutzung. China hat in den letzten Jahren bedeutende Fortschritte in der Entwicklung und Anwendung dieser Technologie

---

27 Berliner Zeitung 2010; McFadden 2021.
28 Chik 2023; Petring 2021.
29 Hydropower Status Report 2022, S. 40.

gemacht, zahlreiche Projekte im Bereich der Pumpturbinen realisiert und so seine Führungsposition in diesem Bereich gestärkt.[30]

Die Nutzung der Wasserkraft, wie die Kraft der Wellen und Gezeiten, auf der See und den Seen wird ebenfalls gefördert. China verfügt über eine knapp 18.000 Kilometer lange Küstenlinie und ist ein perfekter Standort, um Systeme zur Stromerzeugung im Meer zu entwickeln und auf den Markt zu bringen. Entlang der chinesischen Küste gibt es schon zahlreiche Meeresenergieanlagen, dennoch bleibt die Gesamtmenge an Energie, die damit erzeugt wird, eher gering.[31] In den letzten Jahrzehnten hat China begonnen, den Ausbau von See-Wasserkraftanlagen voranzutreiben. Chinesische und ausländische Unternehmen entwickeln gemeinsam die Technologien, die es ermöglichen, Flut, Ebbe (Gezeitensperren), Wellen (Wellenkraftanlagen), thermische Unterschiede und Salzgehalt im Gewässer (Ocean Thermal Energy Conversion-Anlagen, OTEC, und Salzgehaltsgradienten) für Energiegewinnung zu nutzen.[32] Projekte wie z. B. der Bau einer kilometerlangen, mit Turbinen ausgestatteten Unterwasser-Mauer vor der Küste Shanghais, sollen die Kraft der Gezeiten nutzen, um saubere und erneuerbare Energie zu erzeugen.[33]

China entwickelt auch Konzepte zur Verwendung des überschüssigen Stroms von Wasserkraftanlagen. Eines der neuesten Projekte ist die Nutzung von „grünem Wasserstoff" zur Speicherung und Übertragung von Energie. Dabei wird der überschüssige Strom, der von Wasserkraftanlagen produziert wird, zur Erzeugung von Wasserstoff genutzt, der dann in Brennstoffzellen oder als Treibstoff für Fahrzeuge verwendet werden kann.[34]

Die Wasserkraft bleibt insgesamt ein wichtiger Bestandteil der Energiestrategie Chinas, insbesondere im Hinblick auf die Erreichung der Klimaziele. Trotzdem wird erwartet, dass sich das Wachstum in diesem Bereich in den kommenden Jahren verlangsamen wird, da es zunehmend schwieriger wird, geeignete Standorte für neue Wasserkraftanlagen zu finden. Stattdessen wird sich das Wachstum in Richtung anderer erneuerbarer Energiequellen wie Solarenergie und Windenergie verlagern. Dennoch setzt die chinesische Regierung weiterhin auf den Ausbau der Wasserkraft als Teil ihrer Strategie zur Förderung erneuerbarer Energien und zur Reduzierung der Abhängigkeit von fossilen Brennstoffen. Allerdings gibt es auch Bedenken

---

30 Tao 2022.
31 Han Yangmei 2020.
32 Han Qing 2023.
33 Hall 2014.
34 Brown und Grünberg 2022.

3. Sonnenenergie

China hat in den letzten Jahren eine beeindruckende Entwicklung im Bereich der Solarenergie verzeichnet und ist mittlerweile weltweit führend in der Produktion und Installation von Solarpaneelen. Die installierte Solarleistung in China im Jahr 2020 umfasst etwa 252,2 GW, was einem Drittel der weltweiten installierten Solarleistung entspricht. In demselben Jahr wurden in China rund 48,2 GW an neuen Solarkapazitäten installiert, was einem Anstieg von etwa 30 Prozent gegenüber dem Vorjahr entspricht. Bis zum Jahr 2030 plant China, seine Solarleistung auf etwa 400 GW zu erhöhen, was fast der Hälfte der weltweit installierten Solarkapazität entsprechen würde.[36]

Um den Ausbau der Solarenergie in China zu fördern, hat die chinesische Regierung in den letzten Jahren verschiedene Maßnahmen ergriffen. Die Einführung von Einspeisetarifen, Steuervergünstigungen, Finanzierungsprogrammen und Subventionen für die Solarenergieerzeugung haben dazu beigetragen, dass die Solarenergiebranche in China florieren konnte. Zudem wurden Forschung und Entwicklung im Bereich der Solartechnologie gefördert und Unternehmen, die in der Solarenergiebranche tätig sind, unterstützt. Die Förderung der Solarenergie ist ein äußerst wichtiger Bestandteil der chinesischen Energiestrategie, um den Anteil erneuerbarer Energien im Energiemix zu erhöhen und die Abhängigkeit von fossilen Brennstoffen zu verringern.[37]

Darüber hinaus hat China große Fortschritte bei der Herstellung und technischen Entwicklung von Solarzellen und -modulen gemacht und ist weltweit führend in deren Produktion. Neben der Installation von Solarpaneelen auf Dächern und Freiflächen fördert China auch den Bau von großen Solarparks und -farmen, die oft über mehrere hundert Megawatt Leistung verfügen und in abgelegenen Regionen mit viel Sonnenlicht installiert werden. Die chinesische Regierung unterstützt auch den Bau solcher Solarparks durch verschiedene Anreize wie Einspeisetarife und Finanzie-

---

35 Zhang Lixiao 2021; Xiao Ling 2023.
36 Diermann 2021.
37 Fialka 2016; BP.I.C., Statistical Review of World Energy 2021.

rungsprogramme, um den Ausbau der Solarenergie schneller voranzutreiben und die Energieversorgung auch in den entlegensten Gebieten des Landes zu verbessern. Die Investitionen in die Solarenergie haben auch positive Auswirkungen auf die chinesische Wirtschaft. Die Branche schafft Arbeitsplätze und fördert die Entwicklung von Unternehmen in der Wertschöpfungskette, von der Herstellung von Solarzellen und -modulen bis hin zur Installation und Wartung von Solarsystemen.[38]

Der Longyangxia Dam Solar Park (*Longyangxia taiyangneng dianzhan* 龙羊峡太阳能电站), der sich in der Provinz Qinghai im Nordwesten Chinas befindet und derzeit das größte Solarkraftwerk der Welt ist, dient als herausragendes Beispiel für einen Mega-Solarpark. Mit einer installierten Kapazität von 2,2 GW kann das Kraftwerk genug Strom erzeugen, um eine Stadt mit etwa einer Million Einwohnern zu versorgen. Das Solarkraftwerk wurde im Jahr 2015 in Betrieb genommen und besteht aus mehr als vier Millionen Solarmodulen auf einer Fläche von rund 27 Quadratkilometern. Es befindet sich am Ufer des Longyangxia-Stausees und nutzt die reflektierende Oberfläche des Wassers, um die Effizienz der Solarpaneele zu erhöhen. Die Provinz Qinghai ist ein wichtiger Standort für erneuerbare Energien in China. Neben dem Longyangxia Dam Solar Park gibt es in der Region auch zahlreiche Windkraftanlagen und andere Solarkraftwerke.[39]

Ein wichtiger Trend in China ist die Entwicklung von sogenannten PERC-Solarzellen (Passivated Emitter Rear Cell). Diese Solarzellen haben auf der Rückseite eine spezielle Passivierungsschicht, die die Rekombination von Ladungsträgern reduziert und so den Wirkungsgrad der Zelle erhöht. PERC-Solarzellen haben in der Regel einen höheren Wirkungsgrad als herkömmliche Solarzellen und werden daher immer häufiger in Solarmodulen eingesetzt. Chinesische Unternehmen wie Jinko Solar und LONGi Solar gehören zu den führenden Herstellern von PERC-Solarzellen.[40] Ein Beispiel für eine andere technische Neuerung ist auch die Entwicklung von Hochleistungssolarzellen oder „Multi-Junction-Solarzellen", die aus mehreren Schichten von Halbleitern bestehen und eine höhere Effizienz haben als herkömmliche Silizium-Solarzellen. Chinesische Unternehmen wie JA Solar und Trina Solar haben bereits Multi-Junction-Solarzellen auf den Markt gebracht, die Effizienzwerte von über 25 Prozent erreichen.[41]

---

38 Grisard 2020; Burkhardt 2023a.
39 Phillips 2016; Ye 2017.
40 Enkhardt 2022; Janßen 2023a.
41 Einzmann 2022.

Ein weiterer Trend in China ist die Entwicklung von Bifacial-Solarzellen, die auf beiden Seiten des Moduls Sonnenlicht aufnehmen und so den Ertrag steigern können. Bifaciale Solarzellen können auch auf reflektierenden Oberflächen wie Schnee oder Wasser installiert werden und erzielen so auch in ungünstigen Umgebungen hohe Erträge.[42] Eine weitere Anwendung für diese technischen Optionen in der Solarindustrie Chinas ist die Entwicklung von „Floating Power Stations". Diese schwimmenden Solarkraftwerke können auf großen Seen und Stauseen installiert werden und bieten eine flexible Option für die Stromerzeugung in abgelegenen Gebieten. Das Land hat in den letzten Jahren erfolgreich mehrere schwimmende Wasserkraftprojekte realisiert. Diese Anlagen sind in der Regel kostengünstiger und schneller zu installieren als herkömmliche Solarkraftwerke, die auf Land errichtet werden müssen.[43]

Zudem gibt es Forschungen im Bereich der Quantenpunkt-Solarzellen, die auf Nanostrukturen basieren und eine höhere Effizienz haben als herkömmliche Solarzellen. Chinesische Forscher haben in diesem Bereich einige Fortschritte erzielt und arbeiten daran, die Technologie in großem Maßstab anwendbar zu machen.[44] Es gibt auch Forschung im Bereich der organischen Solarzellen, die auf organischen Materialien basieren und leichter und kostengünstiger herzustellen sind als herkömmliche Solarzellen. Einige chinesische Unternehmen, wie z. B. Hanergy, sind in diesem Bereich tätig und haben bereits flexible organische Solarzellen auf den Markt gebracht.[45] All diese Entwicklungen tragen dazu bei, dass Solarstrom in China effizienter und erschwinglicher wird und eine wichtige Rolle bei der Umstellung auf erneuerbare Energien spielt.

Speicherung der Solarenergie

In China wird derzeit verstärkt in Energiespeicher investiert und diese Technologie gefördert. Es gibt viele neue Ansätze und Technologien in der Solarindustrie in China, die darauf abzielen, die Effizienz und Rentabilität von Solaranlagen zu verbessern und die Integration von Solarstrom ins Stromnetz zu erleichtern.[46] Ein Ansatz ist die Verwendung von Solar-Plus-Speicher-Systemen, bei denen Solarstrom in Batterien gespeichert wird, um ihn bei Bedarf abzurufen. Dies erhöht den Anteil an

---

42 Burkhardt 2023b; Energie-Experten 2022.
43 Tiwari 2021; Bellini 2022.
34 Wolf 2011; Energie-Experten 2023.
45 Löfken 2018.
46 Li Yun. 2015, S. 808; Burrows 2021.

selbstgenutztem Solarstrom und reduziert den Bedarf an Strom aus dem öffentlichen Netz.[47] Ein anderer Ansatz ist die Integration von Internet of Things (IoT)-Technologie[48] in Solaranlagen. Hierbei werden Sensoren in den Solarpanels installiert, die kontinuierlich Daten sammeln, um den Betrieb der Anlagen zu optimieren. In China gibt es bereits mehrere Unternehmen, die sich auf diese Technologie spezialisiert haben, wie z. B. Trina Solar. Ein weiterer innovativer Ansatz ist die Entwicklung intelligenter Wechselrichter, die den von Solarpanels erzeugten Gleichstrom in Wechselstrom umwandeln und direkt ins Stromnetz einspeisen. Diese Wechselrichter können die Stromabgabe automatisch an die Nachfrage im Stromnetz anpassen und so Schwankungen im Netz ausgleichen. In China haben einige Unternehmen wie z. B. Huawei und Sungrow solche intelligenten Wechselrichter entwickelt. Diese neuen Ansätze und Technologien zielen darauf ab, den Einsatz von Solarenergie in China und weltweit zu erhöhen und den Übergang zu erneuerbaren Energien zu beschleunigen.[49]

Taiwan

Ist-Zustand und politische Agendasetzung

Taiwan hat eine dramatische Energiebilanz. Mit 97,5 Prozent führt Taiwan die Weltrangliste der auf Energieimporte angewiesen Länder an. Der Hauptanteil entfällt dabei auf Schweröl (44,1 %) und Kohle (30 %). Der Rest entfällt auf Natürliches Gas (17 %) und Atomenergie (6,6 %). Der verbleibende Anteil von knapp über zwei Prozent einheimischer Energieproduktion besteht zu über 50 Prozent wiederum aus Biomasse und Müll (insgesamt ca. 1,2 % an der Gesamtversorgung). Die weiteren Prozentanteile verteilen sich auf Solarenergie durch Photovoltaik (PV)-Anlagen, Wind und Wasserkraft. Im Bereich der erneuerbaren Energien besteht für Taiwan auch das größte Ausbaupotential. Seit dem Ende der Müllkrise 1994 wurde gegen das

---

47 Shahan 2020.
48 Internet of Things (IoT) bezieht sich auf die Vernetzung von physischen Geräten, Fahrzeugen, Haushaltsgeräten und anderen Objekten mit dem Internet, die es ermöglichen, Daten zu sammeln und auszutauschen. Diese Geräte sind oft mit Sensoren, Software und anderen Technologien ausgestattet, um miteinander und mit externen Umgebungen zu interagieren. Ziel der IoT-Technologie ist es, Effizienz zu steigern, menschliche Eingriffe zu minimieren und die Datenvernetzung zwischen Geräten zu erleichtern. Lee 2021.
49 Enhardt 2020; Janßen 2023b.

Image der „Müllinsel" viel unternommen.[50] Im Zuge der Aufholjagd zur innovationsbasierten Wirtschaft holte Taiwan in einigen Sparten auf.[51] Allerdings attestierte die Weltgemeinschaft der Insel noch vor einer Dekade eine „unterentwickelte grüne Wirtschaft".[52] Das Kernkraftwerkunglück 2011 im japanischen Fukushima ließ auf der benachbarten Insel die Vorbehalte anwachsen und der von starken Bürgerprotesten begleitete Skandal um die verfehlte Entsorgung des Atommülls auf der pazifischen „Orchideen-Insel" (*Lanyu dao* 蘭嶼島) bestärkte den Unmut.[53] Es kam zu vielen Protesten der ansässigen Tao-Minderheit (Mandarin auch *Dawu zu* 達悟族). Allerdings wurde ein Kompensationsangebot, das erst während der Präsidentschaft von Tsai Ing-wen 蔡英文 (2016–2024) erfolgte, ausgeschlagen.[54] Bereits 2014 wurde der Anschluss des unfertigen Reaktors Lungmen 4 (auch: *Lungmen heneng fadian chang* 龍門核能發電廠) nahe Taipei im Gongliao Bezirk (*Gongliao qu* 貢寮區) gestoppt. Das Ausstiegsversprechen aus der Kernenergie wurde dann während der Amtszeit Tsais bestätigt. Zuletzt ging im März 2023 nach 40 Jahren Dienst der Atommeiler Kuosheng 2 (*Guosheng heneng fadian* 國聖核能發電廠) vom Netz, der auch als „Zweites AKW" bzw. *Di er heneng fadian chang* 第二核能發電廠 bezeichnet wird. Im Resultat sind nur noch zwei Reaktoren des Ma'anshan Atomkraftwerks (*Ma'anshan fadian* 馬鞍山發電廠) bis zum geplanten Ausstieg 2025 operabel.[55]

In den vergangenen Dekaden hat Taiwans Regierung politische Akzente gesetzt, um den Ausbau der erneuerbaren Energien zu verbessern. Nach Auskunft des Energiebüros im Wirtschaftsministerium (*Jingjibu nengyuanju* 經濟部能源局, auch BOE für *Bureau of Energy*) wurden die Bemühungen seit 2016, um auf „saubere

---

50 Traditionell wurde Müll wie Haushaltsmüll in Taiwan verbrannt. Aufgrund der enormen Zunahme des städtischen Mülls stieg auch der Betrieb der Müllverbrennungsanlagen. Gegen die erhöhte Luft- und Umweltverschmutzung regte sich Protest inklusive einer Blockade einer Mülldeponie in Hsinchuang 1992, die polizeilich aufgelöst wurde. Müll sammelte sich in den Straßen, an Stränden oder im Gelände. Das Müllproblem wurde Wahlkampfthema. In Hsinchuang entspannte sich die Müllkrise durch den Bau einer Müllverbrennungsanlage im Sommer 1994.
51 Wang 2007.
52 Siehe Lin Mu-Xing 林木興 2018.
53 Siehe dazu auch den Kurzbericht „Taiwan: Bewohner der Orchideeninsel in Sorge vor Atommüll", veröffentlicht am 19. Dezember 2021, Deutsche Welle, https://www.dw.com/de/taiwan-bewohner-der-orchideeninsel-in-sorge-vor-atommüll/av-60177657 .
54 Aspinwall 2019.
55 Siehe World Nuclear News 2023, oder Nuclear Newswire 2023.

Energie" umzusteigen verstärkt.[56] Nachdem Tsai die Präsidentschaft angetreten hatte, erklärte der Exekutiv-Yuan im Innovationsförderplan für den Ausbau einer grünen Technologieindustrie (*Lü neng keji chanye chuangxin tuidong fang'an* 綠能科技產業創新推動方案) nicht nur die Abhängigkeit von Energieimporten zu reduzieren, sondern auch bis 2025 das Ziel zu erreichen, 20 Prozent Strom aus erneuerbaren Energien zu gewinnen (veröffentlicht am 27.10.2016).[57]

Laut Statista und Fernándes konnte Taiwan den Anteil an der Produktion erneuerbarer Energien von 2009 bis 2020 gemessen an den Terawattstunden von 6,29 auf 13,53 ausbauen.[58] Insgesamt wurden in Taiwan 20 Prozent der selbst generierten Elektrizität durch erneuerbare Quellen gegenüber fossilen Brennstoffen produziert (13,5 Terrawattstunden). Vermutlich wurde die Verschiebung im Energiemix zugunsten der erneuerbaren Energien durch den Importanstieg natürlichem Gas (*tianran qi* 天然氣) erreicht. Denn während in der Dekade von 2011 bis 2020 die produzierte Gesamtkapazität von 42,267 MW auf 53,041 MW anstieg, konnten die Erneuerbaren nicht den gestiegenen Bedarf bei rückgängiger produzierter nuklearer Kapazität abdecken. Die Energiegewinnung durch Kohleverbrennung stieg an (3,019 MW) und im gleichen Maße auch ungefähr die Energiegewinnung durch LNG (Liquified Natural Gas) (2,944 MW).[59] Die Entwicklung setzte sich im darauffolgenden Jahr fort: Die Stromerzeugung durch Kernkraft und sogar Kohle ging zurück, während die Stromerzeugung durch LNG und erneuerbare Energien prozentual leicht anstieg.[60]

Im Zuge der Demokratiebewegung entstanden die ersten Proteste primär gegen Umwelt- und Luftverschmutzung.[61] Dieser Tradition folgend bleibt die Reduktion der Luftverschmutzung ein großes Anliegen, neben der Verbesserung der Emissionsbilanz durch den Einsatz von effizienteren Technologien sowie Instrumenten, den Anteil erneuerbarer Energien zu vergrößern. Für Taiwan ist die grüne Energiewende allerdings nicht nur eine gesellschaftliche Herausforderung, für die eine demokratische Einbindung vieler Akteure und breiter Gesellschaftsschichten nötig ist, sondern gerade im Zuge der jüngsten politischen Spannungen soll der Ausbau erneuerbarer Energien auch die Verletzlichkeit der Demokratie Taiwans verringern. Jeff Kucharski argumentiert im Politmagazin *The Diplomat*, dass gerade Taiwans

---

56 Ministry of Economic Affairs (MOEA) 2021.
59 Exekutiv-Yuan 2018.
58 Statista und Fernándes 2023a.
59 Bureau of Energy 2020, S.5.
60 Bureau of Energy 2021, S.4.
61 Tang Ching-Ping und Tang Shui-Yan 2000.

Halbleiterhersteller, die einen Weltmarktanteil von 65 Prozent und sogar von 90 Prozent bei den fortschrittlichsten Chips produzieren, von einer gleichmäßigen und beständigen Energieversorgung abhängen. Allein der Weltmarktführer TSMC habe im Jahr 2021 6 Prozent des Gesamtverbrauchs Taiwans verbraucht.[62] Der Ausbau der erneuerbaren Energien, allen voran die Solar- und Windenergie, stellt für Taiwan damit einen wichtigen Beitrag zur grünen Energiewende dar, um die ambitionierten Ziele in Anlehnung an die internationalen Vereinbarungen und die RE100[63] Initiative zu erreichen. Von dieser Gemengelage der innen- und außenpolitischen Faktoren wie den global-klimatischen Entwicklungen getrieben, treibt Taiwan die Grüne Energiewende voran.

In den vergangenen Jahren hat Taiwans Regierung unter der Demokratischen Fortschrittspartei (*Minzhu jinbu dang* 民主進步黨, abgekürzt *Minjin dang* 民進黨, DPP) eine ganze Reihe an Initiativen zur Förderung erneuerbarer Energien erlassen, mit der die Nachhaltigkeitswende zur grünen Energie erreicht werden soll.[64] Mit einem 12-Punkte-Aktionsplan (*Shi'er xiang guanjian zhanlüe xingdong jihua* 十二項關鍵戰略行動計畫)[65] konkretisierte die DDP-geführte Regierung Taiwans den Plan einer Netto-Null-Transition bis 2050 erreicht zu haben. Neben der gezielten Förderung von erneuerbaren Energien, wie Wind, Wasser und Solarenergie (Punkt 1 und 2) soll auch die Forschung und Implementierung von innovativer Energie und Speichermeiden (Punkt 3 und 4), die Energieeffizienz (Punkt 5) sowie CO_2-freie Mobilität durch elektrische Fahrzeuge (Punkt 7), CO_2-Speicher (CCUS, Punkt 6) und Kohlenstoffsenken (Punkt 9) intensiviert und durch eigene Finanzinstrumente (z. B.

---

62 Aufgrund der hohen Abhängigkeit von importierten Energieträgern, siehe dazu unter anderem Kucharski 2022.

63 RE100°Climate Group bezeichnet eine globale Initiative zur Förderung erneuerbarer Energien und der Reduktion von C02-Emissionen. Die beteiligten 409 Mitgliedsfirmen (Stand 20. Mai 2023) versprechen, selbst und in ihrer Produktionskette nur noch Strom aus erneuerbaren Energiequellen zu gebrauchen. Das setzt Firmen in Taiwan als Zulieferer für viele dieser angeschlossenen Firmen, wie Apple, Unilever, HP, ebenso unter Druck wie die in Taiwan ansässigen Firmen, TSCM, ACER etc. Für weitere Informationen siehe die Webseite: https://www.there100.org (Zugriff am 20. Mai 2023).

64 Aktualisierte Informationen zu Gesetzesvorgaben, Direktiven und Ergänzungen stellt das Energiebüro bereit.

65 Die zwölf Schlüsselpunkte des Entwicklungsplans hat die National Development Commission zusammenfassend zur Verfügung gestellt, siehe dazu National Development Council (*Guojia fazhan weiyuanhui* 國家發展委員會) 2022 und die Eintragssammlung Taiwan (Vol. 21. No.1) (*Taiwan jingji lunheng* 台灣經濟論衡 2023 年 1 月) unter National Development Council 2023.

Feed-in-Tariff, FiT, Punkt 11) abgesichert werden. Dazu ruft die Regierung zur Verringerung des Mülls und zu gezieltem Recycling als Ressource (Punkt 8) auf, wobei ein „grüner Lebensstil" (Punkt 10) gefördert werden soll, ebenso wie eine sozialverträgliche Umstellung (Punkt 12). Aus dem 12-Punkte-Plan geht deutlich hervor, dass Taiwans Regierung nicht nur die Dringlichkeit verstanden hat, sondern auch das Ausmaß einer grünen Energiewende für die gesamte Gesellschaft: Die Grüne Energiewende ist einschneidend, hat das Potenzial eines disruptiven Entwicklungsverlaufes und bedeutet ein Umdenken bezüglich der Lebensweise und des Wirtschaftens.

Um die politische Direktive nicht nur *top-down* vorzuschreiben, sind viele *bottom-up*-Ansätze nötig, um gesellschaftliche Entwicklungen nachhaltig, umfassend und sozial gerecht zu gestalten. Dazu fördert Taiwan eine kreative Startup-Landschaft mit gezielten Initiativen wie Taiwan's Next Big, um den Erfindergeist in die Welt zu tragen.[66] Eines der neun Startups ist das 2011 gegründete Gogoro. Mit dem Ziel, urbane Energieversorgung neu zu denken entwickelte sich Gogoro zu einem der größten Innovationsführer von smarten Fahrzeugdesigns und Elektroantrieb mit einem eigens entwickelten intelligenten Batteriedesign, Wechselstationen und einem Cloud-basierten Ausleihsystem. Nach Auskunft eines Interviewpartners von Hailong Offshore-Wind (*Hailong li'an fengdian* 海龍離岸風電) stecke gerade in dieser Software-Entwicklung Taiwans Stärke. Während die Grundlagenforschung und Ingenieursleistung zur Installation weitestgehend in Europa und Nordamerika erfolgt, liegt der Bedarf an Innovation gegenwärtig eher im Detail, der Adaption auf die klimatischen Verhältnisse in Asien, in der Stromabnahme und Einspeisung sowie in der Software-Entwicklung. Ein umfassendes Monitoring mit zeitnaher Verfügbarkeits- und Bedarfsermittlung ist ein wichtiger Schritt auf dem Weg zur Grünen Energiewende. Denn ein Baustein ist, dass sich die traditionell zentrale Energieproduktion durch Kraftwerke zunehmend auf dezentrale Produktionsstätten verlagert, wozu Offshore-Windparks, Solaranlagen und Wasser-Thermik beitragen.

---

68 Siehe dazu die Projektwebseite von Startup Island Taiwan unter https://www.startupislandtaiwan.info/updates/A_3ab3065b-db35-4ad6-b82f-2fa8e54852af (Zugriff am 20. Mai 2023).

Taiwan: Wind, Wasser und Sonne

1. Windenergie

Eine der größten Hoffnungen für die grüne Energiewende in Taiwan liegt im Ausbau der Offshore-Windkraftanlagen. Während die Kapazitäten onshore aufgrund der Landknappheit stark beschränkt sind, bietet vor allem die Taiwan-Straße weltweit gesehen sehr gute geographische Voraussetzungen für die Windenergie-Erzeugung in Bezug auf erwartbare Windmenge und Windstabilität. Einerseits formen starke und beständige Windgeschwindigkeiten eine Art natürlichen Windtunnel und andererseits ist das relativ flache Wasser vor der Küste ideal für die Konstruktion der näheren Offshore-Anlagen. Die jährlich wiederkehrende Taifun-Saison und seismologische Aktivitäten stellen jedoch erschwerende Anforderungen an den Bau. Zudem kommen noch die starke Nutzung der Taiwan-Straße als Handelsroute sowie die Bedenken des Militärs und des Naturschutzes hinzu. Gegenwärtig stellen Taipower und InfraVest als zwei große Betreiber die meisten Onshore-Anlagen auf der Hauptinsel sowie auf Kinmen und Penghu.[67] Dazu gibt es kleinere Gemeinschafts-Windparks, wie z. B. das Changbin Wind-Projekt, das zwischen Taichung und Chuanghua an der Küstenlinie installiert ist.[68] Vier von sechs geplanten Offshore-Windkraftparks unter Beteiligung von Synera Renewable Energy (SRE) sind mittlerweile operational und speisen beständig Strom ins Netz (Stand 15. November 2024) ein.[69] SRE gehört zu den Entwicklerfirmen wie auch Hailong Offshore Wind.[70] Alle Windparkprojekte sind Kooperationsprojekte mit ausländischer Beteiligung, wie z. B. der deutschen Firma Siemens Gamesa oder der dänischen Ørsted. Am Bau sind dann wiederum eine

---

67 Eine Übersicht zu den Onshore-Anlagen und Betreiberfirmen (Stand 20. Juli 2022) stellt InfoLink bereit, siehe dazu https://www.infolink-group.com/energy-article/recent-development-of-onshore-wind-energy-in-Taiwan (Zugriff am 15. November 2024).
68 Weitere Informationen zum Projekt „Community Wind Farms" liefert the Webseite „Our Trace" unter https://www.our-trace.com/projects/changbin-and-taichung-wind-taiwan (Zugriff am 23. Mai 2023).
69 SRE ist an Planung und Konstruktion der Windparks Formosa 1,2,4,5,6 beteiligt; für Informationen zur installierten Kapazität siehe die Firmenseite unter https://www.sreglobal.com/projects (Zugriff am 15. November 2024).
70 Siehe dazu die Projektwebseite unter https://hailongoffshorewind.com.

Vielzahl von nationalen und internationalen Unterfirmen und Vertragspartnern beteiligt, wie z. B. das taiwanische TECO.[71]

Taiwan gilt in der Branche für Asien als ein „früher Vogel".[72] 2021 verkündete David Foxwell das beste Jahr für Taiwans Offshore-Windindustrie, welches einen Kapazitätsanstieg von 21,1 GW verzeichnete, der in das Stromnetz eingespeist werden konnte.[73] Auch 2022 war ein gutes Jahr für Windenergie, während China mit den staatlich subventionierten Bauvorhaben (s.o.) es schaffte, 5 GW an Kapazität auszubauen, lieferte das flächenmäßig kleinere Taiwan im Vergleich dazu 1,175 GW.[74] Für das Jahr 2023 berichten die drei fachkundigen Autoren von NIRAS einen ebenso beeindruckenden Fortschritt Taiwans hinsichtlich der Einspeisekapazitäten von 897 MW im Vergleich zu Japan, das ebenfalls in Windenergie investiert, und gerade einmal auf 135 MW Einspeisekapazität kam.[75] Im gleichen Aufsatz attestieren sie der Insel damit das Potenzial, der asiatische Windenergieumschlagplatz innerhalb APAC zu werden. Grund dafür ist nicht nur die vorteilhafte Ausgangslage, sondern auch ein dreistufiges Politikformulierungs- und Ausführungsmodell. Allerdings ist der industrielle Markt unübersichtlich und von vielen intervenierenden Interessen bestimmt, wie z. B. Lokalisierungsanforderungen, kommunale wie politische Vetospieler und Stakeholder.

Offshore-Windparks in der Taiwan-Straße

2017 verkündete Ørsted, dass DONG Energy 35 Prozent am Offshore-Windpark Formosa I übernehmen wird. Formosa I, auch *Haiyang li an fengli fadian chang* 海洋離岸風力發電場, ist Taiwans erster Offshore-Windpark. Der Bau vor der Küste von Miaoli begann 2016 in der ersten Phase mit den zwei Siemens Gamesa 4-MW-Turbinen,[76] die im April 2017 ans Netz gingen. In der zweiten Phase kamen dann

---

71 So haben Hailong Offshore Wind und TECO (東元電機) im November 2022 den Vertrag zur Installation und dem Betrieb einer Stromannahmestation an Land abgeschlossen. Das gilt als ein Beitrag zur geforderten Lokalisierung der Windenergieinvestitionen Taiwans, siehe dazu Hai Long Offshore Wind 2022.
72 Wang, Jason, Kubitscheck und McCatherin 2023.
73 Foxwell 2022
74 Wang, Kubitscheck und McCatherin 2023.
75 Wang, Kubitscheck und McCatherin 2023.
76 Von Siemens Gamesa stammt die Anlagentechnik (Typen sind unter anderem Siemens SWT bzw. Siemens SWT 6.0, Siemens Gamesa SG 14-222D), die in den Windparkprojekten Taiwans am meisten verbaut wird. Zudem gibt es noch eine Anlage des

weitere 20 6-MW-Windturbienen hinzu und schlossen das Projekt ab. Nach Angaben von Ørsted können mit der erzeugten Kapazität von 128 MW 128.000 Haushalte versorgt werden.[77] Das dänische Unternehmen Ørsted ist ein zentraler Investor für Projekte zur Energiewende weltweit und speziell in Offshore-Windparks in Taiwan. 35–60 km vor der Küste von Chuanghua entsteht ein weiteres Großprojekt Greater Changhua,[78] das mit einer Kapazität von ca. 900 MW gebaut wird und 2023 in den Teilbetrieb ging. Die Anlagen werden als Chuanghua 1 und Chuanghua 2a bezeichnet. Im Frühjahr 2022 wurde der erste Strom erzeugt. Die Hoffnung, die an weiter entfernte Windkraftanlagen (gemeint: *far-shore windfarm*) gestellt wird, ist schlicht eine größere Ausbeute,[79] um die Zielvorgabe von 20 Prozent erneuerbare Energien im Energie-Mix Taiwan zu erreichen.

Um offshore Windenergie effizient einzusetzen, bedarf es genauer Analysen zur Bodenbeschaffenheit,[80] einer innovativen Infrastruktur, zu der z. B. die Wartungsschiffe (wie Service Operation Vessel (SOV)), oder intelligente Energieeinspeise-Systeme (Smart Grids) gehören. Im Mai 2022 wurde das erste zur Wartung der Greater Changhua 1&2a offshore-Anlagen gebaute Schiff von der Ta San Marine Co Ltd. (*Ta San Shangchuan lian* 大三商船連) im Hafen von Taichung eingeweiht. Gefertigt wurde das erste SOV unter der Flagge Taiwans in der Vard Vung Tau Werft in Vietnam.[81] Getauft auf den Namen TSS Pioneer, entspricht es den besonderen Bedingungen, um in der Taiwan-Straße zu operieren.[82] Zudem bietet die installierte 3D motion-compensated walk-to-work gangway (*Dongtai wending WTW xianti* 動態穩定WTW舷梯, Modell SMST Telescopic Access Bridge L25) den Arbeitenden sicheren Zugang zu den Turbinen der Windparks. Gerade die Arbeitssicherheit ist ein

---

Betreibertypus Hitachi (HTW5.2) und den verbauten Anlagentyp MHI Vestas, von dem bisher lediglich ein erster im Teilbetrieb Windpark Changfang/Xidiao operiert.

77 Ørsted, 2019.
78 Das Bauprojekt bezeichnet zwei Teilprojekte und wird in Übersetzung auch als *Da Zhanghua li'an fengli fadian jihua* 大彰化離岸風力發電計畫 oder *Da Zhanghua dongnan li'an fadian liang jihua* 大彰化东南离岸发电量计画 für Greater Changhua Southeast wind farm bezeichnet.
79 Siehe Holler 2022, S.67.
80 Kuo 2019.
81 Das SOV gehört mit einer Gesamtlänge von 85,40 Metern zur Klasse der Passagierschiffe mit einem Eigengewicht von 2611,6 Tonnen. Der Lagerbereich umfasst 370 Quadratmeter, der Frachtdeckbereich umfasst sogar 440 Quadratmeter und der Tank umfasst über 600 Kubikmeter für Heizöl und es gibt zusätzliche Kapazität für 775 Liter für Frischwasser. Für nähere Informationen siehe die Firmenseite https://www.tasanshang.com.
82 Foxwell 2022.

wichtiger Aspekt, der beim Ausbau der grünen Elektrizität im demokratischen Taiwan berücksichtigt wird. Nach Auskunft des Generaldirektors Dr. Tsou Tzu-lien 鄒子廉 von der Behörde für Arbeitssicherheit und Gesundheitsschutz, Arbeitsministerium (*Laodongbu zhiye anquan weishengshu* 勞動部職業安全衛生署, OSHA) [83] in Taiwan seien die Risiken aufgrund der Meeres- und Witterungslage besonders hoch. Die Behörde bietet daher ein spezielles Schulungsprogramm (*Basic Safety Training*) an und vergibt ein Medical Examination Siegel (*Offshore wind power related work physical examination certificate,* OGUK). Die Entfernungen für Wartungsarbeiten seien besonders herausfordernd und Software-Lösungen zur ortsunabhängigen Fernwartung seien daher wünschenswert.[84]

Zwei innovative Zukunftstechnologien zeichnen Taiwans Entwicklung aus: Einerseits forscht Taiwan, ähnlich wie China, mit ausländischen Partnern an der verbesserten Entwicklung und der Konstruktion von schwimmenden Windkrafträdern („floating offshore windfarms", *Zhunfushi fengdian* 準浮式風電), die eine bessere Bilanz durch größere Windstärken erreichen. Sie können außerhalb einer Wassertiefe von 50 m angebracht werden, sind damit nicht im Boden verankert, was auch für das Ökosystem Meer besser ist, und sie können bereits an Land gefertigt werden, was für die gefährliche Konstruktion offshore Vorteile hat. Formosa 5 soll der erste volloperable schwimmende Offshore-Windpark (*Haishang fudongshi pingtai* 海上浮動式平台) werden. In der chinesischen Bezeichnung wird die Unterscheidung des Baugebiets durch eine Umbenennung deutlich: Während Formosa 4 (*Haisheng fengdian* 海盛風電) mit *sheng* 盛 bodengebundene Windradinstallationen bezeichnet, wurde das zunächst als Formosa 4.2 bezeichnete Projekt mit den schwimmenden Bauanlagen zu Formosa 5 (*Haishuo fengdian* 海碩風電). Laut der Nachrichtenplattform *Floating Energy* ist das Projekt an der Küste vor Hsinchu unter Beteiligung einer schottischen Partnerfirma geplant, die bereits Erfahrung in europäischen Gewässern gesammelt hat.[85] Am 05. August 2022 veröffentlichte das BOE den dazugehörigen „Floating Wind Farm Demonstration Plan" (*Fudongshi feng chang shifan guihua* 浮動式風場示範規劃),[86] der Auswahlprozess für die Entwickler fand bereits 2023 statt, um bis

---

83 Siehe dazu die Behördenwebseite unter https://www.osha.gov.tw.
84 Diese Informationen stammen aus einem am 1. November 2022 geführten Interview mit Dr. Tzou Tzu-lien (OSHA) in Taiwan. Ähnliche Aussagen wurden auch auf dem G+Stakeholder Forum 2023 getätigt, siehe die Berichterstattung vom 30. März 2023.
85 Floating Energy 2023.
86 Bureau of Energy, MOEA 2022b.

2026 operabel zu sein.[87] Obgleich in den Windparkprojekten kaum unbekannte Technologie verbaut wird, bleiben einzelne Umweltverbände wie z. B. das Umweltinformationszentrum (Environment Information Center, *Huanjing zixun shen xin* 環境資訊申心) skeptisch gegenüber den Auswirkungen für die Meeresbiologie und dem erwarteten Ertrag.[88]

Forschungsprojekte zur verbesserten Wartung stellen die zweite Kategorie innovativer Entwicklung dar. Dabei soll durch eine *Augmented Reality* (AR)-Software der Wartungsprozess ortsunabhängig durchgeführt und das knappe Fachpersonal geschont werden können, wie die Produktmanagerin Jewell Hsu 許雅筑 im Interview am 24. November 2022 andeutete.[89] Taiwans innovative Leistung besteht vielseits in der technischen Adaption. Dazu gehören Detailverbesserungen der Baustoffkunde, die Anpassung auf die asiatischen Witterungs- und Wasserverhältnisse, die Verbesserung von Beschaffenheitsanalyseverfahren oder von Risiko- und Gefährdungspotenzialerhebungen, wie bei der seismischen Belastungsberechnung.[90]

2. Wasserenergie

In Taiwan können vier Arten der Energiegewinnung durch Wasserkraft unterschieden werden: In der Kapazität liefern die zwölf kleineren Wasserkraftwerke (*xiaoshui lifadian* 小水力發電) mit einer maximalen Energiegewinnungskapazität von unter 20 MW gegenwärtig die größte Menge. Innovative Ansätze der Energiegewinnung bestehen in den weiteren drei Bereichen: Das ist zum einen die Wasserstoffkraft (*qing neng* 氫能), die Geothermie und die Meeresenergie, bei der durch Temperaturdifferenzen, Wellenbewegungen der Gezeiten, Strömungen oder dem Salzgehaltgradient Energie gewonnen wird.[91]

Die Nutzung von Wasserkraft erlebte gemessen an der Energiegewinnung einen Höhepunkt im Jahr 2016. Gemessen am Produktionswert lag die Elektrizitäts-

---

87 Bureau of Energy, MOEA 2022c.
88 Huanjing zixun shen xin 環境資訊申心, 2022.
89 Nähere Auskünfte dazu konnten bisher nicht durch weitere Quellen verifiziert werden.
90 Kuo 2019.
91 Für die Definition siehe auch „Zaisheng nengyuan fazhan tiaoli" 再生能源發展條例 (Renewable Energy Development Act) vom 01. Mai 2019, zugänglich in der Datenbank *Quanguo fagui ziliaoku* 全國法規資料庫unter https://law.moj.gov.tw/LawClass/LawAll.aspx?pcode=J0130032&kw= 再生能源發展條例. Für eine Erklärung zur Energiegewinnung durch Gezeiten siehe Holler 2022, S. 96–110.

gewinnung durch Wasserkraft in Taiwan zwischen 2010 und 2020 im Mittelwert bei 21,59 Milliarden NTD, was 2017 umgerechnet etwa 640 Millionen Euro entsprach. Die Gewinnwerte sind allerdings schwankend zwischen einem Minimalwert von 16,02 NTD und einem Maximalwert von 25,86 NTD.[92] Wasserkraft nimmt gegenwärtig acht Prozent der indigenen Energiegewinnung ein, was im Jahr 2021 allerdings lediglich 0,84 Prozent der Gesamtenergiegewinnung (laut Global Data) darstellte. In den elf Jahren von 2010 bis 2021 umfasste die gewonnene Kapazität gerade einmal 4,696 MW. Insgesamt zählt Taiwan zehn Wasserkraftwerke, von denen drei in Nantou (Mingtan, Minghu und Takuan 1), vier in Taichung (Tehchi, Kukuan, Tienlun, Maan) sowie jeweils eins in Taitung (Chingshan), Hualian (Lingchien) und Taoyuan (Shilmen) angesiedelt sind.

Taiwans Regierung und universitäre Forschungseinrichtungen fördern die Forschung zur Nutzung von Meeresenergie. Kernstück ist ein Pilotforschungsmodell unter Beteiligung der National Taiwan Universität (*Taiwan Daxue* 台灣大學) und der Sun Yat-sen Universität (*Zhongshan Daxue* 中山大學), bei dem Schlüsselwellen- und Kuroshio-Technologien entwickelt werden sollen, sowie Wellen- und Kuroshio-Stromerzeugungssysteme (*Bolang yu heichao fadian jishu* 波浪與黑潮發電技術).[93] Damit Interesse am Bereich Meeresenergieforschung früh geweckt wird, werden dazu auch Schulprojekte durchgeführt.[94] Nach Auskunft von *Shendu di tan shehui* 深度低碳社會 (Gesellschaft für sehr geringe Emission; im Online-Auftritt *Yongbao ditan shi* 擁抱低碳世) konnten in den ersten zehn Jahren Entwicklungsphase erste Erfolge mit schwimmenden Meeresströmungsturbinengeneratoren und Stromgeneratoren erzielt werden.[95] Weitere Erfolge könnte Taiwans Forschung in diesem Segment erzielen und marktfähige Produkte anbieten. Dazu gehören auch Ocean Robots.[96] Weltweit ist

---

92 Statista, 2021c.

93 Huang Shiwei 2020. Kuroshio bezeichnet eine oberflächliche, maritime Strömungsart im Pazifik, die relativ stabilen saisonalen Schwankungen unterliegt und für die Energiegewinnung erschlossen werden kann.

94 Siehe dazu unter anderem das Online-Dokument der National Taiwan Science Education Center (*Guoli Taiwan kexue jiaoyuguan* 國立台灣科學教育館) zur Schulwissenschaftsmesse „Zhonghua minguo di 55 jie zhong xiaoxuekexue zhanlan" 中華民國第55屆中小學科學展覽會 mit erklärenden Bildern, Selbstbauanleitung und Kalkulationsberechnungen zur Wasserturbineninstallation, zugänglich verlinkt unter https://twsf.ntsec.gov.tw/activity/race-1/55/pdf/030819.pdf, (Veröffentlich im Juli 2015, Zugriff am 30. Mai 2023).

95 Siehe dazu Yongbao ditan shi 2022.

96 Tian Baoqiang und Yu Jiancheng 2019.

die Nutzung von Meeresenergie als Innovationstechnologie der erneuerbaren Energiegewinnung anerkannt, allerdings weder stark fortgeschritten noch weit verbreitet.[97]

Auch vor dem Hintergrund des Ausbaus der erneuerbaren Energien wird in Taiwan an Transport- und Speichertechnologien geforscht. Das Forscherteam Ting-Hong Wu und Yi-Kuan Ke von der National Taiwan Ocean University arbeiten beispielsweise an der Verbesserung von Lithium-Ion-Batterien. Diese Batterie ist ein chemisches Energiespeichersystem (Energy Storage System, ESS) und soll negative Effekte bei einer Überlastung mindern, indem eine Grundspannungsrate von minimal 6 Prozent gehalten wird.[98]

3. Sonnenenergie

Taiwans Solarindustrie wächst seit 1987 und umfasste 2013 bereits mehr als 200 produzierende Firmen. Entsprechend einer Vergleichsstudie mit über 75540 Patenten im Datensatz von 1978–2008 entwickelten alle asiatischen Nachzügler Strategien für den Aufbau einer erfolgreichen Solarenergieindustrie.[99] In Taiwan befanden sich darunter zehn weltmarktführende PV-Hersteller und eine Ausgangslage, nach der Taiwan den gesamten Produktionsprozess von „Siliziumwafern über Silizium- und dünnen Filmschichtsolarzellen bis hin zu kompletten Solarzellen" abdeckte.[100] TSMC wirkte zunächst begünstigend auf die Solarentwicklung und -industrie Taiwans. Allerdings stellte die Firma TSMC bereits 2015 die Sparte TSMC Solar aus ökonomischen Gründen wieder ein.[101] Die ambitionierten Förderpläne der vorherigen Regierungen verfehlten das gewünschte Ziel: Zu nennen sind die auf der „National Energy Conference" im Mai 1998 angekündigte Direktive, bis 2020 drei Prozent erneuerbare Energie zu nutzen, das sich angeschlossene Investitionsprogramm mit einer Fördersumme von NTD10 Milliarden (damals ca. 270 Millionen Euro) zwischen 1999 und 2003 oder der Atomausstiegsplan.[102] Im Interview wies Raoul Kubitchek dazu auf den Zusammenhang mit dem wachsenden Energiebedarf gerade hinsichtlich

---

97 Siehe European Commission. Joint Research Centre 2020 oder Holler 2022, S.128.
98 Ke Yi-Kuan und Ting-Hong Wu 2019.
99 Wu Ching-Yan 2014.
100 Taiwan External Trade Development Council 2013.
101 TSMC 2015.
102 Für eine wissenschaftliche Berechnung zur Projektion der produzierenden Strommenge siehe Huang Yun-Hsun und Jung-Hua Wu 2007, speziell S. 348.

der energieintensiven Halbleiterindustrie Taiwans hin.[103] Die avisierten Ausbauziele konnten erreicht werden, aber in der relativen Bilanz ist der Anteil dann entsprechend geringer. Im Solarsektor kamen dann laut Kubitchek gleich zwei Hindernisse hinzu: Es steht nur wenig Landfläche zur Verfügung. Ausgewiesene Flächen für die Landwirtschaft wurden vorgehalten. Da es in Taiwan an großen Landeigentümern mangelt, verhinderten die vielen Beteiligten an einzelnen Projekten einen schnellen Ausbau. So wurden in sechs Jahren von dem 2016 geplanten Ausbauziel mit einer Kapazität von 20 GW gerade einmal 2,9 GW erreicht. Dennoch ist die Solarindustrie eine der am schnellsten wachsenden Branchen, das zeigt sich auch in Taiwan. Während 2016 noch 1,245 MW erzeugt wurden, gab es bis November 2022 einen Anstieg auf 9,251 MW, was einer 6,8-fachen Steigerung entspricht.

Ein neues geplantes Projekt ist der *Guangneng zhishi* 光能之石 (Sun Rock). Das emissionsfreie Lagerhaus wurde von der Staatsfirma Taipower 2022 in Auftrag gegeben und soll 2025 operabel sein.[104] Auch dieser „Stein der Lichtenergie" ist im Industriegebiet Changbin vor der Küste Changhuas geplant und soll als nachhaltiger Wartungsraum für die geplanten Offshore-Windanlagen dienen. Mittels der Stellung der Solarpaneele soll zudem der Ertrag maximal optimiert werden.[105] Ein weiteres Beispiel für den Einsatz innovativer Systeme ist das Sensortechnik TITAN System, wie HDRE es plant. Ausbaupläne wurden im Februar 2023 bekannt gegeben.[106]

Im Mitgliederverbund für Solarenergie waren im Mai 2023 schon 26 Unternehmen aufgeführt. Eines dieser Unternehmen ist S.I.-Energy (*Xin ying nengyuan* 鑫盈能源).[107] Zu den jüngeren Projekten dieser Firma gehört die Errichtung einer dezentralen PV-Anlage auf dem Firmendach des Snowboard-Herstellers Guangguo Company (*Guangguo gongsi* 光國公司) im Neubaugebiet Huahai in Taichung (*Huahai*

---

103 Ein informelles Interview fand am 04. November 2022 statt. Das Interview wurde online am 07. November 2022 für das Feature „Chinnotopia: future designed by China" aufgenommen und am 12. Juni 2023 im Rahmen der Veranstaltung Chinalunch „Klimawandel als Chance: Innovative Ansätze zur Energieversorgung in China und Taiwan" ausgestrahlt. Für weitere Informationen und den Link zur Veranstaltung siehe auch den gleichnamigen Eintrag unter https://www.tu.berlin/china/projekte/weitere-projekte/chinnotopia.

104 Green Media 2022; Bergan 2022. Mittlerweile hat sich der Bau verzögert und soll nach Auskunft der Bauherren voraussichtlich im April 2025 fertiggestellt werden.

105 Green Media 2022.

106 EnergyTrend 2022.

107 Nähere Informationen werden auf der Firmenwebseite von S.I.Energy bereitgestellt unter https://www.shining-energy.com.

Taizhong xin shequ 花海台中新社區). Mit der Photovoltaik-Anlage reagiert die Guangguo Company auch auf den internationalen Trend und erhofft sich eine Stärkung der internationalen Wettbewerbsfähigkeit.[108] Laut Auskunft des Geschäftsführers kaufte Shilin Electric über 130 Hektar Land, um selbst mit der ausgegründeten Firma *Lü ju neng* 綠巨能 zu einem grünen Energielieferanten zu werden.[109] Die Unternehmen setzen verstärkt auf den Einsatz dezentraler Energiegewinnung an den Industriestandorten. Auch diese Unternehmen reagieren damit auf die internationale Forderung von RE100.

Auch dezentrale Energieerzeugungsprojekte bedürfen angepasster Systeme für Endverbraucher und Einspeisung. 1998 wurde Heng Technology gegründet und etablierte sich als Marktführer in Taiwan durch die Spezialisierung auf Monitoringsysteme. 2002 kam bei der Firma mit Sitz in Tainan der Fokus auf erneuerbare Energiegewinnung hinzu. Zu den neueren Projekten mit wachsenden Energiegewinnungskapazitäten der knapp 50 internationalen Bauprojekte gehören die „Stromnetzgebundenen Solaranlagen" (*Grid-tie Solar Power System*) wie die Sin Jhong Solar Power Plant, die 2020 mit einer Kapazität von gerade einmal 75969,6 kWp ertragreich wurde, oder das Zhuoshui River Stream PV Power Plant, das 2019 mit einer Kapazität von 12.0126 MWp realisiert wurde.[110] Allerdings indizieren die starken Varianzen in der erzeugten Energiemenge den erhöhten Planungsaufwand bei der Gesamtnutzungskalkulation.

Die innovative Leistung steckt in Taiwan oft im technischen Detail. Ein Beispiel für eine solche Innovation lieferten die drei taiwanischen Erfinder Lu Wei-Lun, Wu Lyh-Lih und Yen Wen-Tsai mit der Patentanmeldung (US20150011025A1) für die „Enhanced Selenium Supply in Copper Indium Gallium Sellenide Processes". Gefördert durch eine Unterfirma des Halbleiterherstellers TSMC konnte eine größere Effizienz der Photovoltaik-Module erreicht werden. Sie geben eine Steigerung von 15,7 Prozent bei der Energiegewinnung pro Einheit durch das entwickelte CIGS- (Copper Indium Gallium Selenium) Modul an.

---

108 S.I. Energy 2020.

109 Ein Interview mit Vertretern der Firma Shilin Electric wurde auf der Messe Hannover im Mai 2022 für die Sonderveranstaltung „Auf den Spuren der Zukunftsmacher: chinnotopia on the road, Messe Hannover", im Rahmen des Online-Feature „chinnotopia: future designed by China", ausgestrahlt am 14 Juni 2022, aufgenommen. Für weitere Informationen siehe Projektseite unter https://www.tu.berlin/china/projekte/chinnotopia (Zugriff am 24. Mai 2023).

110 Eine Übersicht findet sich auf der entsprechenden Firmenseite von Hengs Technology Co. Ltd. unter http://www.hengs.com/en-US/EN-case01.html (Zugriff am 22. Mai 2023).

Fazit und Diskussion

Beide politischen Systeme streben derzeit eine Strategie der *Top-Down*-Nachhaltigkeit an, jedoch mit unterschiedlichen Ansätzen: China setzt auf Großprojekte – inklusive des ins Klimasystem eingreifenden Geoengineering. Die Innovation steckt damit oftmals in der Größe der Aufbauten und der Anzahl in absoluten Mengen. Taiwan hingegen setzt auf bewährte Grundlagentechnik und arbeitet zumeist mit internationalen Partnern zusammen, wie bei den genannten Windparks. Hier steckt die Innovation häufig in der Verbesserung kleiner Stellschrauben. Anders liegt der Fall lediglich bei dem Innovationspotenzial der Gezeiten- und Meeresenergienutzung.

Unabhängig von dem Entwicklungspfad des jeweiligen politischen Systems wurden in China wie Taiwan Weichen zur grünen Energiewende gestellt. In beiden untersuchten Kontexten bietet der politische Rahmen Anreize sowohl zum Ausbau erneuerbarer Energien als auch zur Erforschung und Entwicklung grüner Innovationstechnologien. Dazu werden entweder Subventionspakete geschnürt, wie die Subvention von Windenergie in China 2022, oder Förderprogramme aufgesetzt, wie FiTs. Für die angestrebte Entwicklung wird auf ein innovationsförderndes Umfeld gesetzt. Einerseits fördern Initiativen die direkte Einbindung von Wirtschaftsakteuren, wie z. B. in Taiwan das Startup-Unterstützungsprogramm Next Big, andererseits werden Unternehmen motiviert, sich aktiv an der grünen Energiewende zu beteiligen. Zudem weisen beide Gesellschaften eine ähnliche technische Affinität auf, die z. B. eine Umstellung auf Elektrofahrzeuge und speziell elektrisch motorisierte Roller begünstigt.

Allerdings gibt es Unterschiede in der Umsetzung und den Lösungsstrategien. Politische Systemvarianz besteht in Art und Gestaltung gesellschaftlicher Partizipation. Im demokratischen Taiwan gibt es starke Stakeholder, zu denen sogar das Staatsunternehmen Taipower oder einzelne Umweltschutzorganisationen ebenso wie ortsansässige Gemeinschaften gehören, die einen noch schnelleren Ausbau hin zu einer grünen Infrastruktur verhindern. Dem gegenüber stehen in Taiwan allerdings auch Firmen oder vereinzelte kommunale Gemeinschaftsprojekte, die sich um ihre eigene grüne Energieversorgung bemühen. Auch in China gibt es Ansätze, die sich mit einer Energiedemokratie und dem Prozess der Energiewende beschäftigen.[111] Vielversprechend ist die umweltpolitische Dynamik auf der kommunalen Ebene: So gibt es eine zunehmende Entwicklung und Implementierung von Bio-Treibstoffen

---

111 Lin Jiaqiao und Zhao Ang 2022.

und grünem Wasserstoff in einigen chinesischen Städten, wie Shanghai, Zhangjiakou, Guangzhou und Kunshan. Ähnliche kommunale Ansätze gibt es auch in Taiwan.

Gemeinsame Anstrengungen sind gefordert, um mittels disruptiver Technologien, die eine grüne Energiewende bedingt, gegen den Klimawandel vorzugehen. Die Zusammenarbeit von Unternehmen, Regierungen und der Zivilgesellschaft ist notwendig, um gerade auch die dezentrale Erzeugung zu bewerkstelligen. Dazu werden auch zunehmend bilaterale, grenzüberschreitende sowie internationale Kooperationen eingegangen.[112] Trotz des ähnlichen politischen Willens, gigantischer Projekte und Vorhaben begeistert die gegenwärtige relative Leistungsbilanz in China wie Taiwan eher weniger. Dennoch steckt in der Bewältigung des Klimawandels eine Chance durch die Forschungsentwicklung und den Einsatz innovativer Ansätze und Zukunftstechnologien.

Literaturverzeichnis

Aspinwall, Nick. 2019. „Tao Indigenous Community Demands Removal of Nuclear Waste From Taiwan's Orchid Island", in: *The Diplomat*, https://thediplomat.com/2019/12/tao-indigenous-community-demands-removal-of-nuclear-waste-from-taiwans-orchid-island (Veröffentlicht am 06. Dezember 2019, Zugriff am 30. Mai 2023).

Bellini, Emiliano. 2022. „World's largest floating PV plant goes online in China ", in: *PV-Magazine*, https://www.pv-magazine.com/2022/01/03/worlds-largest-floating-pv-plant-goes-online-in-china (Veröffentlicht am 03. Januar 2022, Zugriff am 30. Mai 2023).

Bergan, Brad. 2022. „Taiwan's New Solar Panel ‚Sun Rock' Will Deliver 1 Million kWh Per Year", in: *Interesting Engineering*, https://interestingengineering.com/innovation/taiwans-new-solar-panel-sun-rock-will-deliver-1-million-kwh-per-year (Veröffentlicht am 18. Januar 2022, Zugriff am 24. Mai 2022).

Berliner Zeitung. 2010. „Gigantisches Projekt greift tief in Tibets Natur ein: Riesendamm am Yarlung Tsangpo", https://www.berliner-zeitung.de/gigantisches-

---

112 Ministry of Economic Affairs (MOEA) 2023.

projekt-greift-tief-in-tibets-natur-ein-riesendamm-am-yarlung-tsangpo-li.7899 (Veröffentlicht am: 03. Juni 2010, Zugriff am 30. Mai 2023).

BP p.l.c. 2021. „Statistical Review of World Energy 2021 – China's energy market in 2020", https://www.bp.com/content/dam/bp/business-sites/en/global/corporate/pdfs/energy-economics/statistical-review/bp-stats-review-2021-china-insights.pdf (Zugriff am 30. Mai 2023).

Brown, Alexander und Nis Grünberg 2022. „China`s Nascent Green Hydrogen Sector: How policy, research and business are forging a new industry", in: *Merics*, https://merics.org/en/report/chinas-nascent-green-hydrogen-sector-how-policy-research-and-business-are-forging-new (Veröffentlicht am 28. Juni 2022, Zugriff am 30. Mai 2023).

Burkhardt, Jens. 2023a. „Solar-Panels aus China im Test", in: *Echtsolar*, https://echtsolar.de/solar-panel-china (Veröffentlicht am 05. Mai 2023, Zugriff am 30. Mai 2023).

Burkhardt, Jens. 2023b. „Bifaciale Module", in: *Echtsolar*, https://echtsolar.de/bifaciale-module (Veröffentlicht am 05. März 2023, Zugriff am 30. Mai 2023).

Bureau of Energy, MOEA. 2021. *Energy Statistics Handbook 2020* 能源統計手冊 109 年. Taipei: Bureau of Energy (MOEA). ISSN -1726-3743.

Bureau of Energy, MOEA. 2022. *Energy Statistics Handbook 2021* 能源統計手冊 110 年. Taipei: Bureau of Energy (MOEA). ISSN -1726-3743. Online verfügbar unter: https://www.moeaboe.gov.tw/ECW_WEBPAGE/FlipBook/2021EnergyStaHandBook/download/2021EnergyStaHandBook.pdf.

Bureau of Energy, MOEA.2022b. „Zhaokai fudong fengji shifan ji hua shuoming hui qidong Taiwan li an fengdian fazhan xinjiyuan" 召開浮動風機示範計畫說明會 啟動臺灣離岸風電發展新紀元, https://www.moeaboe.gov.tw/ECW/populace/news/News.aspx?kind=1&menu_id=41&news_id=27142 (Zugriff am 20. Mai 2023).

Bureau of Energy, MOEA.2022c. „MOEA Held 'Explanatory Meeting for Floating Wind Demonstration Project,' Ushering Taiwan's Offshore Wind Development into a New Era", https://www.moeaboe.gov.tw/ECW/english/news/News.aspx?kind=6&menu_id=958&news_id=27197 (Veröffentlicht am 03. Oktober 2022, Zugriff am 15. Mai 2023).

Burrows, Leah. 2021. „China's solar-powered future. Solar energy can be cheap and reliable across China by 2060, research shows", in: *Seas Harvard*, https://seas.harvard.edu/news/2021/10/chinas-solar-powered-future (Veröffentlicht am 18. Oktober 2021, Zugriff am 30. Mai 2023).

Chang Ching-Ter und Lee Hsing-Chen. 2016. „Taiwan's Renewable Energy Strategy and Energy-Intensive Industrial Policy", in *Renewable and Sustainable Energy Reviews* 64, S.456–65.

Chik, Holly. 2023. „China's untapped hydropower could supply 30 per cent of electricity needs: study", in: *South China Morning Post*, https://www.scmp.com/news/china/science/article/3207015/chinas-untapped-hydropower-could-supply-30-cent-electricity-needs-study (Veröffentlicht am 17. Januar 2023, Zugriff am 30. Mai 2023).

China Energy Portal 中国能源门户. 2022. „2021 *Nian dianli tongji nian kuaibao jiben shuju yilanbiao* 2021 年电力统计年快报基本数据一览表", *China Energy Portal*, https://chinaenergyportal.org/2021-electricity-other-energy-statistics-preliminary (Veröffentlicht am: 27. Januar 2022, Zugriff am 30. Mai 2023).

China Renewable Energy Development Report. 2021. „《 *Zhongguo zaisheng nengquan fazhan baogao 2021*》 *fabu.* "《中国可再生能源发展报告 2021》发布, in: *CPNN.com.cn*, https://www.cpnn.com.cn/news/hy/202206/t20220624_1527131.html (Veröffentlicht am 28. Juni 2022, Zugriff am 30. Mai 2023).

Diermann, Ralph. 2021. „China: Installierte Photovoltaik-Leistung wächst 2020 um gut 48 Gigawatt", in: *PV-Magazine*, https://www.pv-magazine.de/2021/01/20/china-installierte-photovoltaik-leistung-waechst-2020-um-gut-48-gigawatt (Veröffentlicht am 20. Januar 2021, Zugriff am 30. Mai 2023).

Dorloff, Axel. 2022. „Smog in Chinas Hauptstadt. Höchste Alarmstufe in Peking", in: *Deutschlandfunk*, https://www.deutschlandfunk.de/smog-in-chinas-hauptstadt-hoechste-alarmstufe-in-peking-100.html (Veröffentlicht am 08. Dezember 2015, Zugriff am 30. Mai 2023).

Einzmann, Simone. 2022. „Solaranlagen: So gut ist die Ökobilanz", in: *National Geographic*, https://www.nationalgeographic.de/umwelt/2022/04/solaranlagen-so-gut-ist-die-oekobilanz (Veröffentlicht am 14. April 2022, Zugriff am 30. Mai 2023).

Energie-Experten. 2022. „Technik, Anwendung & Kosten bifazialer Solarmodule", *Energie Experten*,
https://www.energie-experten.org/erneuerbare-energien/solarenergie/solarzelle/bifacial (Veröffentlicht am 01. November 2022, Zugriff am 30. Mai 2023).

Energie-Experten. 2023. „Wirkungsgrade von Solarzellen im Vergleich", *Energie Experten*,
https://www.energie-experten.org/erneuerbare-energien/solarenergie/solarzelle/wirkungsgrad#c21359 (Veröffentlicht am 20. April 2023, Zugriff am 30. Mai 2023).

Energiezukunft. 2020. „China baut seine Vormachtstellung weiter aus". *Energiezukunft*, https://www.energiezukunft.eu/erneuerbare-energien/solar/china-baut-seine-vormachtstellung-weiter-aus (Veröffentlicht am 06. April 2020, Zugriff am 30. Mai 2023).

EnergyTrend. 2022. „HDRE Aims for IPO on Taiwan Innovation Board in March and Launches Construction of 300MW Solar Farms and 400MW Energy Storage Systems", https://m.energytrend.com/news/20230209-31069.html (Veröffentlicht am 09. Februar 2023, Zugriff am 24. Mai 2022).

Enkhardt, Sandra. 2020. „Huawei, Sungrow und SMA dominieren weiter den globalen Photovoltaik-Wechselrichter-Markt", in: *PV-Magazine*, https://www.pv-magazine.de/2020/04/29/huawei-sungrow-und-sma-dominieren-weiter-den-globalen-photovoltaik-wechselrichter-markt (Veröffentlicht am 29. April 2020, Zugriff am 30. Mai 2023).

Enkhardt, Sandra. 2022. „Trina Solar verbessert Wirkungsgrad seiner 210-Millimeter-PERC-Solarzellen auf 24,5 Prozent", in: *PV-Magazine*, https://www.pv-magazine.de/2022/07/13/trina-solar-verbessert-wirkungsgrad-seiner-210-millimeter-perc-solarzellen-auf-245-prozent/ (Veröffentlicht am 13. Juli 2024, Zugriff am 30. Mai 2023).

European Commission, Joint Research Centre 2020. *Ocean Energy: technology development report.* Publications Office, https://data.europa.eu/doi/10.2760/81693 (Zugriff am 20. Mai 2023).

Exekutiv-Yuan. 2018. „Lü neng keji chanye chuangxin tuidong fang'an" 綠能科技產業創新推動方案, Exekutive Yuan 行政院,

https://www.ey.gov.tw/Page/5A8A0CB5B41DA11E/f0c0d485-a977-40cc-aeab-5e19e210fd85 (Veröffentlicht am 13. August, 2018, Zugriff am 20. Mai 2023).

Fialka, John. 2016. „Why China Is Dominating the Solar Industry Between 2008 and 2013", in: *Scientific American*, https://www.scientificamerican.com/article/why-china-is-dominating-the-solar-industry/#:~:text=An%20industry%20pro-pelled%20by%20tax%20credits&text=According%20to%20some%20veter-ans%20in,also%20generous%20in%20other%20ways (Veröffentlicht am 19. Dezember 2016, Zugriff am 30. Mai 2023).

Floating Energy. 2023. „ A great week for floating wind in Taiwan, supporting Flotation Energy's exciting projects of Hsinchu", *Floatingenery*, https://www.flotationenergy.com/news/8a3bibyf6lcf9ec76wa47v1y314ile (Veröffentlicht am 22.April 2023, Zugriff am 24. Mai 2023).

Foxwell, David. 2022. „First purpose-built Taiwanese SOV enters service on Greater Changhua offshore windfarms", https://www.rivieramm.com/news-content-hub/offshore-wind-industry-enjoyed-best-ever-year-in-2021-71774 (Veröffentlicht am 18. Mai 2022, Zugriff am 10. Juli 2022).

Global Wind Report. 2022. https://gwec.net/wp-content/uploads/2022/04/Annual-Wind-Report-2022_screen_final_April.pdf, S. 119–123 (Zugriff am 30. Mai 2023).

Grisard, Manuel. 2020. „China baut seine Vormachtstellung weiter aus", in: *Energiezukunft*, https://www.energiezukunft.eu/erneuerbare-energien/solar/china-baut-seine-vormachtstellung-weiter-aus (Zugriff am 30. Mai 2023).

Green Media. 2022. „Lü jianzhu. Guangneng zhi shi Sun Rock: Shuxie jianzhu xuanyan, tuijin chengshi de ling tan weilai" 綠建築. 光能之石 Sun Rock：書寫建築宣言，推進城市的零碳未來，
https://greenmedia.today/article_detail.php?cid=35&mid=568 (Veröffentlicht am 25. März 2022, Zugriff am 24. Mai 2023)

Hai Long Offshore Wind. 2022. „Largest Installed Capacity in Taiwan Ever: Hai Long, TECO Sign EPC Contract for Onshore Substation, Going Beyond Localization Commitments", in: *Hai Long Offshore Wind – Press Releases*,
https://hailongoffshorewind.com/en/TECO-EPC (Veröffentlicht am 16. November 2022, Zugriff am 24.11.2022).

Hall, Simon. 2014. „China plant die große Energie-Mauer im Meer", in: *Welt.de/Wall Street Journal*, https://www.welt.de/wall-street-journal/article126713323/China-plant-die-grosse-Energie-Mauer-im-

Meer.html#:~:text=Die%20Chinesen%20entwickeln%20zusammen%20mit,wie%20zwei%20AKW%20liefern%20soll (Veröffentlicht am 08. April 2014, Zugriff am 30. Mai 2023).

Han Qing. 2023. „ China's ocean power stations set to go commercial ", in: *China Dialogue Ocean*, https://chinadialogueocean.net/en/climate/chinas-ocean-power-stations-set-to-go-commercial (Veröffentlicht am 26. Januar 2023, Zugriff am 30. Mai 2023).

Han Yangmei 韩扬眉. 2020. „`Lan neng` kegui shangyehua zhi lu weilai keqi" 《蓝能》可贵商业化之路未来可期, in: *ScienceNet,* https://news.sciencenet.cn/htmlnews/2020/4/438767.shtm (Veröffentlicht am 23. April 2020, Zugriff am 30. Mai 2023).

Hove, Andreas, und Yin Yuxia. 2020. „China Energy Transition Status Report 2020", in: *Deutsche Gesellschaft für Internationale Zusammenarbeit (GIZ)*, https://www.energypartnership.cn/fileadmin/user_upload/china/media_elements/publications/China_Energy_Transition_Status_Report.pdf (Zugriff am 30. Mai 2023).

Huanjing zixun shen xin 環境資訊申心. 2022. „Taiwan kan zhun fu shi fengdian: Shi zaisheng nengyuan de xin pianzhang haishi mobu dao de shen lou?" 台灣看準浮式風電：是再生能源的新篇章 還是摸不到的蜃樓?, in: *Huanjing zixun shen xin* 環境資訊申心, https://e-info.org.tw/node/233429 (Veröffentlicht am 25. Februar 2022, Zugriff am 20. Mai 2023).

Huang Shiwei 黃釋緯. 2020. „Taiwan Haiyang nengyuan fazhan zhi xiankuang yu zhanwang" 台灣海洋能源發展之現況與展望, in *Marine Research* 1, S.25–34.

Huang Yun-Hsun und Wu Jung-Hua. 2007. „Technological System and Renewable Energy Policy: A Case Study of Solar Photovoltaic in Taiwan", in *Renewable and Sustainable Energy Reviews* 11.2, S. 345–356.

Hydropower Status Report. 2022. https://assets-global.website-files.com/5f749e4b9399c80b5e421384/63a1d6be6c0c9d38e6ab0594_IHA202212-status-report-02.pdf (Zugriff am 30. Mai 2023).

Hydroreview. 2022. „16 GW Baihetan hydropower station in China fully operational", in: *Hydroreview*, https://www.hydroreview.com/hydro-industry-news/new-development/16-gw-baihetan-hydropower-station-in-china-fully-operational/ (Veröffentlicht am 22. Dezember 2022, Zugriff am 30. Mai 2023).

Janßen, Kai. 2023a. „PERC-Solarzellen: teurer aber auch besser?", in: *Gruenes Haus*, https://gruenes.haus/perc-module (Veröffentlicht am 21. April 2023, Zugriff am 30. Mai 2023).

Janßen, Kai. 2023b. „Die 13 führenden Wechselrichter-Hersteller", in: *Gruenes Haus*, https://gruenes.haus/wechselrichter-hersteller (Veröffentlicht am 07. April 2023, Zugriff am 30. Mai 2023).

Janson, Matthias. 2022. „So viel Kohlekraft installiert China jährlich neu", in: *Statista*, https://de.statista.com/infografik/23441/leistung-der-neu-installierten-und-ausser-betrieb-genommenen-kohlekraftwerke-in-china (Veröffentlicht am 14. April 2022, Zugriff am 30. Mai 2023).

Ke Yi-Kuan und Wu Ting-Hong. 2019. „Application of Lithium-Ion Batteries in Energy Storage Systems", in *Journal of Marine Science and Technology* 27.4, S.326–331.

Kucharski, Jeff. 2022. „Taiwan's Greatest Vulnerability Is Its Energy Supply", in: *The Diplomat*, https://thediplomat.com/2022/09/taiwans-greatest-vulnerability-is-its-energy-supply/ (Veröffentlicht am 13. September 2022, Zugriff am 20. Mai 2023).

Kuo Yu-Shu, Lin Chi-Sheng, Chai Juin-Fu, Chang Yu-Wen und Tseng Yu-Hsiu. „Case Study of the Ground Motion Analysis and Seabed Soil Liquefaction Potential of Changbin Offshore Wind farm", in *Journal of Marine Science and Technology* 27.5, S.448–462.

Lee, John. 2021. „The Connection of Everything: China and the Internet of Things ", in: *Merics*, https://merics.org/en/report/connection-everything-china-and-internet-things (Veröffentlicht am 24. Juni 2021, Zugriff am 30. Mai 2023).

Li Yun, Li Yanbin, Yang Jing, und Ji Pengfei. 2015. „Development of energy storage industry in China: A technical and economic point of review ", in *Renewable and Sustainable Energy Reviews* 49, S. 805–812.

Lin Ku-Jung, Hsu Chia-Pao und Liu Hung-Yu. 2019. „Perceptions of Offshore Wind Farms and Community Development: Case Study of Fangyuan Township, Chuanghua County, Taiwan", in *Journal of Marine Science and Technology* 27.5, S. 427–434.

Lin Jiaqiao und Zhao Ang. 2022. „China Mainland's Energy Transition: How to Overcome Financial, Societal, and Institutional Challenges in the Long Term", in *Energy Transition and Energy Democracy in East Asia*, hrsg. von Jusen Asuka und Dan Jin. Singapore: Springer Singapore, S. 51–65.

Lin Tze-Luen und Cheng Fang-Ting. 2022. „Energy Democracy and Energy Transition in Taiwan", in *Energy Transition and Energy Democracy in East Asia*, hrsg. von Jusen Asuka und Dan Jin. Singapore: Springer Singapore, S. 67–79.

Lin, Mu-Xing, Lee Tsung-Yi und Chou Kuei-Tien. 2018. „The Environmental Policy Stringency in Taiwan and Its Challenges on Green Economy Transition" in *Development and Society* 47.3, S. 477–502.

Locker, Theresa. 2015. „Pekinger Künstler presst 100 Tage lang eingesaugten Smog in einen Ziegel", in: *Vice.com*, https://www.vice.com/de/article/4xakgb/beijinger-kuenstler-presst-100-tage-smog-in-einen-ziegel-111 (Veröffentlicht am 01. Dezember 2015, Zugriff am 30. Mai 2023).

Löfken, Jan Oliver. 2018. „Neuer Rekord für organische Solarzellen", in: *Wissenschaft Aktuell*, https://www.wissenschaft-aktuell.de/artikel/Neuer_Rekord_fuer_organische_Solarzellen1771015590608.html, (Veröffentlicht am 10. August 2018, Zugriff am 30. Mai 2023).

McFadden, Christopher. 2021. „Chinas neues Staudammprojekt könnte den Drei-Schluchten-Staudamm in den Schatten stellen", in: *Wissenschaft-x.com*, https://www.wissenschaft-x.com/chinas-new-dam-project-could-dwarf-the-three-gorges-dam (Veröffentlicht am 15. Februar 2021, Zugriff am 30. Mai 2023).

Ministry of Economic Affairs (MOEA). 2023. „The 2021 Germany and Taiwan Energy Transition Forum Discusses Strategy for Carbon Neutrality", https://www.moea.gov.tw/MNS/english/news/News.aspx?kind=6&menu_id=176&news_id=97155 (Veröffentlicht am 04. Oktober 2021, Zugriff am 18. Mai 2023).

Müller, Matthias. 2021. „Lange Zeit hat China die Erderwärmung ignoriert. Jetzt bekennt sich Xi Jinping vor aller Welt zum Klimaschutz", in: *Neue Zürcher Zeitung (NZZ)*, https://www.nzz.ch/international/china-klimaneutralitaet-bis-2060-wie-ist-das-moeglich-ld.1613083 (Veröffentlicht am 22.04.2021, Zugriff am 30. Mai 2023).

National Development Council 國家發展委員會. 2022. „The ‚12 Key Strategies' Action Plan is Announced to Fully Promote 2050 Net-Zero Transition Goals", in: *Guojia fazhan weiyuanhui* 國家發展委員會,

https://www.ndc.gov.tw/en/nc_8455_36526 (Veröffentlicht am 28. Dezember 2022, Zugriff 15. Mai 2023).

National Development Council. 2023. „Taiwan jingji lunheng 2023 nian yi yue" 台灣經濟論衡 2023 年 1 月, in: *National Development Council* 國家發展委員會, https://www.ndc.gov.tw/Content_List.aspx?n=645E118FEF9B6FA2 (Zugriff 15. Mai 2023).

Nationale Energieverwaltung. 2023. „Guojia nengyuan ju fabu 2022 nian ke zaisheng nengyuan fazhan qingkuang bing jieshao wanshan ke zaisheng nengyuan lüse dianli zhengshu zhidu youguan gongzuo jinzhan deng qingkuang" 国家能源局发布 2022 年可再生能源发展情况并介绍完善可再生能源绿色电力证书制度有关工作进展等情况, in: *Gov.cn*, http://www.gov.cn/xinwen/2023-02/14/content_5741481.htm (Veröffentlicht am 14. Februar 2023, Zugriff am 30. Mai 2023).

Nuclear News. 2023. „With Kuosheng shut down, Taiwan has only two nuclear reactors left", https://www.ans.org/news/article-4826/with-kuosheng-shut-down-taiwan-has-only-two-nuclear-reactors-left/ (Veröffentlicht am 17. März 2023, Zugriff am 20. Mai 2023).

Ørsted. 2019. „Ørsted inaugurates its first offshore wind farm in Taiwan", in: *Orsted.com*, https://orsted.com/en/media/newsroom/news/2019/11/761308339684819 (Veröffentlicht am 12. November 2019, Zugriff am 15. November 2024).

Our World in Data. China. In: https://ourworldindata.org/country/china (Zugriff am 30. Mai 2023).

Our World in Data. Taiwan. In: https://ourworldindata.org/country/taiwan (Zugriff am 15. November 2024).

Our World in Data. „Per capita electricity generation, 2021", in: https://ourworldindata.org/grapher/per-capita-electricity-generation?time=2021, (Veröffentlicht am 20. Juni 2024, Zugriff am 15. November 2024).

Petring, Jörn. 2021. „China ist ein Wasserkraft-Gigant – zum Ärger seiner Nachbarn", in: *WirtschaftsWoche*, https://www.wiwo.de/technologie/wirtschaft-von-oben/wirtschaft-von-oben-101-mega-staudamm-china-ist-ein-wasserkraft-gigant-zum-aerger-seiner-nachbarn/27036044.html (Veröffentlicht am 10. April 2021, Zugriff am 30. Mai 2023).

Perkuhn, Josie-Marie. 2022. „Innovation as Coping Strategy for Facing Global Challenges", in: *Taiwan: Melting Pot and Innovation Hub - Collected Essays by the*

Project Group TAP. Bochum: Research Unit for Taiwanese Culture and Literature, Ruhr-Universität Bochum, S. 55–65.

Phillips, Tom. 2016. „China builds world's biggest solar farm in journey to become green superpower", in: *The Guardian*,
https://www.theguardian.com/environment/2017/jan/19/china-builds-worlds-biggest-solar-farm-in-journey-to-become-green-superpower (Veröffentlicht am 19. Januar 2017, Zugriff am 30. Mai 2023).

Shahan, Zachary. 2020. „China's Largest Solar-Plus-Storage Project Goes Online ", in: *Clean Technica*, https://cleantechnica.com/2020/10/01/chinas-largest-solar-plus-storage-project-goes-online (Zugriff am 30. Mai 2023).

S.I. Energy. 2020. „Xingzing Taizhong lü neng zhengce guangguo dazao lüdian chang fang" 響應台中綠能政策 光國打造綠電廠房, in: *Shining-energy* 鑫盈能源, https://www.shining-energy.com/Home/Detail/99 (Zugriff am 24. Mai 2023).

Statista. 2021a. „China: offshore wind power capacity 2021", in: *Statista Research Department*,
https://www.statista.com/statistics/950355/china-accumulated-installed-offshore-wind-power-capacity (Zugriff am 30. Mai 2023).

Statista. 2021b. „Erzeugung von Strom aus Wasserkraft in China bis 2021", In: *Statista Research Department*,
https://de.statista.com/statistik/daten/studie/41954/umfrage/china-verbrauch-an-wasserkraft-in-millionen-tonnen-oelaequivalent (Zugriff am 30. Mai 2023).

Statista. 2021c. „Value of electricity generation from hydropower in Taiwan from 2010 to 2020", in: *Statista Research Department*,
https://www.statista.com/statistics/811515/taiwan-hydro-electric-power-generation-value/ (Zugriff am 18. Mai 2023).

Statista, und Fernández, Lucia. 2023a. „Total production of renewable energy in Taiwan from 2009 to 2020", in: *Statista Research Department*, in: https://www.statista.com/statistics/960430/taiwan-clean-energy-production/ (Zugriff am 25. Mai 2023).

Statista, und Fernández, Lucía. 2023b. „Capacity of solar energy in Taiwan from 2010 to 2021", in: *Statista Research Department*,
https://www.statista.com/statistics/962249/taiwan-capacity-of-solar-energy/ (Zugriff am 24. Mai 2023).

Taiwan External Trade Development Council. 2013. „Top Taiwan Solar Companies to Showcase New PV Solutions at Solar Power International 2013", in: *CISION PR Newswire*, https://www.prnewswire.com/news-releases/top-taiwan-solar-companies-to-showcase-new-pv-solutions-at-solar-power-international-2013-228615711.html (Veröffentlicht am 21. Oktober 2013, Zugriff am 23. Mai 2023).

Tang Ching-Ping und Tang Shui-Yan. 2000. „Democratizing Bureaucracy: The Political Economy of Environmental Impact Assessment and Air Pollution Prevention Fees in Taiwan" in *Comparative Politics* 33, S. 81–99.

Tao Ran, Song Xijie und Ye Changliang. 2022. „Pumped Storage Technology, Reversible Pump Turbines and Their Importance in Power Grids", in *Water* 14.21:3569. https://doi.org/10.3390/w14213569 (Zugriff am 30. Mai 2023).

Tian Baoqiang und Yu Jiancheng. 2019 „Current Status and Prospects of Marine Renewable Energy Applied in Ocean Robots", in *International Journal of Energy Research* 43. 6, S. 2016–31.

Tiwari, Sakshi. 2021. „China Becomes Third Country To Develop Floating Nuclear Reactor; Claims It Can Withstand The 'Rarest Of Rare' Storms", in: *Eurasian Times*, https://eurasiantimes.com/china-becomes-third-country-to-develop-floating-nuclear-reactor (Veröffentlicht am 15. Dezember 2021, Zugriff am 30. Mai 2023).

TSMC. 2015. „TSMC to Cease Solar Manufacturing Operations", in: *TSMC - Press Center*, https://pr.tsmc.com/english/news/1863 (Veröffentlicht am 25. August 2015, Zugriff am 24. Mai 2023).

Wang Jason, Raoul Kubitscheck und James McCatherin. 2023. „Can Taiwan become APAC's offshore wind energy hub?", in: *EUROView*, https://euroview.ecct.com.tw/category-inside.php?id=1494 (Veröffentlicht am 03. Mai 2023, Zugriff am 05. Mai 2023).

Wang, Jenn-Hwan. 2007. „From Technological Catch-up to Innovation-Based Economic Growth: South Korea and Taiwan Compared", in *The Journal of Development Studies* 43.6, S.1084–1104.

Wang Ruoting. 2022. „16-MW Offshore Wind Turbine Unit, With World's Largest Installed Capacity, Rolls Off Production Line", in: http://en.sasac.gov.cn/2022/11/29/c_14553.htm (Veröffentlicht am 29. November 2022, Zugriff am 30. Mai 2023).

Wolf, Barbara. 2011. „Quantenpunkte steigern Lichtausbeute in Solarzellen", in: *Spektrum*, https://www.spektrum.de/news/quantenpunkte-steigern-lichtausbeute-in-solarzellen/1136372 (Veröffentlicht am 19. Dezember 2019, Zugriff am 30. Mai 2023).

Wood Mackenzie. 2021. „Global installed wind power capacity set to grow by 9% to 2030", in: *Woodmac.com*, https://www.woodmac.com/press-releases/global-installed-wind-power-capacity-set-to-grow-by-9-to-2030/ (Veröffentlicht am 15. Dezember 2021, Zugriff am 30. Mai 2023).

World Nuclear News. 2023. „Taiwanese reactor enters retirement", in: *World Nuclear News*, https://www.world-nuclear-news.org/Articles/Taiwanese-reactor-enters-retirement (Veröffentlicht am: 14.03.2023, Zugriff am 20.05.2023).

Wu, Ching-Yan. 2014. „Comparisons of Technological Innovation Capabilities in the Solar Photovoltaic Industries of Taiwan, China, and Korea", in *Scientometrics* 98.1, S. 429–46.

Wu Zhongyou und Li Yaoyu. 2020. „Platform stabilization and load reduction of floating offshore wind turbines with tension-leg platform using dynamic vibration absorbers", in *Wind Energy* 23.3, S.711–730.

Xiao Ling, Wang Jing, Wang Binglin und Jiang He. 2023. „China's Hydropower Resources and Development", in *Sustainability* 15.5, S. 3940, https://doi.org/10.3390/su15053940 (Zugriff am 30. Mai 2023).

Xinhua. 2021. „China looks to deeper waters for wind power in pursuit of carbon neutrality", in: *China Daily*, https://global.chinadaily.com.cn/a/202106/30/WS60dc3658a310efa1bd65ef74.html (Veröffentlicht am 30. Juni 2021, Zugriff am 30. Mai 2023).

Ye, Josh. 2017. „China's world-beating solar farm is almost as big as Macau, Nasa satellite images reveal", in: *South China Morning Post*, https://www.scmp.com/news/china/society/article/2073747/powerful-images-worlds-largest-solar-energy-farms-are-china (Veröffentlicht am 24.0 Februar 2017, Zugriff am 30. Mai 2023).

Yongbao ditan shi 擁抱低碳世. 2022. „Haidao guojia de lü neng shenglijun haiyang neng shi shenme? Taiwan jinshu xia yibu wang na zou? 海島國家的綠能生力軍 海洋能是什麼？ 台灣技術下一步往哪走？", https://ddpp.ntu.edu.tw/in-depth-coverage/1952-1110719p2.html (Veröffentlicht am 19. Juli 2022, Zugriff am 22. Mai 2023).

Zhang Lixiao, Pang Mingyue, Bahaj, AbuBakr S., Yang Yongchuan und Wang Changbo. 2021. „Small hydropower development in China: Growing challenges and transition strategy", in *Renewable and Sustainable Energy Reviews*, 137.110653. https://www.sciencedirect.com/science/article/abs/pii/S1364032120309370 (Zugriff am 30. Mai 2023).

Zhou Feng, Peng Linan und Li Jie. 2022. „China's 14th Five-Year Plans on Renewable Energy Development and Modern Energy System", in: *Energy Foundation*, https://www.efchina.org/Blog-en/blog-20220905-en (Veröffentlicht am 05. September 2022, Zugriff am 30. Mai 2023).

Zimmermann, Konstantin. 2023. „China genehmigt Bau zahlreicher neuer Kohlekraftwerke", in: *Zeit Online*, https://www.zeit.de/wirtschaft/2023-02/china-kohlekraftwerke-klimaschutz (Veröffentlicht am 27. Februar 2023, Zugriff am 30. Mai 2023).

33. JAHRESTAGUNG DER DEUTSCHEN VEREINIGUNG FÜR CHINASTUDIEN (DVCS)

NACHHALTIGKEIT: CHINAS UMGANG MIT UMWELT UND NACHWELT IN VERGANGENHEIT UND GEGENWART

可持续性：中国对环境与后世之古今观

9.–11. DEZEMBER 2022

AM CHINAZENTRUM DER CHRISTIAN-ALBRECHTS-UNIVERSITÄT ZU KIEL

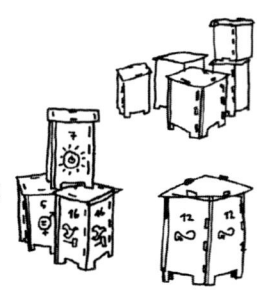

FREITAG, 9. DEZEMBER 2022 KUNSTHALLE ZU KIEL, KONFERENZSAAL

DIE VR CHINA STELLT UNS IMMER ALLES IN BUNTESTEM LICHT DAR

KEYNOTE 1:

PROF. DR. HEINER ROETZ

CHINA – EINE „ÖKOLOGISCHE ZIVILISATION"?

DER NUR NACH SEINER KNORRIGHEIT VERSCHONTE BAUM ALS BILD

ALLES WIEDER DEM DUNKEL GLEICHMACHEN

ICH ENTSCHULDIGE MICH DAFÜR, DASS ICH DIE TAGUNG MIT EINEM SO PESSIMISTISCHEN BEITRAG ERÖFFNET HABE...

DIE VERGEWALTIGUNG DER NATUR HAT IMMER NAME UND ADRESSE

PANEL 1: NUTZEN ODER NACHHALTIGKEIT? NATURVERSTÄNDNIS UND RESSOURCENVERBRAUCH IM VORMODERNEN CHINA

REAPING THE BENEFITS OF WATER

DR. XU CHUN

LEAVING NO UNTAPPED BENEFITS IN THE EARTH: LI 利 IN THE POLITICAL POLEMICS OF THE 11TH C.

THOSE WHO SEEK BENEFITS AND PROFITS CREATE UNNECESSARY AFFAIRS FOR THE STATE

EXHAUSTING THE POTENTIAL OF THE EARTH. FEAR THAT IT MAY BE UNDEREXHAUSTED

WATER AS A RESOURCE AWAITING HUMAN EXPLOITATION

DR. CLARA LUHN
NACHHALTIG? ZUM UMGANG MIT DER RESSOURCE KOHLE IN DER MITTELALTERLICHEN CHINESISCHEN DICHTUNG

IN DER MITTELALTERLICHEN LITERATUR LASSEN SICH KAUM HOLZ- UND STEINKOHLE UNTERSCHEIDEN

DRUCK

FEUCHTIGKEIT NIMMT AB, BRENNTEMPERATUR NIMMT ZU

A FAMILIAR SCENT PARTS THE THIN MIST STONE COAL, POUNDED IN THIN TAFFETA

EIGENTLICH EINE VERTEILUNGSFRAGE: KOHLE ZUM HEIZEN FÜR DIE BEVÖLKERUNG ODER FÜR MILITÄRISCHE ZWECKE DES KAISERS

BURNING FUEL IN LUXURY SETTING

DR. JÖRG HÜSEMANN
DIE KRAFT ERNEUERN — BODENNUTZUNG UND DIE FRAGE DER NACHHALTIGKEIT

BEVÖLKERUNGSDRUCK ERLAUBTE VERMUTLICH NICHT, BÖDEN BRACH LIEGEN ZU LASSEN

2. LANDWIRTSCHAFTLICHE REVOLUTION = DÜNGERREVOLUTION

IDEE DES AUSGEGLICHENEN, AUSGEWOGENEN BODENS

DÜNGER WIE MEDIZIN EINSETZEN

FRANKLIN HIRAM KING

JUSTUS VON LIEBIG

JOHN FRYER

ES GAB ALSO METHODEN, DEN BODEN FRUCHTBAR ZU HALTEN. GAB ES NUR MOTIVATION NACH PRODUKTIVITÄTSSTEIGERUNG ODER AUCH MOTIVATION DURCH NACHHALTIGKEIT?

PATRICK ABERLE, M.A.
NACHHALTIGKEIT UND ÖKONOMIE IN DER CHINESISCHEN FORSTWIRTSCHAFT: DER FALL DES CHINESISCHEN TALGBAUMES

DIEJENIGEN, DIE AGRIKULTUR BETREIBEN, REISEN NICHT. DIEJENIGEN, DIE REISEN, HABEN KEIN AGRIKULTUR-WISSEN

EINE ÖL- UND WACHSQUELLE, DIE OHNE DAS TÖTEN VON TIEREN AUSKOMMT, UND DAMIT FÜR RITUELLE KERZEN GENUTZT WERDEN KANN

MIKRO- VS. MAKRO-GESCHICHTE

ANTHROPOGENE WÄLDER

PANEL 2: GESUNDHEIT UND GESUNDHEITSPOLITIK

DR. SASCHA KLOTZBÜCHER
TRAUERRITUALE ALS PROTESTFORM

BLUMEN AM STRASSENSCHILD ABZULEGEN WIRD VERBOTEN, ALSO WIRD DIE BLUME IN DER HAND GETRAGEN UND SOMIT ZUM MOBILEN SYMBOL, ZUM SIGNIFIER

WEAPON OF THE WEEK

CONNECTIVE ACTION STATT COLLECTIVE ACTION

TRAUER IST EINE KLARE SITUATION, EINE KLAR DEFINIERTE PERFORMANCE, KLARE TRENNUNG IN PERFORMER UND PUBLIKUM, DADURCH IST ES SICHER, ZUZUSCHAUEN. BEI DEMOS KÖNNTE MAN DAZUGEZÄHLT WERDEN.

DR. EMILY GRAF
EINE NACHHALTIGE GESUNDHEITSPOLITIK? EIN RÜCKBLICK AUF DAS KONZEPT DER BARFUSSÄRZTE

BARFUSSÄRZTE WERDEN NICHT MEHR NUR AUFS LAND, SONDERN AUCH INS AUS-LAND ENTSANDT

NACHHALTIGER UMGANG MIT ALTERNATIVER MEDIZIN?

HALF FARMING, HALF DOCTOR, HALF READING MEDICAL CLASSICS

DON'T PUT YOURSELF IN THE POSITION OF AN EXPERT, THEY WILL NOT LISTEN.

DIEJENIGEN ERREICHEN, DIE DEN KRANKENHÄUSERN NICHT VERTRAUTEN

STADT HAMBURG: GESUNDHEITSLOTSEN

MATTHIAS KAUN, STAATSBIBLIOTHEK BERLIN
CROSS ASIA, FID ASIEN

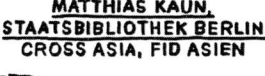

SAMSTAG, 10. DEZEMBER 2022 JURIDICUM DER UNIVERSITÄT KIEL

KEYNOTE 2:
DR. ANNA AHLERS
CHINA – GRÜNE TECHNOKRATIE DES 21. JAHRHUNDERTS?

AUSBAU VON ERNEUERBAREN ABER GLEICHZEITIG MASSIVE UMWELTVERSCHMUTZUNG

CHINA WIRD ES DURCH INNOVATION UND WENIGER RECHTLICHE EINSCHRÄNKUNGEN LÖSEN.

BLAUER-HIMMEL-KAMPAGNE ANGEFANGEN MIT OLYMPIA

CHINA-KRISE – KLIMA-KRISE

DIFFUSE NARRATIVE UND SIGNALE

A VIEW FROM THE FUTURE

SKY RIVER

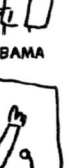

XI UND OBAMA

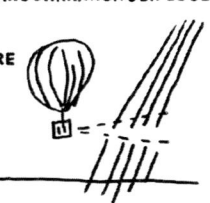

METEOROLOGISCHE INTERVENTION UND GEO-ENGINEERING

THE CARBON CATALOGUE

BEGEGNET MAN UMWELTKRISEN ANDERS ALS ANDERE LÄNDER?

ANTI-SMOG-KAMPF DER 2010ER

TECHNOKRATIE, DIE HERRSCHAFT VON SACHVERSTÄNDIGEN

JEDES KIND KANNTE VERSCHIEDENE FEINSTAUBKATEGORIEN

AUTHORITARIAN ENVIRONMENTALISM

PANEL 3: UMWELTETHIK UND GENERATIONENGERECHTIGKEIT

PROF. DR. CHRISTIAN SCHWERMANN
ERHALTUNGSZUKUNFT, GENERATIONENGERECHTIGKEIT UND NACHHALTIGKEIT IM ANTIKEN CHINESISCHEN WIRTSCHAFTSDENKEN

HANS CARL VON CARLOWITZ

ANTIKE CHINESISCHE WIRTSCHAFTSETHIK

IDEEN VON RESSOURCENSCHONUNG UND NACHHALTIGKEIT ODER NUR SPARSAMKEIT UND MAßHALTEN?

WIE WIRD ANTIKE WIRTSCHAFTSETHIK HEUTE REZIPIERT?

ERHALTENSWERTE SUBSTANZ

FÜR DAS BEWAHREN REICHT BLOßE ANGST NICHT AUS

AKTUELLE POLITIK: WIE KÖNNEN WIR DAS LAND REICH MACHEN DURCH NACHHALTIGKEIT?

MAN UNTERSTEHE SICH, FISCHE UND SCHILDKRÖTEN ZU VERGIFTEN.

SEIN LEBEN SO WIE BISHER FORTFÜHREN KÖNNEN

PANEL 5: OFF-TOPIC – DOKTORANDEN UND M.A.-PANEL

MARCO POUGET, M.A.
PHILOLOGISCHE PRAKTIKEN DER ÖSTLICHEN HAN-ZEIT. ZHENG XUANS KOMMENTARE ZUM RITENKLASSIKER LIJI

WELCHE KOMMENTARE ÜBERDAUERN UND WARUM?

ÜBERLEBT EIN KLASSIKER OHNE KOMMENTAR?

WIE LEITET EIN KOMMENTAR DIE KLASSIKER-REZEPTION AN?

KULTURELLE PRAKTIKEN IN ODER <u>WEGEN</u> POLITISCHER KRISENZEITEN

KOMMENTARE NICHT NUR ZUM HERUNTERBRECHEN, SONDERN ZUM ERHÖHEN DER KOMPLEXITÄT

IGOR SEVENARD, M.A.
DIE ROLLE VON NACHHALTIGKEIT IN CHINAS SCHICKSALSGEMEINSCHAFT DER MENSCHHEIT AM BEISPIEL DER „GREEN BELT AND ROAD INITIATIVE"

DER GLOBALE SÜDEN SIEHT CHINA ALS CHANCE, NICHT ALS GEFAHR

FOCAC: FORUM CHINA AFRIKA COOPERATION

SÜD-SÜD-KOOPERATION

CHINA RETTET DIE WELT VOR DEM KLIMAWANDEL – GREEN BELT AND ROAD

NACHHALTIGKEIT ZENTRAL FÜR INTERNATIONALE ZUSAMMENARBEIT

WIE BINDET CHINA DAMIT DEN SÜDEN AN SICH?

DIE INFRASTRUKTUR KOMMT MIT EINEM IMAGE

CHINA POCHT DARAUF, EIN ENTWICKLUNGSLAND ZU SEIN

MATERIELLE WELT ↔ WELT DER IDEEN

PANEL 6: POLICY MAKING – CHINA IN EINER NACHHALTIGEN WELT

PROF. DR. DOMINIC SACHSENMAIER

NEUSEELAND: FLÜSSE ALS RECHTLICHE ENTITÄTEN

THE PLACE OF CHINA IN THE PLANETARY HUMANITIES

STEHT DAS UNIVERSITÄRE WETTBEWERBSSYSTEM DEM TRANSNATIONALEN ZUSAMMENARBEITEN ENTGEGEN?

BLACKNESS OF THE EARTH METAPHER FÜR ENTRECHTET, EINGESCHRÄNKT

DIE ÖFFENTLICHE DEBATTE IST STARK VON NATURWISSENSCHAFTEN UND WENIG VON GEISTESWISSENSCHAFTEN GEPRÄGT

– KANN MAN CHINA NOCH ALS ENTRECHTET ZÄHLEN?

EUROZENTRISMUS VS SINOZENTRISMUS

HUMBOLDSCHE AUFFASSUNG VON UNIVERSITÄT ALS LOKALE WISSENSGEMEINSCHAFT – LÄSST SICH DAS ÖFFNEN ZU TRANSNATIONALER WISSENSCHAFT?

DEKOLONIALISIERUNG DES WISSENS DES GLOBALEN SÜDENS – IN DIESEN DEBATTEN FINDET MAN CHINA NICHT

GRÖSSERE ANTHROPOLOGISCHE BESCHEIDENHEIT IN CHINA?

UMGESTALTUNG DES GLOBALEN WISSENSSYSTEMS

DR. JIAGU RICHTER
CHINA'S CONCEPT OF SUSTAINABILITY IN MODERN TIMES AND THE UNITED NATIONS

COMMON BUT DIFFERENTIATED RESPONSIBILITIES

MEETING NEEDS OF THE PRESENT WITHOUT COMPROMISING FUTURE NEEDS

RIGHT TO DEVELOP

EARTH SUMMIT 92: PROFOUND CHANGE TO CHINESE SOCIETY — CALL FOR MINISTRY OF ENVIRONMENTAL PROTECTION

A SHARED GREEN DREAM

GROUP 77 + CHINA

OUR COMMON FUTURE

EDUCATION FOR SUSTAINABLE DEVELOPEMENT INTEGRATED INTO CURRICULA

CHINA IS A DEPARTMENT STORE OF ENVIRONMENTAL PROBLEMS, THEY HAVE EVERYTHING

CHALLENGER — MAINTAINER — SUPPORTER

BRINGING CHINESE PHILOSOPHY ABOUT HARMONY INTO DISCUSSIONS ABOUT SUSTAINABILITY

PANEL 7: OFF-TOPIC — DOKTORANDEN UND M.A.-PANEL

HOT THEMA

YU SHIQI, M.A. UND SELINA AUER, M.A.
DIE JUNGE GENERATION — ZWISCHEN HOMO FABER UND HOMO OECONOMICUS

AGENCY-ANALYSE, HANDLUNGSMACHT

INTERSEKTIONALE ANALYSE

GUTER VS. SCHLECHTER AKTIVISMUS

INTERVIEW: „ALSO SOLCHER AKTIVISMUS REDET IN KLISCHEES"

WIE WERDEN FRIDAYS FOR FUTURE DARGESTELLT?

TREND-ARTIGE STRUKTUR

KEIN UNTERSCHIED ZWISCHEN AKTIVISMUS, EGAL OB BERLIN ODER NEW YORK

INDIVIDUELLE OHNMACHT

GENERATIONSUNGERECHTIGKEIT

INTERVIEW: „WIR HABEN NOCH KEINE ECHTE INTERNATIONALE NATURKATASTROPHE ERLEBT"

ZUKUNFTSORIENTIERTE PASSIVITÄT UND REALISTISCHER PESSIMISMUS

AKTIVISMUS ALS GROẞSTADTSZENE

DEN REST MÜSSEN POLITIKER ODER GROẞE POWER GROUPS MACHEN

ALEXANDER BROSCH, M.A.
„AUF DIE MIR ZUGETEILTE LEBENSZEIT KANN ICH KEINEN EINFLUSS NEHMEN" – DIE LETZTEN EDIKTE HAN-ZEITLICHER REGENTINNEN

EIN GEFÄLSCHTES TESTAMENT IST NICHT GÜLTIG

DAS STERBEBETT WAR KEIN ORT, BEFEHLE ZU ER- UND GESCHENKE ZU VER-TEILEN

MAN FOLGE VOLLSTÄNDIG DEN MAßGABEN DES PIETÄTVOLLEN KAISERS

MAN VERBIETE NICHT, EINE FRAU ZU EHELICHEN, EINE TOCHTER ZU VERHEIRATEN ODER FLEISCH ZU ESSEN

ANWEISUNGEN IN DEN KAISERLICHEN TESTAMENTEN REICHEN NICHT ÜBER DIE TRAUERZEIT, IN DER MENSCHEN UND RESSOURCEN GESCHONT WERDEN SOLLTEN, HINAUS

BEFEHL ZU TRAUERN, ABER BITTE NICHT MEHR ALS DREI TAGE NACHDEM DIE NACHRICHT EINTRIFFT – ÜBERS GANZE REICH VERTEILT WIRD ES ALSO MEHRERE WOCHEN GEDAUERT HABEN, BIS ALLE DURCH WAREN...

SONNTAG, 11. DEZEMBER 2022 JURIDICUM DER UNIVERSITÄT KIEL

KEYNOTE 3:
PROF. DR. HELWIG SCHMIDT-GLINTZER
DISTANZIERTHEIT DES HIMMELS: NATUR UND IRONIE/UNMITTELBARKEIT UND DISTANZNAHME IN CHINA

WELTBILDKONSTRUKTION

WENN ANDERE MIR IMMER ZUSTIMMEN UND NIE WIDERSPRECHEN, WIRD ES DEN STAAT RUINIEREN

GROßARTIG, DASS DER HIMMEL MAL SEIN DARF

DIE GÖTTER FERNHALTEN

KARNEVAL DER GÖTTER

WIR SIND NICHT GEGEN IRONIE ALS SOLCHE, ABER WIR MÜSSEN AUFHÖREN, SIE WAHLLOS ZU VERWENDEN

HEAVEN PROTECT CHINA

DEMOKRATIEEXPORT – BEHERRSCHUNGSINTERESSE

IRONIE ALS VIELLEICHT UNERKANNTE DISTANZNAHME

MULTIPLE MODERNITIES

BERGGIPFELMENTALITÄT

„ER GIBT ZU, NICHTS VON CHINA ZU VERSTEHEN, UND HAT AUCH MIT NIEMANDEM DAZU GESPROCHEN"

„RESCUING HISTORY FROM THE NATION"

PANEL 8: UMWELTPOLITIK HEUTE IN DER VR CHINA UND TAIWAN

DR. JOSIE-MARIE PERKUHN UND DR. TANIA BECKER
KLIMAWANDEL ALS CHANCE: INNOVATIVE ANSÄTZE ZUR ENERGIEVERSORGUNG IN CHINA UND TAIWAN

DAS EWIGE GEJAMMER VON 5 VOR 12 – ES IST EHER SCHON 6 UHR MORGENS

WIE KÖNNEN WIR UNSERE FASZINATIONEN BÜNDELN?

CHINA HAT DIE MEISTEN SOLARANLAGEN

DER ENERGIEHUNGER IST GROSS

STEHT CHINA TECHNOLOGISCH WIRKLICH SO GUT DA?

PRIORISIERUNG VON INNOVATION

DA STEHEN MIR DIE HAARE NOCH MEHR ZU BERGE

MAN VERSUCHT ALLES ZU MACHEN UND INVESTIERT AUCH IN ALLES

DIE FOLGEKOSTEN, AUCH DIE GESUNDHEITLICHEN, WERDEN MITTLERWEILE MIT EINBERECHNET

BAIHETAN WASSERKRAFT
SMART GRIDS
FLOATING WINDKRAFT

KÖNNEN DAMIT NATURKATASTROPHEN VERHINDERT WERDEN? WOHL EHER NICHT

DADURCH WERDEN ERNEUERBARE IM VERGLEICH NOCH GÜNSTIGER

DR. FABIENNE WALLENWEIN
„VERTIKALE HÖFE" UND „SCHWAMMSTÄDTE": DIE BEDEUTUNG TRADITIONELLER KONZEPTE FÜR NACHHALTIGKEITSSTRATEGIEN IN DER CHINESISCHEN ARCHITEKTUR UND STADTENTWICKLUNG

WACHSTUM IN DIE HÖHE UND IN DIE BREITE

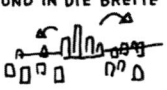

NORDCHINESISCHE HOFHÄUSER – MODULEINHEITEN
→ AXIALITÄT UND SYMMETRIE, AUSRICHTUNG NACH SÜDEN

WANG SHU – ARCHITEKTURPREISTRÄGER

VARIANTE ALS HOCHHAUS: VERSETZT GESTAPELTE EINFAMILIENHÄUSER

TRADITIONELLE ÖKOLOGISCHE ZIVILISATION?

VERTIKALER HOF

MAXIMALE EINPASSUNG IN DIE UMGEBUNG

SOMMERSONNE

NACHHALTIG AUF MIKROEBENE

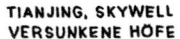

NEUE ANSÄTZE NICHT NUR IM NEUBAU, SONDERN AUCH IM BESTAND

TIANJING, SKYWELL VERSUNKENE HÖFE

WINTERSONNE

GRAUE INFRASTRUKTUR

SCHWAMMSTADT: REGENWASSER NICHT ABLEITEN, SONDERN DORT VERSICKERN LASSEN, WO ES FÄLLT

PODIUMSDISKUSSION „NACHHALTIGKEIT IN CHINA UND DER WELT – QUO VADIS?"
U. A. MIT: DR. ANNA AHLERS PROF. DR. KONRAD OTT PROF. DR. CARSTEN SCHULTZ
PROF. DR. CHRISTIAN SCHWERMANN DR. FABIENNE WALLENWEIN

LEERE WELT – UND JETZT SEHR VOLLE WELT

CHINESISCHE EMISSIONEN SIND AUCH WESTLICHE EMISSIONEN

NACHHALTIGKEIT MIT GESUNDHEIT DENKEN

MITWELT, WITHBEINGS

IMAGINATION VON ZUKUNFT

ECO CITIES

ERLAUFBARE STADT, NICHT MEHR ALS VIER BLOCKS ZUM EINKAUFEN

DIE PHANTASIE AN DIE MACHT, IST DAS EINE GUTE IDEE?

HIGH LEVEL EQUILIBRIUM TRAP

INCLUSIVE WEALTH

ÖKOTUPISMUS

HOLOZÄN UND PERM SIND ZUENDE. DIE NEUE ZEIT IST NACH UNS BENANNT, WIR BEWOHNEN DIESE ZEIT NICHT BLOß, WIR MACHEN SIE.

WAS KANN DIE AUFGABE DER SOZIALWISSENSCHAFTEN SEIN? WAS KÖNNEN IHRE KOOPERATIONEN SEIN?

RESPONSIBLE INNOVATION

NACHHALTIGE VERFÜGBARKEIT VON ANTIBIOTIKA

DAS EINE TUN, OHNE DAS ANDERE ZU LASSEN

GLOBAL IST OHNE LOKAL NICHT MÖGLICH

PROBLEME, DIE NUR ALS WELTPROBLEM ZU LÖSEN SIND

OPTIMISMUS OHNE VERNÜNFTIGEN GRUND – ODER IM BESTEN FALL MIT VERNÜNFTIGEM GRUND

NACHHALTIGKEIT ALS NORMATIVER BEGRIFF

COVID 19 — CHINA — KLIMAWANDEL

MIT LATENTEN ZIELKONFLIKTEN UMGEHEN

WEITER DENKEN, EHER 300+ JAHRE

ES IST EIN WAHNSINNIGES EXPERIMENT, COVID FÜR SICH ALLEINE LÖSEN ZU WOLLEN

ZUM GLÜCK IST CHINA KEIN BINNEN-BERGLAND, SONDERN HAT METROPOLEN AM MEER

WIR MÜSSEN TIEFER IN DIE VERGANGENHEIT SCHAUEN

CHINA BEIM WORT NEHMEN UND ETWAS FORDERN

EHER LÖSUNGEN ALS RATSCHLÄGE EXPORTIEREN, UND ERST RECHT NICHT DIE PRODUKTION

ZIVILE KANÄLE OFFENHALTEN

Zu den Autorinnen und Autoren

Patrick Aberle ist seit 2021 wissenschaftlicher Mitarbeiter und Doktorand an der Abteilung für Sinologie der Universität Tübingen. Sein Forschungsinteresse ist die chinesische Wissenschafts- und Technikgeschichte. Im Rahmen seiner Dissertation, betreut von Professor Dr. Fei Huang, erforscht er die Wissensproduktion in der Baumwirtschaft des spätkaiserzeitlichen China.

Tania Becker studierte an der Universität Zagreb, Kroatien, Kunstgeschichte und Vergleichende Literaturwissenschaft sowie Sinologie an der Ruhr-Universität Bochum. Zu ihren Forschungsinteressen zählen der philosophische Daoismus, das Hospizwesen im heutigen China, die chinesische Gegenwartskunst sowie die Entwicklung von Robotik und künstlicher Intelligenz. Sie arbeitet als Dozentin und wissenschaftliche Mitarbeiterin in verschiedenen Projekten des China Centers (CCST) an der TU Berlin. Mit dem chinnotopia-Team veranstaltete sie zwischen 2020 und 2023 das Online-Feature "chinnotopia: Future designed by China" zu technologischen und zukunftsorientierten Themen.

Jonas Fischer ist Illustrator und Grafikdesigner am Institut für Geschichte und Ethik der Medizin an der Technischen Universität München und außerdem als freiberuflicher Zeichner, Grafikdesigner und Künstler für wissenschaftliche und kulturelle Institutionen und für eigene freie Projekte tätig. Seine Arbeit führt ihn immer wieder an besondere Orte, zum Beispiel in die Republik Moldau, in den Amazonasregenwald, nach Otterndorf und Brunsbüttel an der Elbe und zuletzt nach Riga. Jonas Fischer hat an der Muthesius Kunsthochschule Kiel im Kommunikationsdesign Illustration und Graphic Novel, Typografie und Buchgestaltung, Schriftgestaltung und Sprache und Gestalt studiert. Website: www.jonas-fischer.design

Thomas Fliß ist wissenschaftlicher Mitarbeiter (Postdoc) im BMBF-Forschungsprojekt „Taiwan als Pionier". Er studierte in Münster Sinologie, Indogermanische Sprachwissenschaft und Altorientalische Philologie und schloss das Magisterstudium mit einer Arbeit über den Zusammenhang zwischen formalen und inhaltlichen Aspekten in tangzeitlichen Kurzgedichten ab. Während seines Promotionsstudiums an der National Cheng Kung University (NCKU) in Tainan, Taiwan forschte er über das Reimverhalten in unterschiedlichen Genres taiwanischer Reimliteratur. Im Anschluss daran lehrte er im Institut für Taiwanische Literatur an der NCKU. Im derzeitigen Forschungsprojekt beschäftigt er sich mit Umweltfragen in der Literatur

Taiwans, mit Fokus auf chinesisch- und taiwanischsprachiger Lyrik. Weitere Forschungsinteressen sind Identitätsnarrative in taiwanischen Balladen, sprachliche und kulturelle Besonderheiten in taiwanischen Sprichwörtern sowie taiwanische Linguistik.

Lena Liefke ist wiss. Mitarbeiterin am Chinazentrum der Christian-Albrechts-Universität zu Kiel. Nach dem Studium der Sinologie und Linguistik an der Ruhr-Universität Bochum war sie als wiss. Mitarbeiterin an der Fakultät für Ostasienwissenschaften und als Koordinatorin eines hochschuldidaktischen Netzwerks im Projekt ORCA.nrw in Bochum tätig. Ihre Forschungsinteressen umfassen chinesische Sprachwissenschaft und -didaktik sowie kampfkunsttechnische Texte der Ming-Zeit.

Angelika C. Messner ist Professorin für Chinastudien und Direktorin des Chinazentrum an der Christian-Albrechts-Universität zu Kiel. Ihre Forschungsschwerpunkte sind die Medizingeschichte und -anthropologie Chinas, unter besonderer Berücksichtigung der Emotionen.

Josie-Marie Perkuhn ist Nachwuchsgruppenleiterin/Postdoc im Fach Sinologie an der Universität Trier sowie Non-Resident Fellow am Institut für Sicherheitspolitik an der Christian-Albrechts-Universität zu Kiel. Zu den Forschungsschwerpunkten Außenpolitik und der Rolle Chinas in den internationalen Beziehungen zählen auch Taiwan und die Innovationsforschung. Sie hat Politikwissenschaft sowie Sinologie im Magister an der Universität Heidelberg studiert und wurde dort 2018 promoviert. Im Herbst 2020 initiierte sie mit den Mitbegründerinnen das Online-Feature »chinnotopia: Future designed by China« an der Christian-Albrechts-Universität. Seit Februar 2022 leitet sie an der Universität Trier das Verbundprojekt »Taiwan als Pionier« (TAP).

Marco Pouget ist Doktorand an der Friedrich-Alexander-Universität Erlangen-Nürnberg und Wissenschaftlich Beschäftigter im Rahmen des Internationalen Doktorandenkollegs „Philologie. Praktiken vormoderner Kulturen, globale Perspektiven und Zukunftskonzepte" an der Ludwig-Maximilians-Universität München, gefördert vom Elitenetzwerk Bayern. Sein von Michael Lackner und Hans van Ess betreutes Dissertationsprojekt befasst sich mit Kommentartechniken am Beispiel von Zheng Xuans Kommentierung des Liji. Marco Pougets Forschungsinteressen gelten der Geistesgeschichte und Philosophie des alten China, etwa praktischen Aspekten von Schrifttraditionen, dem Alltagsleben, oder sozialen Normen, sowie den zugrundeliegenden Weltbildern.

Heiner Roetz absolvierte sein Studium der Sinologie und Philosophie in Frankfurt am Main. Von 1998 bis 2018 war er Professor für Geschichte und Philosophie Chinas an der Ruhr-Universität Bochum.

Matthias Schumann Nach Stationen in Frankfurt am Main und Erlangen ist Matthias Schumann seit April 2021 als wissenschaftlicher Mitarbeiter (Postdoc) an der Universität Heidelberg tätig. In seiner Forschung beschäftigt er sich hauptsächlich mit den Schnittpunkten zwischen Religion, gesellschaftlichem Aktivismus und der Auseinandersetzung mit neuen Ideen und Praktiken im China der späten Kaiserzeit und der Republikzeit.

Christian Soffel studierte Sinologie und Mathematik in München, und schloss 2001 seine Promotion im Fach Sinologie mit dem Titel „Ein Universalgelehrter verarbeitet das Ende seiner Dynastie – Eine Exegese des *Kunxue Jiwen* von Wang Yinglin (1223– 1296)" ab. Nach einem zweijährigen Aufenthalt an der Arizona State University (USA) wurde er Wissenschaftlicher Assistent am Institut für Sinologie an der Universität München. Währenddessen arbeitete er als Postdoc am Institute of Chinese Literature and Philosophy an der Academia Sinica in Taiwan und habilitierte sich im Fach Sinologie mit einer Schrift zu Qian Mu (1895–1990). Seit August 2012 ist Christian Soffel ordentlicher Professor für Sinologie an der Universität Trier. Seine Forschungsschwerpunkte sind chinesische Geistesgeschichte (vor allem Konfuzianismus von der Song-Dynastie bis in die Gegenwart) und konfuzianische Kanonstudien (*jingxue*).

Fabienne Wallenwein ist wissenschaftliche Mitarbeiterin (Postdoc) am Zentrum für Transkulturelle Studien der Ruprecht-Karls-Universität Heidelberg. Sie studierte Ostasienwissenschaften, Chinese Studies und Economics in Heidelberg, an der Beijing Foreign Studies University und an der Fudan Universität in Shanghai. Im Anschluss an ihre Promotion zu Kulturgüterschutz und Stadtentwicklung in China forschte und unterrichtete sie als wissenschaftliche Assistentin (2019-2020) am Institut für Sinologie in Heidelberg. Bis vor kurzem war sie PI und Koordinatorin im interdisziplinären Projekt „Cultural Landscape as a Resource for Social Innovation" der Heidelberger Leitinitiative „Transforming Cultural Heritage". Neben den Bereichen kulturelles Erbe und Stadtentwicklung beschäftigt sie sich mit der Revitalisierung ländlicher Räume, wofür sie im Jahr 2023 zwei Visiting Fellowships an der National Taiwan University und der Jinan Universität in Guangzhou (VR China) erhielt.